高等职业教育校企合作双元教材
高等职业教育技术技能型人才培养“十四五”精品教材

电气控制技术项目化教程

智媒体版

主　编　马艳丽
副主编　刘　方　何国荣
参　编　王　楠　孙小春　王志华　王兵利
主　审　龙建明

西南交通大学出版社
·成　都·

图书在版编目（C I P）数据

电气控制技术项目化教程：智媒体版 / 马艳丽主编
—成都：西南交通大学出版社，2023.4
ISBN 978-7-5643-9216-1

Ⅰ. ①电… Ⅱ. ①马… Ⅲ. ①电气控制 – 高等职业教育 – 教材 Ⅳ. ①TM921.5

中国国家版本馆 CIP 数据核字（2023）第 052575 号

Dianqi Kongzhi Jishu Xiangmuhua Jiaocheng（Zhimeiti Ban）

电气控制技术项目化教程

（智媒体版）

主编 马艳丽

责任编辑 张文越
封面设计 何东琳设计工作室

出版发行 西南交通大学出版社
（四川省成都市金牛区二环路北一段 111 号
西南交通大学创新大厦 21 楼）
邮政编码 610031
发行部电话 028-87600564 028-87600533
网址 http://www.xnjdcbs.com
印刷 四川煤田地质制图印务有限责任公司

成品尺寸 185 mm × 260 mm
印张 15.25
字数 381 千
版次 2023 年 4 月第 1 版
印次 2023 年 4 月第 1 次
定价 45.00 元
书号 ISBN 978-7-5643-9216-1

课件咨询电话：028-81435775
图书如有印装质量问题 本社负责退换

前 言

本书是陕西省教育厅《电气控制技术》创新创业课程改革教材，也是我院融合工匠精神课程思政改革项目支持教材。

电气控制技术是一门实践性很强的课程，传统的理学一体化教学，学生参与感较低，实践训练时间较短，对行业标准、国家规范了解不多，很难很快的适应岗位能力的需求。“以工作任务驱动，基于项目化教学工厂模式”是电气控制技术课程改革的方向。本书作者经过广泛调研，总结企业、行业案例，重构教学内容进行了项目化教学内容的组织和编写，以工作任务为引领学习任务，以学习任务培养学生技能，在工作任务项目化实施过程中以立德树人为目标，以课程思政培养为引领，将学生精益求精的工匠精神和技术技能创新的意识融合在每个项目的实施要求中。

本书分为 11 个项目，项目 1 低压电气设备概述；项目 2 常用低压电气设备的认识；项目 3 电动机应用基础；项目 4 电动机的基本控制线路；项目 5 电动机的降压启动控制电路；项目 6 电动机的制动控制电路设计；项目 7 电动机的调速控制电路；项目 8 控制电机驱动电路设计；项目 9 常见机床控制电路；项目 10 典型数控机床的控制电路；项目 11 电气控制系统的设计，在内容编写过程中每个项目配套知识目标、技能目标、素质目标、课程思政点拨、项目实施、能力测试等内容，

另外本书还配备了 54 个 PPT、59 个教学视频，给学生课前预习、课后复习的提供了更加直观的学习协助，也为翻转课堂、线上线下混合教学手段提供了资源保证。

本书由杨凌职业技术学院马艳丽担任主编，刘方、何国荣担任副主编，龙建明教授担任主审。各项目的编写分工如下：马艳丽编写项目 1、项目 2、项目 3、项目 6、项目 9、项目 11 以及项目 5.3；王兵利编写项目 4.1、4.2；刘方编写项目 4.3；王志华编写项目 5.1-5.3；孙小春编写项目 7；何国荣编写项目 8；王楠编写项目 10。

由于编者水平有限，书中难免存在不妥之处，敬请读者批评指正，在此深表歉意。

编 者

2023 年 2 月

目 录

项目1 低压电器设备概述

项目导读

低压电器是电路实现各种电气控制功能的基础，在日常生活中应用非常广泛。无论家用电器还是工厂、车间、生产线，凡是涉及用电需求，我们都不可避免要接触到低压电器设备。本项目主要学习低压电气设备的作用、分类以及低压电气设备的识图认识。

低压电器设备图是电气技术人员安装、调试和设备检修的依据。熟悉低压电器设备的分类、作用和型号编制规则、设备的基本图形符号和文字符号是电气技术安装人员的基本功。在绘制电气控制电路图时，必须使用国家统一规定的电气设备常用基本图形符号和文字符号。

项目目标

（1）掌握低压电器的作用和分类。

（2）熟悉低压电器设备的图形符号、文字符号。

（3）熟悉常见的低压电器型号及其编制原则。

（4）熟悉低压电器设备控制图分类和含义。

技能目标

（1）知道低压电器设备的分类和作用。

（2）能看懂常见的低压电气设备原理图、安装图和电气交互图。

相关知识

1.1 低压电器设备分类、作用和型号

在大多数用电行业及人们的日常生活中一般都使用低压供电。低压供电的输送、分配和保护，以及设备的运行和控制是靠低压电器来实现的，通常我们把工作在直流1 500 V、交流1 200 V及以下的电路中，以实现对电路或非电对象的控制、检测、保护、变换、调节等作用的基本器件称为低压电器设备。低压电器能否正确使用，直接影响低压供电系统和控制系统的质量。下面主要介绍用于电力拖动及控制系统领域中的常用低压电器分类、作用及基本控制线路图的基本常识。

一、低压电器的分类和作用

电气及电气控制伴随着电能的发现与应用已经有了几百年的历史，我们在分析电路时通常要了解这个控制系统都用到哪些设备，它在电路中起什么作用？这些经验的总结也是我们进行电路设计、安装、调试的依据。电器设备分类的方法很多，通常按工作电压的等级可分为高压电器和低压电器；按动作原理可分为手动电器（依靠外力直接操作类进行切换的电器，如刀开关、按钮等）和自动电器（依靠指令或物理量变化而自动动作的电器，如交流接触器、继电器）；按工作原理可分为电磁式电器和非电量控制电器；按执行机理分为有触点电器和无触点电器；按用途可分为配电电器和控制电器，如表 1-1 所示。

低压电气设备的分类

控制电气主要用于生产机械和设备的电气控制系统。配电电器主要用于供、配电系统中，进行电能输送和分配。配电电器要求分断能力强、限流效果好、动稳定和热稳定性能高。另外，低压电器设备还可按有无触点、灭弧介质、外壳防护等级、安装类别等进行分类。

低压电气设备的作用和结构

表 1-1　低压电器设备的分类

分　类	名　称	主要品种	用　途
控制电器	接触器	交流接触器 直流接触器	远距离频繁启动或停止交、直流电动机，以及接通和分断正常工作的主电路和控制电路
	控制继电器	电压继电器 电流继电器 中间继电器 时间继电器 热继电器 压力继电器 速度继电器 固体继电器	主要用于控制系统中控制其他电器或作主电路的保护之用
	主令电器	按钮 限位开关 微动开关 万能转换开关 接近开关 光电开关	用来闭合和分断控制电路以发布命令
	控制器	电磁启动器 凸轮控制器 平面控制器	转换主回路或者励磁回路的接法，以达到电动机的启动、换向和调速的目的
配电电器	断路器	塑料壳式断路器 框架式断路器	用线路过载、短路、漏电或者欠压保护，也可以用做不频繁接通或者分断电路
	熔断器	有填料熔断器 无填料熔断器 插入式熔断器	用于线路和设备的短路或者严重过载保护
	刀形开关	负荷开关	主要用作电气隔离，也能接通和分断额定电流

二、低压电器设备的结构特点

电气设备种类繁多，工作原理和结构形式多样，但一般均有两个共同的基本部分。一是感测部分，它感测外界的信号，并通过转换、放大和判断，作出有规律的反应。在非自动切换电器中它感测部分有操作手柄、顶杆等多种形式。在有触点的自动切换电器中，感测部分大多是电磁机构。二是执行部分，它根据感测部分的指令，对电路执行“开”“关”任务。有的低压电器具有把感测和执行两部分联系起来的中间传递部分，使它们协调一致，按一定的规律动作，如断路器类的低压电器设备。

三、低压电器的型号及其编制规则

低压电器种类繁多，为了便于统一管理，我国有关部门制定了统一的低压电器型号编制方法及型号登记办法，明确了低压电器通用型号的编制规则。根据行业标准《低压电器产品型号编制方法》（JB/T 2930—2007），我国低压电器通用型号的编制规则如图 1-1 所示。

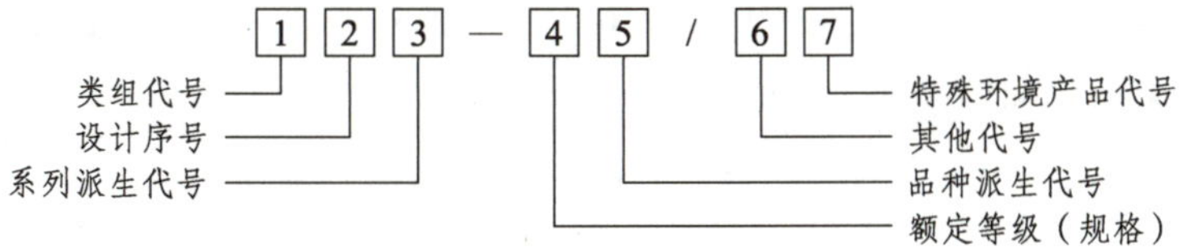

图 1-1　我国低压电器通用型号的编制规则

1. 类组代号

类组代号用两位或三位汉语拼音字母表示，其中第一位为类别代号，第二、第三位为组别代号。

例如，类别代号中，C 代表接触器，D 代表断路器，H 代表空气开关、隔离器、隔离开关及熔断器组合电器，J 代表控制继电器，K 代表控制器，Q 代表启动器，R 代表熔断器，Z 代表电阻器、变阻器。

2. 设计序号

设计序号用阿拉伯数字表示，位数不限，其中二位及二位以上首位数字为 9—船用；8—防爆；7—纺织用；6—农业用；5—化工用）

3. 系列派生代号

系列派生代号一般用一位或者两位汉语拼音字母表示，代表全系列产品变化的特征。

4. 额定等级（规格）

额定等级（规格）用阿拉伯数字表示，位数不限，根据各产品的主要技术参数确定，一般用电流、电压、容量等参数表示。

5. 品种派生代号

品种派生代号一般用一位或两位汉语拼音字母表示，代表系列内个别产品的变化特征。例如，C 代表插入式、抽屉式，E 代表电子式。

6. 其他代号

其他代号用阿拉伯数字或汉语拼音字母表示，位数不限，表示除品种以外的需要进一步说明产品的特征，如极数、脱扣方式、用途等。

7. 特殊环境产品代号

特殊环境产品代号用于产品的环境适应性特征。例如，TH 代表湿热带产品，TA 代表干热带产品，G 代表高原型产品。

【示例 1】HD13-300/31。其中 HD 为类组代号，表示该电器为隔离器；13 代表设计序号；300 代表额定等级，表示该电器的额定电流为 300A；31 为其他代号，其中 3 表示该电器为 3 极，1 表示该电器带灭护罩。

【示例 2】JZ3—33JS/1。其中 JZ 为类组代号，表示该电器为中间继电器；3 为设计序号；33 为规格，表示该电器的触点组合为 3 动合触点与 3 动断触点；JS 为品种派生代号，其中 J 表示该电器带有交流线圈，S 代表该电器带有保持线圈；1 为其他代号，表示该电器采用敞开式板前安装。

除了通用型号外，各电器生产企业一般还会为其低压电器产品编制企业产品型号。企业产品型号是在通用型号编制规则的基础上，用企业代码和产品代码代替通用型号中的类别代码编制而成，其编制规则如图 1-2 所示。

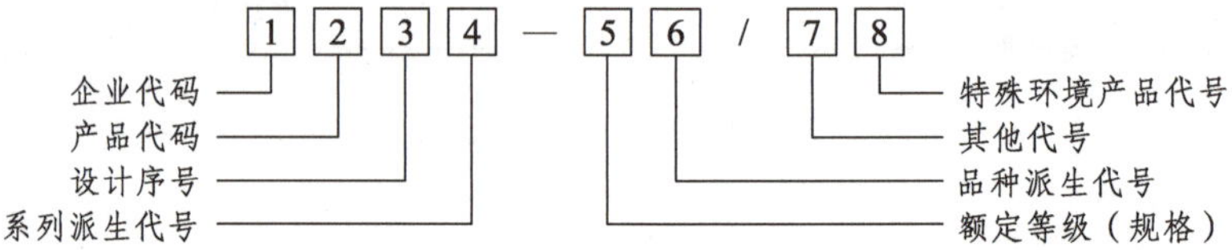

图 1-2　企业产品型号的编制规则

企业产品型号中，企业代码由两位或三位字母表示，由企业自行确定并保持唯一性。

产品代码说明如表 1-2 所示。

表 1-2　产品代码说明

产品名称	代码	产品名称	代码
塑料外壳式断路器	M	控制器	K
万能式断路器	W	行程开关、微动开关	X
真空断路器	V	自动转换开关电器	Q
开关、熔断式刀开关	H	熔断器	F
隔离开关等	G	小型断路器	B
电磁启动器	CQ	剩余电流动作断路器	L
手动启动器	S	电涌保护器	U
交流接触器	C	终端组合电器	P
热继电器	R	终端防雷组合电器	PS
电动机保护器	D	漏电继电器	JD
万能转换开关	Y	插头、插座	A
按钮、信号灯	AL	通信接口、适配器	T
电流继电器等	J	电量检测仪	E
软启动器	RQ	过程 IO 模块	I
接线端子	JF	通讯接口附件	TF

1.2　低压电器控制系统图

电气控制电路是由各种有触点的接触器、继电器、按钮、行程开关等电器设备元件组成的控制电路。它的作用是实现对电力拖动系统的启动、反向、制动和调速等运行性能的控制；实现对拖动系统的保护；满足生产工艺要求，实现生产加工自动化。

电气控制系统主要由电气控制电路和电动机等用电设备组成。为了设计、研究、分析、安装调试时阅读方便，在绘制电气控制控制电路时，必须使用国家统一规定的电气设备常用基本图形符号和文字符号。表 1-3 列出了常用电气图形、文字符号表，以供参考。

表 1-3　常用电气图形、文字符号

名称		图形符号	文字符号
三级电源开关		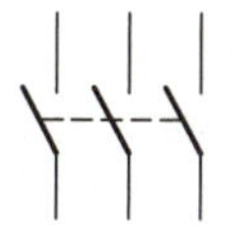	QS
低压断路器		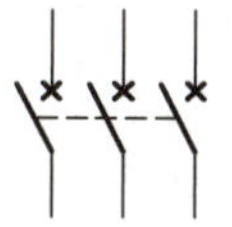	QF
位置开关	常开触头		SQ
	常闭触头		
	复合触头	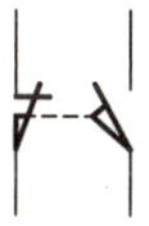	
熔断器			FU
转换开关		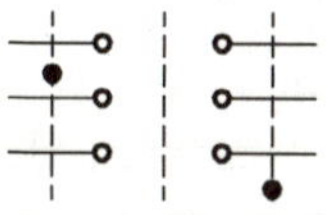	SA
按钮	启动		SB
	停止	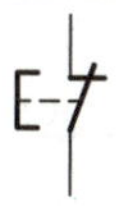	

名称		图形符号	文字符号
速度继电器	常开触头	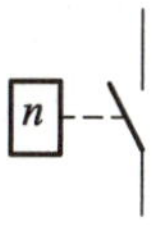	KS
	常闭触头		
时间继电器	线圈	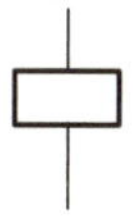	KT
	常开延时闭合触头	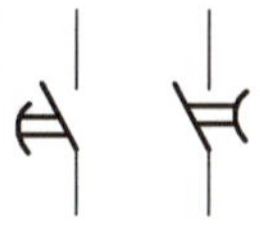	
	常闭延时打开触头	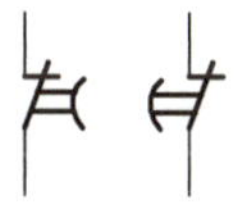	
	常开延时打开触头	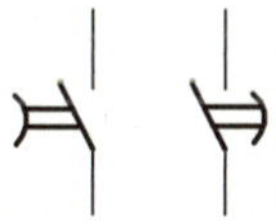	
	常闭延时闭合触头	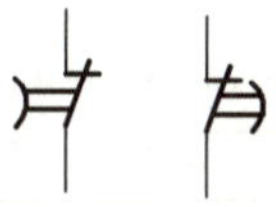	
制动电磁铁		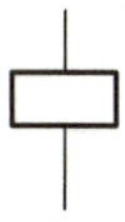	YB
继电器	中间继电器线圈	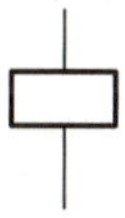	KA

名称		图形符号	文字符号
	复合	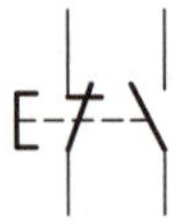	
接触器	线圈	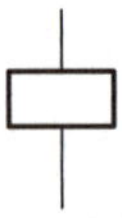	KM
	主触头		
	常开辅助触头		
	常闭辅助触头		
热继电器	热元件	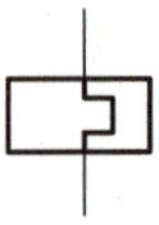	FR
	常闭触头		
电磁离合器		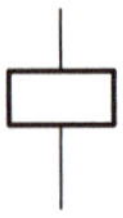	YC
电位器		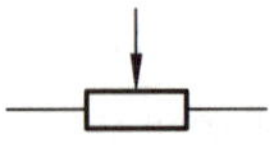	RP
整流桥		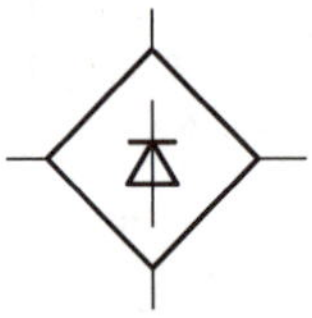	VC
照明灯		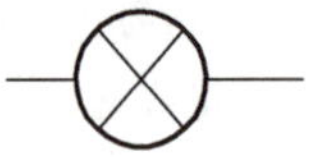	EL

名称		图形符号	文字符号
	过流继电器线圈	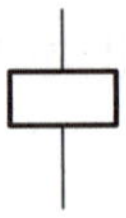	
	欠压继电器线圈	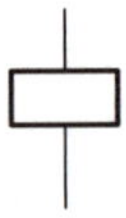	KU
	常开触头		相应线圈符号
	常闭触头		
	欠电流继电器线圈	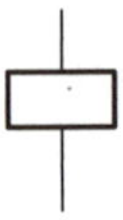	KI
串励直流电机		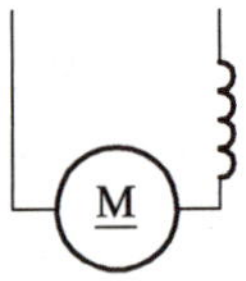	ZD
并励直流电机		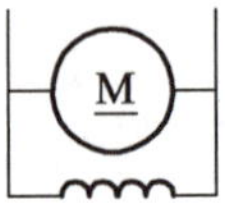	
他励直流电机		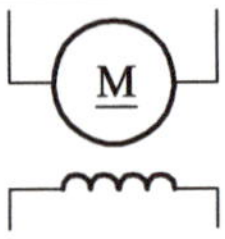	
复励直流电机		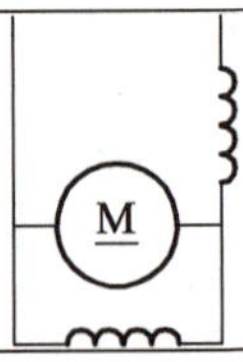	
直流发电机		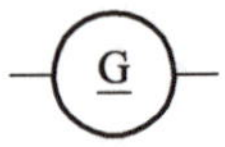	ZF
三相鼠笼异步电机			D

续表

名称	图形符号	文字符号	名称	图形符号	文字符号
信号灯	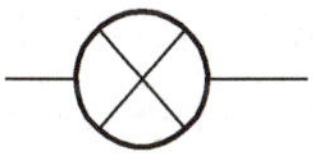	HL	三相绕线异步电机	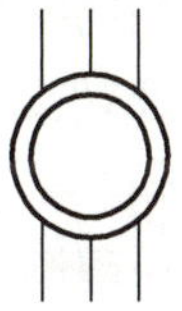	D
电阻		R	单项变压器	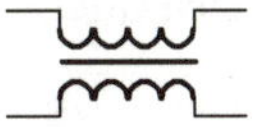	T
插座	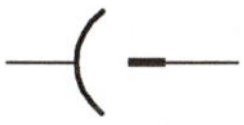	X	三相自耦变压器	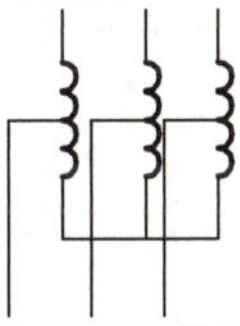	T
电磁铁	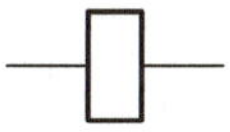	YA	二极管		V

常用的电气设备图有三类：电气原理图、电气安装图、电气互连图。

低压电气设备控制图

1. 电气原理图

电气原理图是说明电气设备工作原理的线路图。在电气原理图中并不考虑电气元件的实际安装位置和实际连线情况，只是把各元件按接线顺序用符号展开在平面图上，用直线将各元件连接起来。图 1-3 所示为三相笼型异步电动机控制电气原理图。

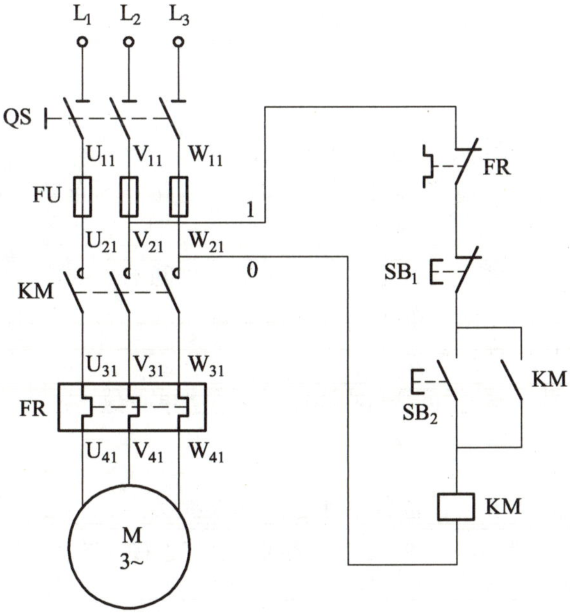

图 1-3　三相笼型异步电动机控制电气原理图

在阅读和绘制电气原理图时应注意以下几点：

（1）电气原理图中各元器件的文字符号和图形符号必须按标准绘制和标注。同一电器的所有元件必须用同一文字符号标注。

（2）电气原理图应按功能来组合，同一功能的电气相关元件应画在一起，但同一电器的各部件不一定画在一起。电路应按动作顺序和信号流程自上而下或自左向右排列。

（3）电气原理图分主电路和控制电路，一般主电路在左侧，控制电路在右侧。

（4）电气原理图中各电器应该是未通电或未动作的状态，二进制逻辑元件应是置零的状态，机械开关应是循环开始的状态，即按电路“常态”画出。

2. 电气安装图

电气安装图表示各种电气设备在机械设备和电气控制柜中的实际安装位置。它将提供电气设备各个单元的布局和安装工作所需数据的图样。例如，电动机要和被拖动的机械装置在一起，行程开关应画在获取信息的地方，操作手柄应画在便于操作的地方，一般电气元件应放在电气控制柜中，如图 1-4 所示。

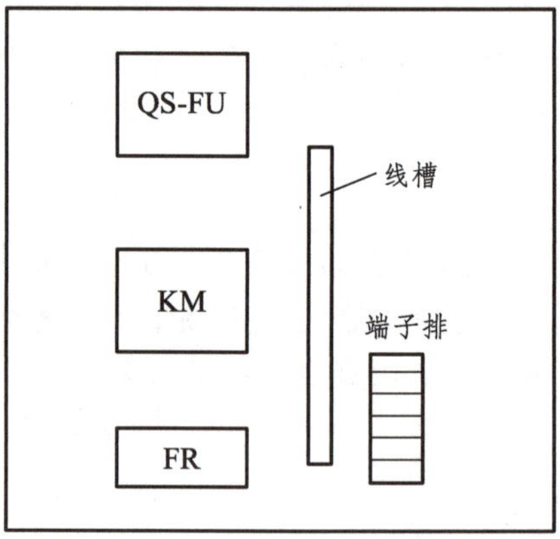

图 1-4　三相笼型异步电动机控制线路电气安装图

在阅读和绘制电气安装图时应注意以下几点：

（1）按电气原理图要求，应将动力、控制和信号电路分开布置，并各自安装在相应的位置，以便于操作和维护。

（2）电气控制柜中各元件之间，上、下、左、右之间的连线应保持一定间距，并且应考虑器件的发热和散热因素，应便于布线、接线和检修。

（3）给出部分元器件型号和参数。

（4）图中的文字符号应与电气原理图和电气设备清单一致。

3. 电气互连图

电气互连图是用来表明电气设备各单元之间的接线关系，一般不包括单元内部的连接，着重表明电气设备外部元件的相对位置及它们之间的电气连接。图 1-5 所示为三相笼型异步电动机控制线路电气互连图。

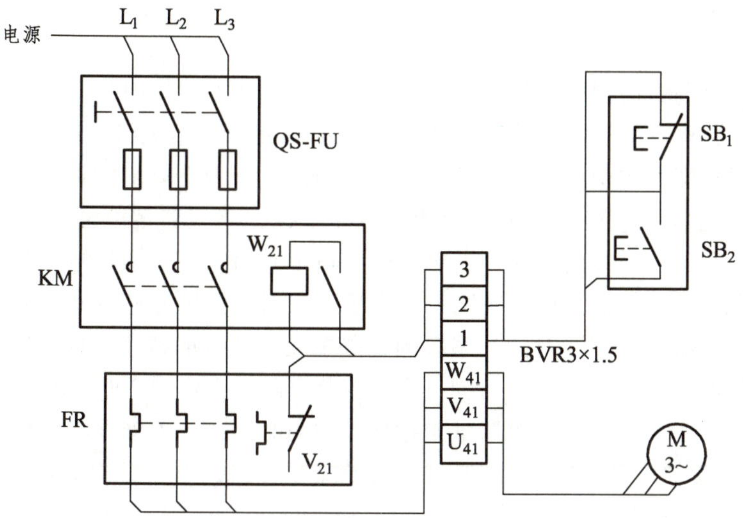

图 1-5　三相笼型异步电动机控制线路电气互连图

在阅读和绘制电气互连图时注意以下几点：

（1）外部单元同一电器的各部件画在一起，其布置应该尽量符合电器的实际情况。

（2）不在同一控制柜或同一配电屏上的各电气元件的连接，必须经过接线端子板进行。图中文字符号、图形符号及接线端子板编号，应与电气原理图相一致。

（3）电气设备的外部连接应标明电源的引入点。

例 1-1：认识笼型电动机连续运转控制线路的电气原理图，如图 1-6 所示。

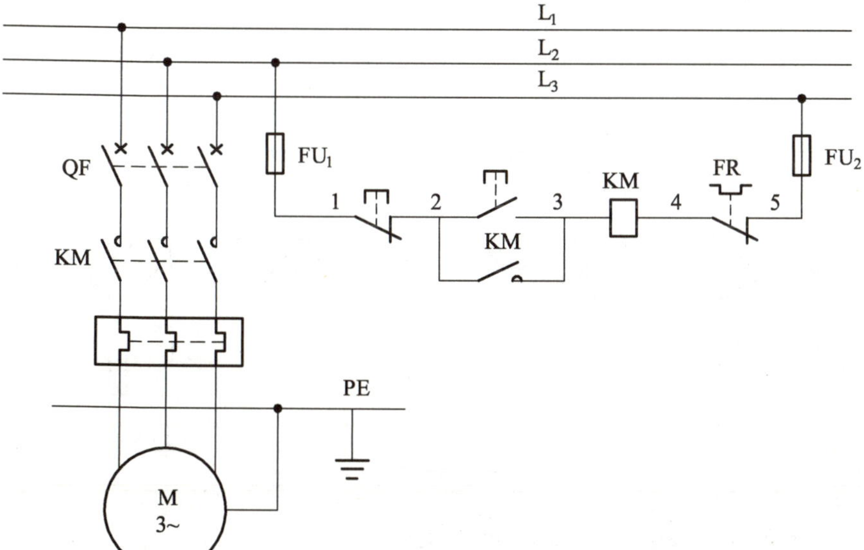

图 1-6　笼型电动机连续运转控制线路的电气原理图

电气原理图坐标图示法是在上述电气原理图基础上发展而来的，分为轴坐标标注和横坐标标注两种方法。

1. 轴坐标标注法

首先根据线路的繁简程度以及线路中各部分线路的性质、作用和特点，将线路分为交、直流主电路，交、直流控制电路及辅助电路等。图1-7所示为造纸机辅助传动2个张紧器轴坐标图示法电气原理图，图中根据线路性质、作用和特点分为交流主电路、交流控制电路、交流辅助电路和直流控制电路四部分。为便于标注坐标，将线路各电器元件均按纵向画法排列。每一条纵向线路为一线路单元，而每一个线路单元给定一个轴坐标，并用数字表示。这样每一线路单元中的各电器元件具有同一轴坐标。在对线路单元进行坐标标号时，为标明各线路性质、作用和特点，往往对同一系统的线路单元用一定的数字来标注轴坐标。在图 1-7 中，交流主电路轴坐标标号为100～108，交流控制电路轴坐标为200～211，直流控制电路轴坐标标号为300～309，交流辅助电路轴坐标标号为400～406。在轴坐标202标号的线路单元中有 SB_1，KM_1 电器元件。在选定坐标系统与给定坐标后，下一步就是标注图示坐标。为了阅读和查找方便，可在线路图下方标注“正序图示坐标”和“逆序图示坐标”。

正序图示坐标一般标注在含有接触器或继电器线圈的线路单元的下方。在图 1-7 中标注了 KM_1-KM_4 的正序图示坐标，在该线路单元的下方标注该继电器或接触器各触头分布位置。

如接触器 KM_1 在线路中用了 4 对常开触头、1 对常闭触头，它们分别位于 102、102、102、402、204 号线路单元中。这样，各对触头的位置和作用就一目了然了。

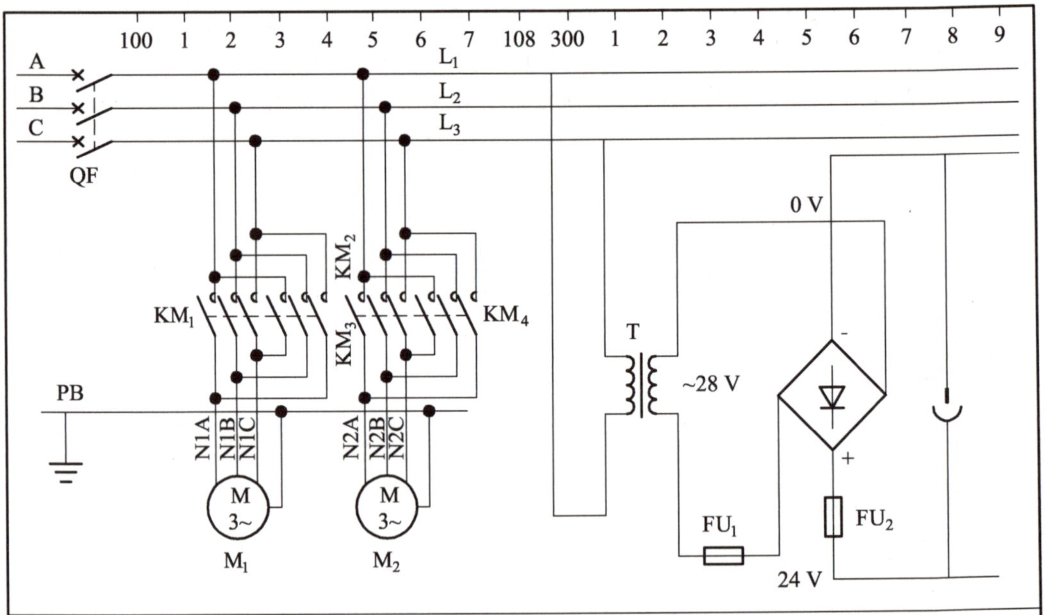

逆序图示坐标	KM_1	202	KM_2	202	KM_3	206	KM_4	208
	KM_1	204	KM_2	204	KM_3	208	KM_4	206

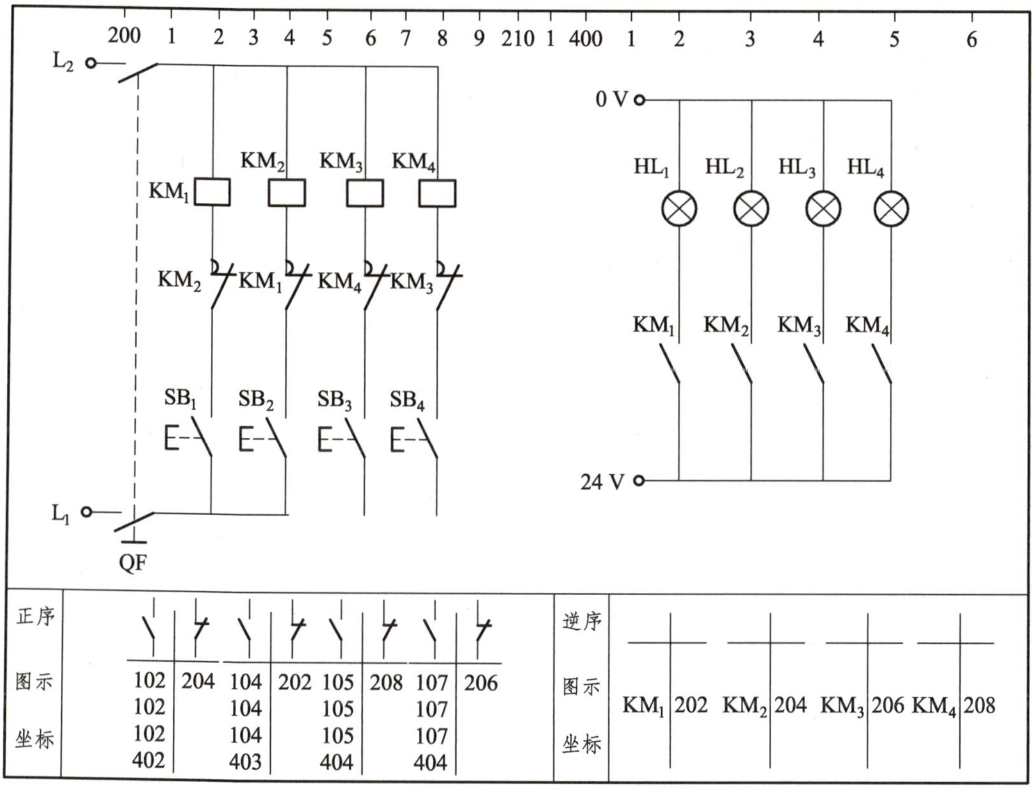

图 1-7　造纸机辅助传动两个张紧器轴坐标图示法电气原理图

逆序图示坐标一般标在各线路单元的下方，用来标注该线路单元中的触头和受控制线圈所在的轴坐标号。如在图 1-7 中的 202 线路单元中含有触头 SB_1、KM_1，其中元件 KM_1 在 202 和 204 线路单元中（按钮 SB_1、SB_2 因不受其他单元元件的控制，故无须标注）。

由上可知，正序图示坐标是以线圈为据找触头，而逆序图示坐标则是以触头为据找线圈。图示坐标的标注采用与否，可根据线路图的繁简程度决定。线路简单、一目了然的，正、逆图示坐标均可不标注；线路不算很复杂的，一般只标注正序图示坐标即可；比较复杂的线路，可根据需要标注正、逆序图示坐标。线路越复杂，越能体现标注坐标的优越性。

2. 横坐标标注法

造纸机传动辅助多电机状态控制横坐标图法电气原理如图 1-8（a）、（b）所示。采用横坐标标注法，线路上的各电器元件均按横向画法排列。各电器元件线圈的右侧，由上到下标明各支路的序号 1，2…，并在该电器元件线圈旁标明其常开触头（标在横线上方）、常闭触头（标在横线下方）在电路中所在支路的标号，以便阅读和分析电路时查找。例如接触器 KM_1 常开触头在主电路有 3 对，控制回路 2 支路中有 1 对；而 KM_2、KM_3 所实现的是点动控制功能。常开触头在主电路各有 3 对，常闭触头 KM_2 在控制电路 4 支路中有 1 对，常闭触头 KM_3 在控制电路 3 支路中有 1 对。KM_4 的用法与 KM_1 相同，这里不再详述。

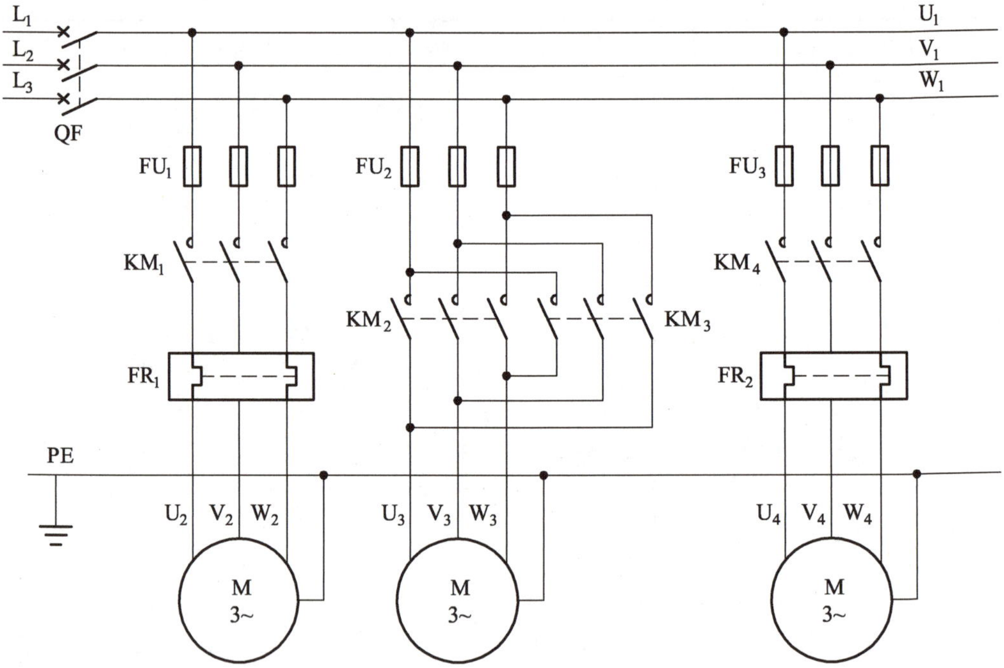

（a）

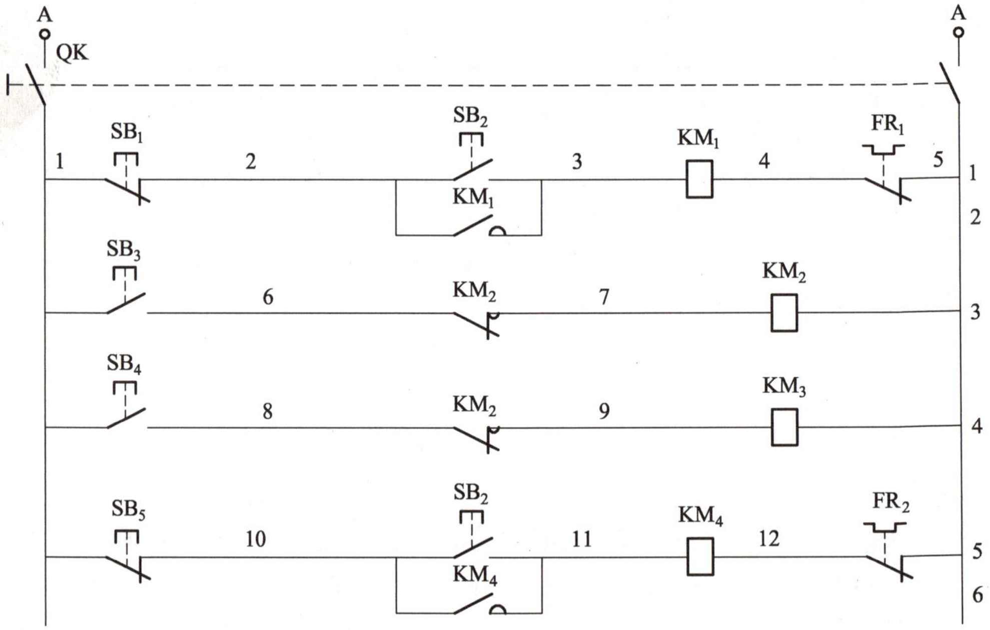

（b）

图 1-8　多电机状态控制横坐标图法电气原理图

项目实施

协助实验指导老师整理实验室，将设备进行正确归档，并将记录设备的名称、型号、主要技术参数、作用、触点对数及编号特点等信息，完成表 1-4 的填写并上交任课老师。

表 1-4　常用低压电器观察记录表

编号	名称	型号	主要技术参数	触点对数及编号
1				
2				
3				
4				
5				

能力测试

如图 1-9 中 YL569 型 0i mate TD 数控车床电气原理图。哪个是主回路，哪个是控制回路？分析该电路主回路都用到哪些电气设备？L_{11}、L_{12}、L_{13} 的含义是什么？变压器的技术参数是什么？主回路和控制回路用哪种规格的导线？

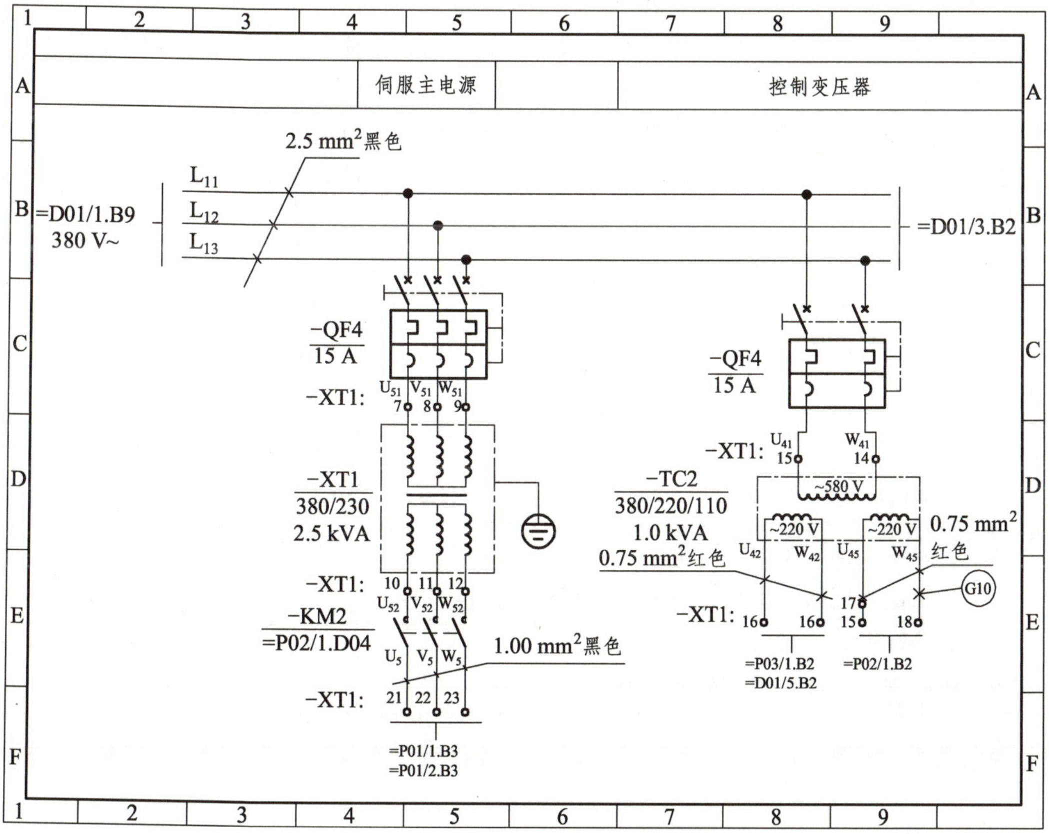

图 1-9　YL569 型 0i mate TD 数控车床电气原理图

项目 2　常用低压电器设备的认识

项目导读

低压电器在现代工业生产和日常生活中起到非常重要的作用。据一般统计，发电厂发出的电能有 80% 以上是通过低压电器进行分配和使用的；每增加 1 万千瓦的设备，约须使用 4 万件以上各类低压电器设备进行配套。在成套电器设备中，有时与主机配套的低压电器部分的成本接近甚至超过主机的成本。在电气控制设备的设计、运行和维护过程中，如果低压电器元件的品种规格和性能参数选用不当，或个别元件出现故障，都会导致整个控制设备无法正常工作，有时甚至会造成重大的设备或人身事故。本项目主要介绍几种常用的低压电器，从应用角度对其工作原理、性能参数作简要的介绍。随着新材料、新工艺、新技术的出现，低压电器的品种、规格的升级换代逐步加快，只有密切关注该领域的发展动向，及时更新资料数据，才能适应电气控制技术发展的需要。

项目目标

（1）掌握各类低压电器的结构和原理。

（2）掌握各类低压电气设备选择和使用要求。

（3）掌握各类低压电器的使用与检修方法。

技能目标

（1）能熟练识别常见的低压电器。

（2）会画出常用低压电气设备的文字符号和图形符号。

（3）能熟练拆装各种常用的低压电器。

（4）能处理常用低压电器的简单故障。

相关知识

2.1　低压刀开关的认识

刀开关又称为闸刀开关或闸刀，是一种具有刀形触点的最简单的低压开关，它只能用于手动接通或开断低压电路的正常工作电流。在低压配电网中，刀开关和熔断器配合使用，以开断过负荷和短路电流。

一、刀开关认识

刀开关的种类繁多。按结构型式可分为杠杆式闸刀开关、胶盖开关（开启式负荷开关）、铁壳开关（封闭式开关）、组合开关等。按极数又可分为单极、双极（单相）和三极（三相）开关。它们由底座，导电的动、静触头和外壳等部分组成。底座常用绝缘材料（陶瓷或胶木）制成。静触头是由铜材料制成的具有夹持力和弹性的插座。动触头是由铜材料制成的闸刀。大电流的闸刀有主、副两个刀片，用弹簧紧固在一起。副刀片又叫作速断刀片，速断分离、迅速灭弧和保护主刀片的作用。副刀片被电弧烧损后，可以更换新的。常用的刀开关主要有胶盖闸刀开关和铁壳开关等。

刀开关

1. 胶盖闸刀开关

胶盖闸刀开关又称为开启式负荷开关，广泛用做照明电路和小容量（5.5 kW 及以下）动力电路不频繁启动的控制开关，其外形及结构如图 2-1 所示，刀开关的图形、文字负荷如图 2-2 所示。

胶盖闸刀开关具有结构简单、价格低廉和安装、使用、维修方便的优点。选用式，主要根据电源的种类、电压等级、所需级数、断流容量进行选择。控制电动机时，其额定电流要大于电动机额定电流的 3 倍。

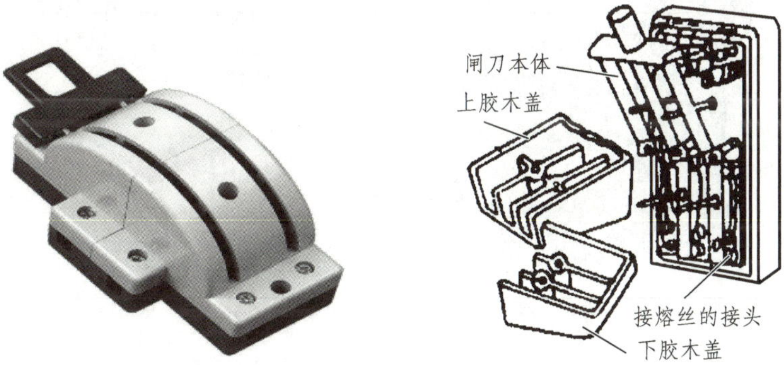

（a）外形结构　　（b）三级结构

图 2-1　胶盖闸刀开关

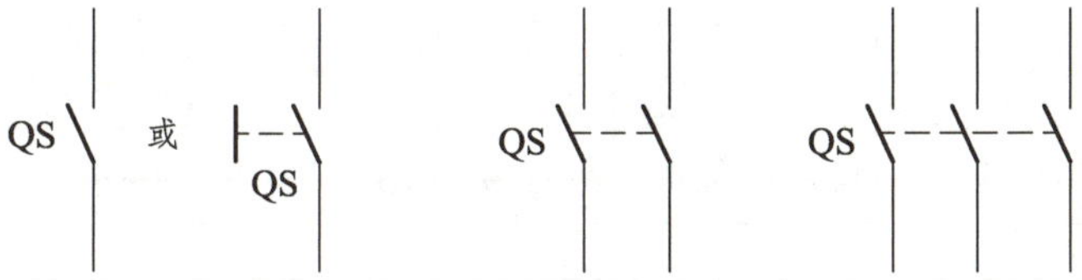

（a）单极　　（b）双极　　（b）三极

图 2-2　刀开关图形、文字符号

2. 低压刀熔开关

低压刀熔开关由刀开关和熔断器组成，其结构和外形如图 2-3 所示。

3. 铁壳开关

铁壳开关又称为封闭式负荷开关，可不频繁地接通和分断负荷电路，也可用作 15 kW 以下电动机不频繁启动的控制开关，其基本结构如图 2-4 所示。它的铸铁壳内装有刀片和夹座组成的触点系统、熔断和速断弹簧，30 A 以上的还装有灭弧罩。常用的铁壳开关为 HK 系列。

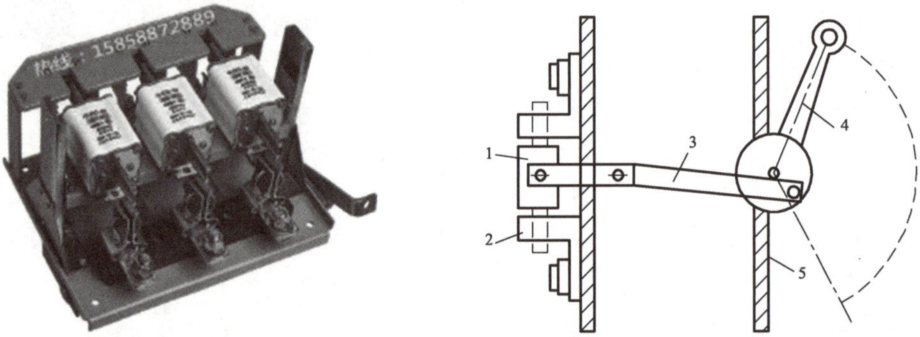

1—RTO 熔断器；2—触头；3—连杆；4—操作手柄；5—低压配电屏板面。

图 2-3　低压刀熔开关实物及结构示意图

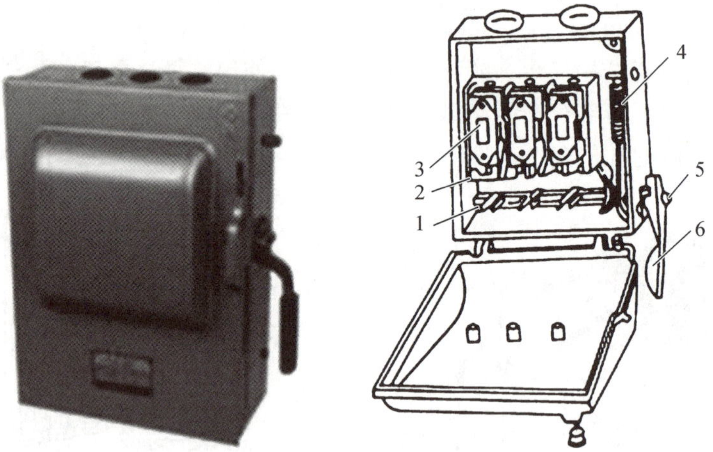

1—刀式触头；2—夹座；3—熔断器；4—速断弹簧；5—转轴；6—手柄。

图 2-4　铁壳开关的外形及结构

二、刀开关的安装

刀开关在安装时，要求与地面垂直安装，静触头在上，接电源；动触头在下，接负载。这样，可保证开关断开时，闸刀与熔断器不带电。接线时，将电源线接在熔丝上端，负载线接在熔丝下端，拉闸后刀开关与电源隔离，便于更换熔丝。HK2 系列刀开关的技术数据如表 2-1 所示。

表 2-1　HK2 系列刀开关的技术数据

额定电压/V	额定电流/A	极数	溶体极限分断能力/A	控制电动机最大容量/kW	机械寿命/次	电器寿命/次
250	10	2	500	1.1	10 000	2000
	15		500	1.5		
	30		1000	3.0		

续表

额定电压/V	额定电流/A	极数	溶体极限分断能力/A	控制电动机最大容量/kW	机械寿命/次	电器寿命/次
500	15	3	500	2.2	10 000	2000
	30		1000	4.0		
	60		1000	5.5		

刀开关在选择时注意：

（1）结构形式的选择。应根据刀开关的作用和装置的安装形式来选择是否带灭弧装置。如开关用于分断负载电流时，应选择带灭弧装置的刀开关。可根据装置的安装形式来选择正面、背面、侧面操作形式，以及是直接操作还是杠杆操作，是板前接线还是板后接线的结构形式。

（2）额定电流的选择。一般应等于或大于所分断电路中各个负载电流的总和。对于电动机负载，应考虑其启动电流，所以应选额定电流大一级的刀开关。若考虑电路出现的短路电流，还应选择额定电流更大一级的刀开关。

三、刀开关的型号

刀开关的型号表示如下例所示：

[1][2][3]-[4]/[5][6]

第一单元：低压开关。

第二单元：类型（D—单投；S—双投；K—开启式；H—封闭式；Z—组合式；R—刀熔式）。

第三单元：设计序号（下角标）。

第四单元：额定电流（A）。

第五单元：级数（1—单极；2—双极；3—三极）。

第六单元：其他特征（0—无灭弧罩；1—有灭弧罩；8—板间接线；9—板后接线）。

2.2 组合开关的认识

组合开关包括转换开关和倒顺开关。其特点是用动触片的旋转代替闸刀的推合和拉合，实质上是一种由多组触点组合的刀开关。这种开关可用做交流 50 Hz、380 V 和直流 220 V 以下的电路电源引入开关或控制 5.5 kW 以下小容量电动机的直接启动，以及电动机正、反转控制和照明电路控制。

组合开关

一、转换开关

HZ_{10} 型转换开关外形如图 2-5（a）所示，结构如图 2-5（b）所示，电气符号如图 2-5（c）所示。它主要由静触头、动触头、转轴、手柄等部件组成。它的动触头 2 和静触头 1 分装在数层绝缘盒内，手柄 5、转轴 4 和动触头联动，手柄转动不同的位置接通和断开不同的电路。

转换开关的通断能力较低，因此不能用来分断故障电流。当用于控制电动机正、反转时，必须在电动机完全停转后，才能操作。当负载功率因数较低时，转换开关要降低额定电流使用，否则会影响开关寿命。

转换开关中万能转换开关是一种多挡式、控制多回路的主令电器，主要用于低压断路操作机构的合闸与分闸控制、各种控制线路的转换、电压和电流表的换相测量控制、配电装置线路的转换和遥控等。万能转换开关还可以直接控制小容量电动机的启动、调速和换向。图 2-6 所示为万能转换开关外形结构及原理图。

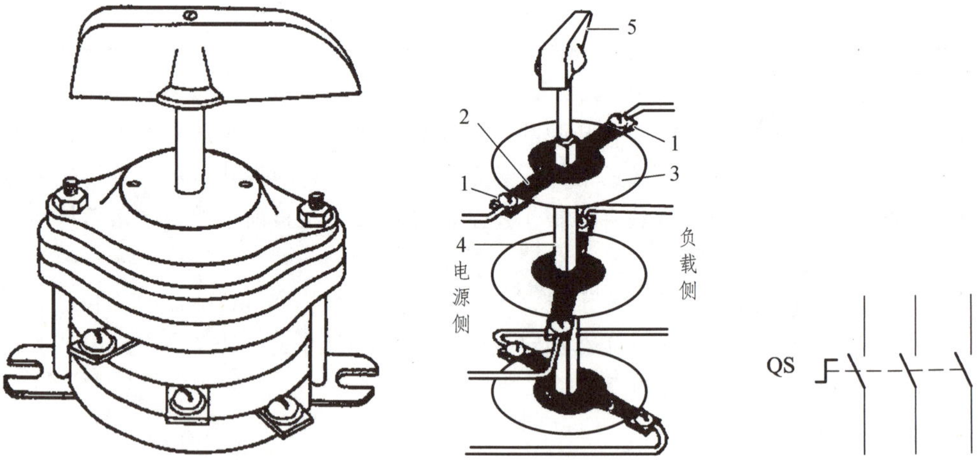

（a）外形图　　（b）结构图　　（c）电气符号

1—静触头；2—动触头；3—绝缘垫板；4—绝缘方轴；5—手柄。

图 2-5　HZ_{10} 型转换开关

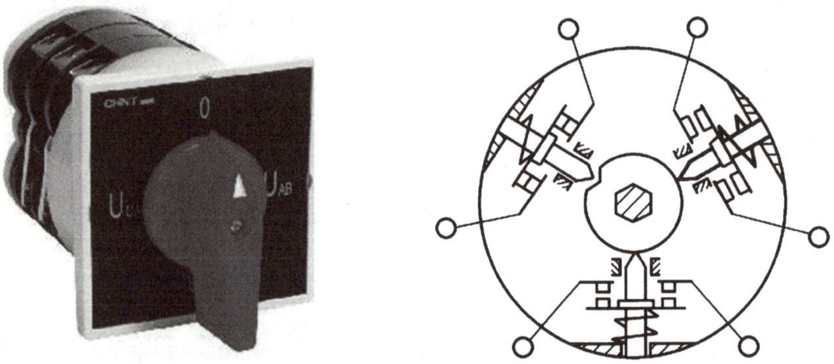

（a）外形结构　　（b）原理图

图 2-6　万能转换开关外形结构及原理图

常用万能转换开关有 LW5 和 LW6 系列。LW5 系列可控制 5.5 kW 及以下的小容量电动机；LW6 系列只能控制 2.2 kW 及以下的小容量电动机。用于可逆运行控制时，只有在电动机停车后才允许反向启动。LW5 系列万能转换开关按手柄的操作方式可分为自复式和自定位式两种。所谓自复式是指用手拨动手柄于某一挡位时，手松开后，手柄自动返回原位；定位式则是指手柄被置于某一挡位时，不能自动返回原位而停在该挡位。

万能转换开关的手柄操作位置是以角度表示的。不同型号的万能转换开关的手柄有不同万能转换开关的触头，电路图中的图形符号如图 2-7 所示。但由于其触头的分合状态与操作手柄的位置有关，所以，除在电路图中画出触头图形符号外，还应画出操作手柄与触头分合状态的关系。

根据图 2-7（a）和（b）可知，当万能转换开关打向左 45°时，触头 1—2、3—4、5—6 闭合，触头 7—8 打开；打向 0°时，只有触头 5—6 闭合，向右 45°时，触头 7—8 闭合，其余打开。图中“×”表示触点接通状态，否则为断开状态。具体画法是：用虚线表示操作手柄位置，用有无“•”表示触点的闭合和打开状态，比如在触点图形符号下方虚线位置上画“•”，则表示当操作手柄处于该位置时，触点是处于闭合状态；若在虚线位置上未画“•”时，则表示该触点处于打开状态。

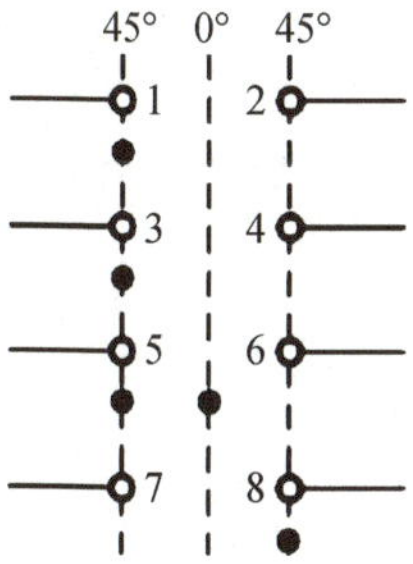

（a）图形符号

LW5-15D0403/2				
触头编号		45°	0°	45°
	1-2	×		
	3-4	×		
	5-6	×	×	
	7-8			×

（b）触头闭合表

图 2-7　万能转换开关的图形符号

二、倒顺开关

倒顺开关又称为可逆转开关，是组合开关的一种特例，它的作用是连通、断开电源或者负载，也可以使电动机正转或反转，主要是给单相、三相电动机做正反转用的电气元件。但不能做为自动化元件。如电动机、吊车、电梯、升降机等。倒顺开关有上位置，中间是分开位置，往一边拨电动机的运转方向与另一边的运转方向相反。倒顺开关电气符号用“SA”表示。实物外形、内部结构以及通断图如图 2-8 所示。目前很少用这种开关，大部分改用接触器组合控制。

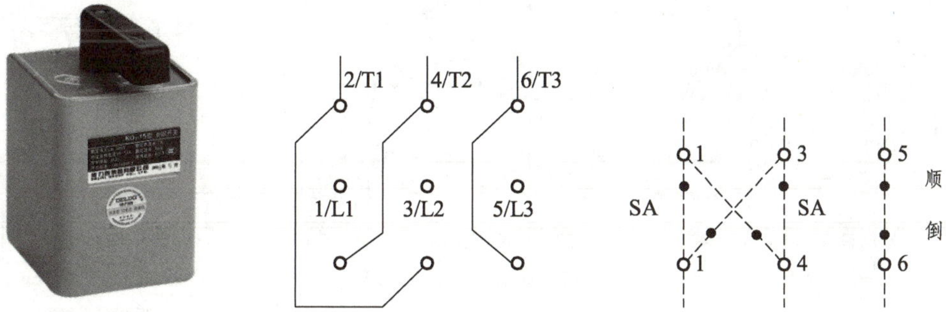

（a）倒顺开关外形图　（b）倒顺开关内部结构图　（c）倒顺开关通断图

图 2-8　倒顺开关

2.3 低压熔断器的认识

低压熔断器在电压 1 000 V 以下的电路中广泛应用，是一种结构简单、使用方便、价格低廉的保护电器，广泛用于供电线路和电气设备的短路保护电路中。在使用时，熔断器串联在所保护的电路中，当电路发生短路或严重过载时，它的熔体能自动迅速熔断，从而切断电路，使导线和电气设备不致损坏。

低压熔断器

常用的低压熔断器的型号表示如下：

$$\boxed{1}\,\boxed{2}\,\boxed{3}\,\boxed{4}-\boxed{5}/\boxed{6}$$

第一单元：R 为熔断器。

第二单元：C—插入式，L—螺旋式，M—密封管式，T—有填料式，Z—自复式。

第三单元：设计序号。

第四单元：其他标识（A—改进式）。

第五单元：额定电流（A）。

第六单元：熔体的额定电流（A）。

一、低压熔断器的结构及类型

熔断器按其结构形式分为瓷插式、螺旋式、有填料密封管式等，其品种规格很多。RCIA 型瓷插式结构如图 2-9 所示，由瓷底座和静触头、瓷插件、动触头和熔体组成。这种熔断器结构简单、价格低廉、更换熔体方便。常用在照明及小容量电动机的保护电路上。RL 螺旋式结构如图 2-10 所示，有一个瓷管（瓷鼓），内装熔丝和石英砂。RL 型熔断器体积小、灭弧能力强，又便于更换，常用在电动机控制电路中。RM 管式熔断器结构如图 2-11 所示，熔体是断面不等的熔片，熔片常在最小断面处熔断。熔片熔断时，电弧产生的高温使管内壁的纤维物受热分解，管内压力增大，促使电弧熄灭。这种熔断器较 RCIA 型、RL 型熔断器断流能力大，适用于低压线路的短路及过载保护。

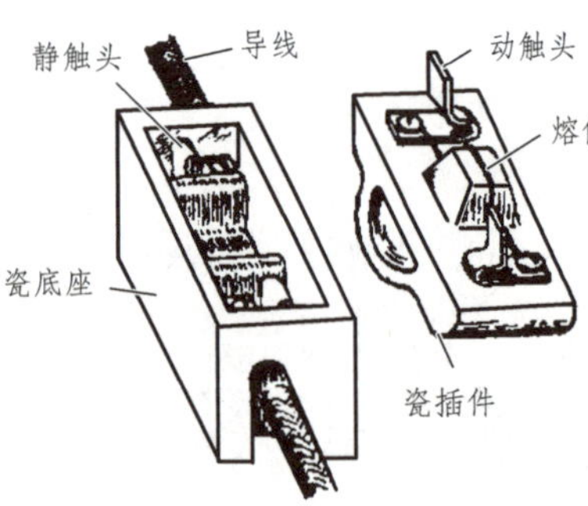

图 2-9　RCIA 型熔断器

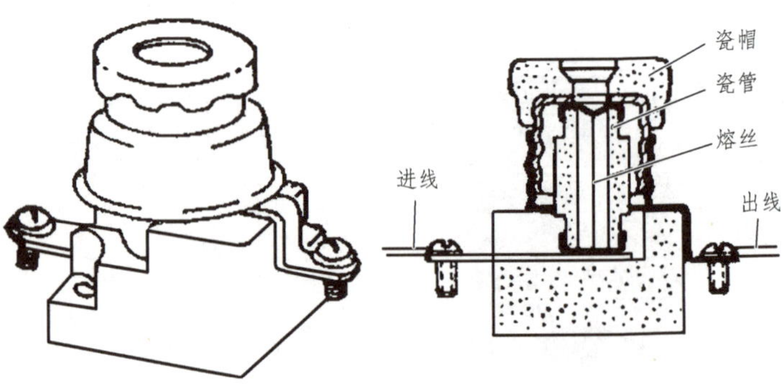

图 2-10　RL 型熔断器

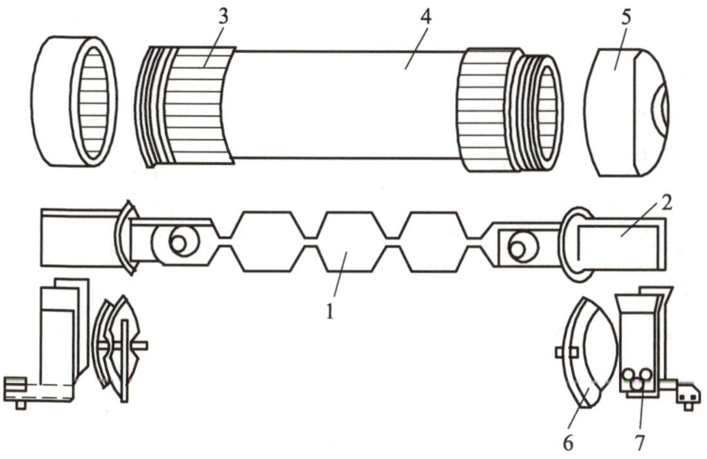

1—熔片；2—刀型接触片；3—黄铜圈；4—纤维管；
5—黄铜帽；6—特种垫圈；7—刀座。

图 2-11　RM 管式熔断器

二、常用低压熔断器的选择

选择熔断器时，熔断器的额定电压不得小于安装地点电路的工作电压，熔断器的额定电流不得小于其熔体的额定电流。要注意的是熔断器的额定电流和熔体的额定电流是两个不同的概念。熔断器的额定电流是指熔断器长期工作的最大允许电流。熔体的额定电流是指熔体长期工作而不熔断的最大电流。熔断器内的熔体（熔丝或熔片）的额定电流应小于或等于熔断器的额定电流。例如 RL1-60 螺旋式熔断器，其额定电流 60 A，额定电压为 500 V，其中可以安放额定电流为 15 A、20 A、30 A、35 A、50 A、60 A 的熔体。

2.4　低压断路器的认识

低压断路器又称为自动空气开关，它相当于刀开关、熔断器、热继电器和欠压继电器的组合；是一种即能进行手动操作，又能自动进行欠压、失压、过载、和短路保护的控制电器。

低压断路器

一、低压断路器的工作原理

低压断路器的原理接线图如图 2-12（a）所示。其主要结构由触头系统、灭弧装置、保护系统和操作机构组成。图中 7、9、11 组成短路保护，采用电磁脱扣器。12、13 是过载保护，采用热脱扣器。8、10、11 是欠压保护机构，采用欠电压脱扣器。9、11、14、15 是用于远距离操作的分励脱扣机构。

当电路发生短路、严重过载、电压过低等故障时，保护装置通过杠杆 5 的作用，使 3 与 2 脱扣，开关自动跳闸，切断主电路（主触头 1 断开）。

二、低压断路器的型号

低压断路器的操作方式有手动和电动两种，其型号表示如下：

D[1] [2]—[3] [4]/[5] [6]

D—低压断路器。

第一单元：结构型式（Z 装置式；W 万能式）。

第二单元：设计序号（下角标）。

第三单元：额定电流（A）。

第四单元：派生号（L 漏电保护式；M 密封式；P 电动操作式；X 限流式）。

第五单元：级数。

第六单元：脱扣及辅助机构代号。

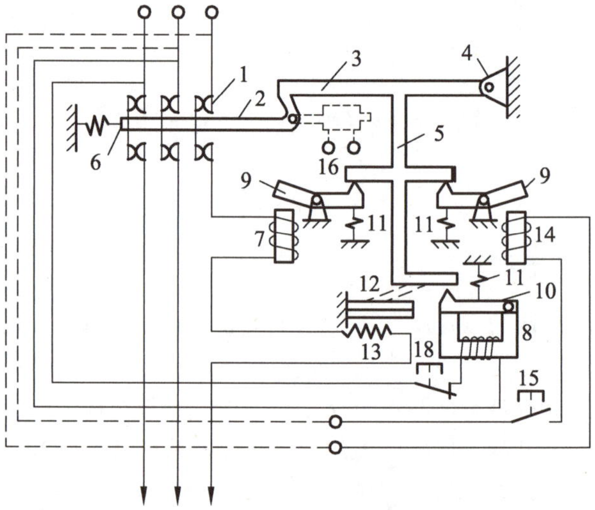

（a）低压断路器的原理接线图

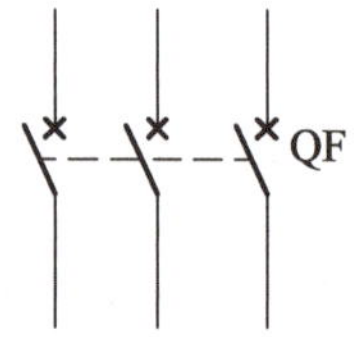

（b）低压断路器的图形及文字符号

（c）低压断路器的外形

1—触头；2—锁键；3—搭钩（代表自由脱扣机构）；4—转轴；5—杠杆；6、11—弹簧；7—过流脱扣器；8—欠压脱扣器；9、10—衔铁；12—热脱扣器双金属片；13—加热电阻丝；14—分砺脱扣器（远距离切除）；15—按钮；16—合闸电磁铁（DW 型可装，DZ 型无）。

图 2-12　DW15 系列万能式断路器

三、低压断路器的类型

（1）万能式低压断路器，又称为开启式低压断路器；容量较大，具有较高的短路分断能力和较高的动稳定性，适用于交流 50 Hz、额定电压 380 V 的配电网中作为配电干线的主保护。其主要型号有 DW10 和 DW15 两个系列，如图 2-12 所示。

（2）装置式低压断路器，又称为塑料外壳式低压断路器；内装触头系统、灭弧室及脱钩器等，有手动和电动合闸；适用于配电网的保护和电动机、照明电路及电热器等的控制开关。主要型号有 DZ5、DZ10 和 DZ20 等系列，如图 2-13 所示。

（3）快速断路器，具有快速电磁铁和强有力的灭弧装置，最快动作时间可在 0.02 s 以内，用于半导体整流元件和整流装置的保护。其主要型号有 DS 系列。

（4）限流断路器利用短路电流产生的巨大吸力，使触点迅速断开，能在交流短路电流尚未达到峰值之前就把故障电路切断，用于短路电流相当大（高达 70 kA）的电路中。其主要型号有 DWX15 和 DZX10 两种系列。

（5）智能化断路器，目前国产的智能化断路器有框架式和塑料外壳式两种。前者主要用作智能化自动配电系统中的主断路器，后者主要用于配电网中，分配电能和作为电路及电源设备的控制和保护。智能化断路器的控制核心采用了微处理器或单片机技术，它不仅具有普通断路器的各种保护功能，同时还具有实时显示电路中的电气参数（电流、电压、功率、功率因数等），对电路进行在线监视、自动调节、测量、试验、自诊断和通信等功能。能够对各种保护功能的动作参数进行显示、设定和修改，保护电路动作时的故障参数能够存储以便查询。

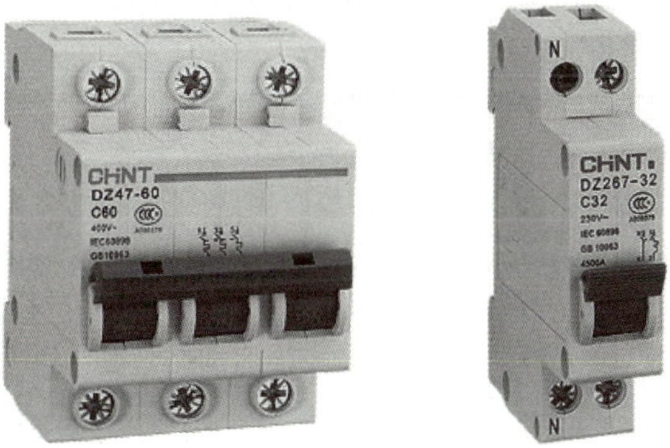

图 2-13　DZ 系列小型低压断路器外形

四、低压断路器的选择

选择低压断路器时应注意以下几方面：

（1）低压断路器的额定电流和额定电压应大于或等于线路、设备的正常工作电压和工作电流。

（2）低压断路器的极限分断能力应大于或等于电路最大短路电流。

（3）欠电压脱扣器的额定电压应等于线路的额定电压。

（4）过电流脱扣器的额定电流应大于或等于线路的最大负载电流。

五、使用低压断路器的注意事项

（1）低压断路器投入使用时应先进行整定，按照要求整定热脱扣器的动作电流，以后就不应随意旋动有关的螺丝和弹簧。

（2）在安装低压断路器时，应注意把来自电源的母线接到开关灭弧罩一侧端子上。

（3）在正常情况下，每 6 个月应对开关进行 1 次检修，清除灰尘。

（4）发生断、短路事故的动作后，应立即对触点进行清理，检查有无熔坏，清除金属熔粒、粉尘，特别要把散落在绝缘体上的金属粉尘清除掉。

使用低压断路器来实现短路保护比熔断器要好，因为三相电路短路时，很可能只有一相熔断器熔断，造成缺相运行。对于低压断路器来说，只要造成短路就会使开关跳闸，将三相同时切断。低压断路器还有其他自动保护作用，性能优越，但其结构复杂，操作频率低，价格高，因此适合于要求较高的场合，如电源总配电盘。

2.5　接触器的认识

接触器是一种利用电磁铁控制其触头通断的电器。它操作方便、动作迅速、灭弧能力强并能实现远距离操作。它和继电器配合还能实现自动控制以及过电压、过流保护。因此，它广泛用于电动机控制电路中。接触器按操作电源分为交流接触器和直流接触器。

接触器

一、交流接触器的结构和工作原理

交流接触器由触头系统、电磁系统和灭弧装置三部分组成。触头系统用来直接接通和分断所控制的电路，根据用途不同分为主触头和辅助触头两部分。主触头是用来接通和断开负荷电流的触头，因为它断通的电流较大（可达数百安），所以放在灭弧罩内。辅助触头是用来接通和断开、控制信号电流电路的触头，其额定电流较小，一般为 5 A。电磁系统是接触器的重要组成部分，它由电磁线圈（吸引线圈）、铁芯（静触头）和衔铁（动触头）组成，其作用是利用电磁线圈的通电或断电，使衔铁和铁芯吸合释放，从而带动动触头与静触点接通或断开，实现接通或断开电路的目的。灭弧罩是交流接触器的灭弧装置，它是由陶瓷或石棉水泥制成，其内部结构可以实现纵向或横向切割电弧，并将电弧产生的高温热量传导出去。

交流接触器的原理是当线圈通电后，静衔铁产生电磁力将衔铁吸合，衔铁带动触点系统动作，使常闭触点断开，常开触点闭合。当线圈断电，电磁铁吸引力消失，衔铁在弹簧的作用下释放，触点系统随之复归。图 2-14（b）所示为 CJ10 型交流接触器的结构示意。图中常开、常闭触头是指电磁线圈未通电时（称为常态），触头所处的状态。该接触器有三对常开常开的主触头和两对常开、两对常闭的辅助触头。接触器的电磁线圈及常开、常闭触头的电气符号如图 2-12（c）所示。

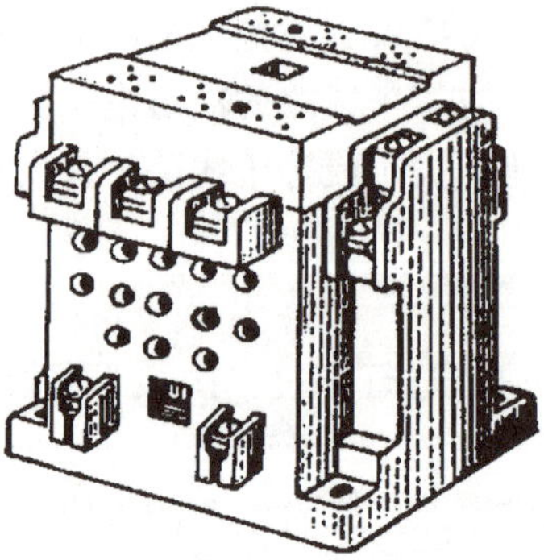

（a）CJ10-20 型交流接触器外型

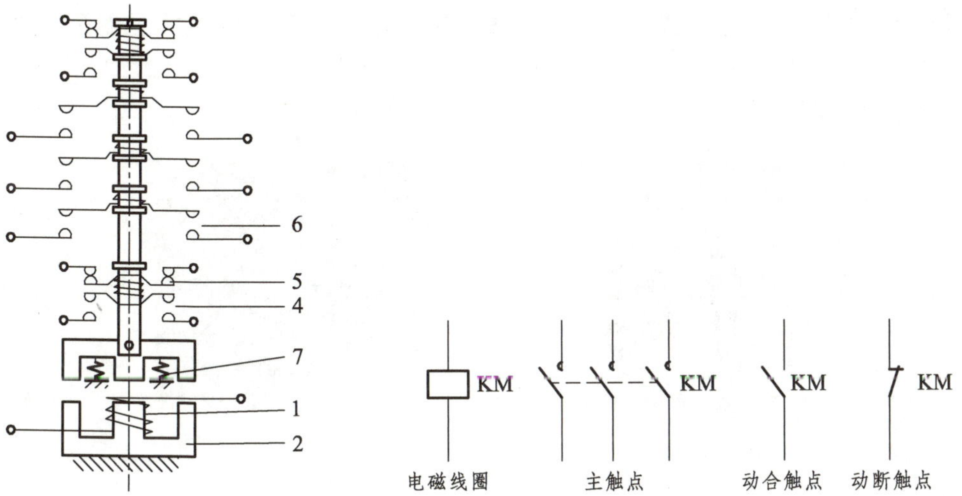

（b）结构示意图　　　　（c）电气图形符号

1—电磁线圈；2—静铁芯；3—动铁芯；4—常开辅助触头；
5—常闭辅助触头；6—常开主触头；7—恢复弹簧。

图 2-14　CJ10 型交流接触器

二、直流接触器

直流接触器的结构和工作原理基本上与交流接触器相同，结构上也是由电磁机构、触头系统和灭弧装置等部分组成，但在电磁机构方面有所不同。由于直流电弧比交流电弧难以熄灭，直流接触器常采用磁吹式灭弧装置灭弧。

三、接触器的型号

接触器的型号表示如下例所示：

CJ$\boxed{1}$—$\boxed{2}$/$\boxed{3}$

C—接触器；J—交流型（Z—直流型）。

第一单元：设计序号。

第二单元：额定电流（A）。

第三单元：级数

例如 CJ10Z—40/3 为交流接触器，设计序号 10，重任务型，额定电流 40 A，主触头为 3 极。

CJ12T—250/3 为改型后的交流接触器，设计序号 12，额定电流 250 A，3 个主触头。我国常用的交流接触器主要有 CJ10、CJ12、CJXI、CJ20 等系列及其派生系列产品。直流接触器有 CZ18、CZ21、CZ22、CZ10 和 CZ2 等系列。除以上常用系列外，我国近年来还引进了一些生产线，生产了一些满足 IEC 标准的交流接触器，例如 CJ12B—S 系列锁扣接触器，主要用于交流 50 Hz、电压 380 V 及以下、电流 600 A 及以下的配电电路中，供远距离接通和分断电路用，并适宜于不频繁启动和停止的交流电动机，具有正常工作时吸引线圈不通电、无噪声等特点。其锁扣机构位于电磁系统的下方，锁扣机构靠吸引线圈自通电，吸引线圈断电后靠锁扣机构保持在锁住位置，如图 2-15、图 2-16 所示。

引进的产品应用较多的有德国西门子公司的 3TB 系列和 BBC 公司的 B 系列，法国 TE 公司的 LC1 系列等，主要供远距离接通和分断电路，并适用于频繁启动及控制交流电动机。3TB 系列产品具有结构紧凑、机械寿命和电气寿命长、安装方便、可靠性高等特点，额定电压为 220 ~ 660 V，额定电流为 9 ~ 630 A。

图 2-15　CJX2 系列交流接触器

图 2-16　CJT1 系列交流接触器

常用交流接触器主要技术数据见表 2-2。

表 2-2　常用交流接触器主要技术数据

型号	主触头			辅助触头			线圈		可控制电器的最大功率/kW		额定操作频率/（次/h）
	对数	额定电流/A	额定电压/V	对数	额定电流/A	额定电压/V	电压/V	功率/kW	220 V	380 V	
CJ0-10	3	10	380	2 个常开、2 个常闭	5	380	36 110 （127） 220 380	14	2.5	4	≤600
CJ0-20	3	20						33	5.5	10	
CJ0-40	3	40						33	11	20	
CJ0-75	3	75						55	22	40	
CJ10-10	3	10						11	2.2	4	
CJ10-20	3	20						22	5.5	10	
CJ10-40	3	40						32	11	20	
CJ10-60	3	60						70	17	30	

2.6　热继电器的认识

一、热继电器结构及工作原理

热继电器

热继电器是专门对连续运行的电动机进行过载及断相保护，以防止电动机过热而烧毁的保护电器。常用的双金属片 JR15 型热继电器的外形与结构如图 2-17（a）、（b）所示。这种热继电器结构简单、体积小，使用最广泛。当电路过载时，使串联在电路中的发热元件 3 的发热量大为增加，热膨胀系数不同的主双金属片 2 因温度升高而发生弯曲，并推动导板 4 带动补偿双金属片 5 向右移动，带动推杆 16 推动触头 9 使其与静触头 6 分开，使控制电路断电。因此，交流接触器线圈断电，主电路断开，使其后面的电气设备得到保护。热继电器动作后，双金属片冷却复原（约 5 min 便可自动恢复，经 2 min 后也可以手动复位）。为了便于和被保护电动机的额定电流相配合，热继电器的整定值可以用凸轮 13 进行调节。热继电器的电气符号如图 2-17（c）所示。

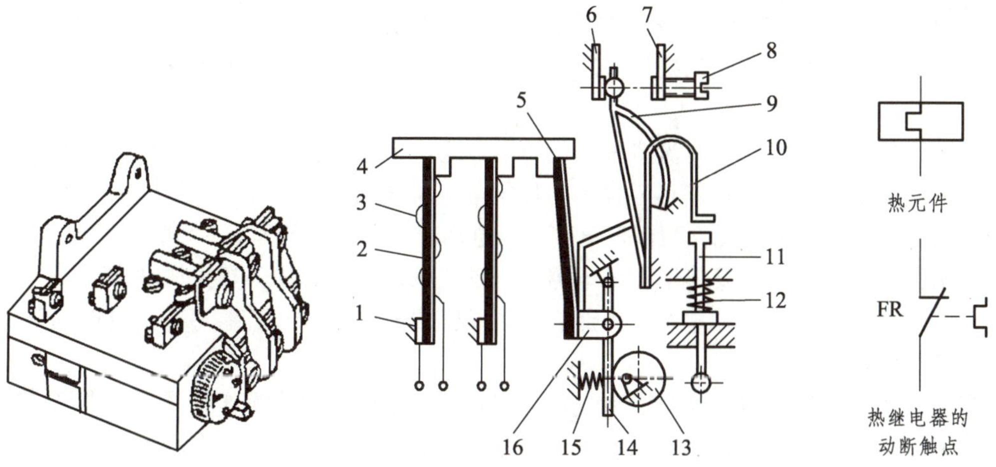

（a）外形图　　（b）结构图　　（c）电气图形符号

1—外壳；2—主双金属片；3—发热元件；4—导板；5—补偿金属片；6—静触头（常闭）7—静触头（常开）
8—再扣调节螺钉；9—动触头；10—再扣弹簧；11—再扣按钮；12—再扣按钮复位弹簧；
13—整定电流调节凸轮；14—支持件；15—弹簧；16—推杆。

图 2-17　JR15 系列热继电器

二、热继电器型号及选用

热继电器的型号表示如下例所示：

JR[1]—[2]/[3]D

J—继电器；R—热。

第一单元：设计序号。

第二单元：额定电流。

第三单元：级数。

第四单元：带断相保护。

我国常用的热继电器主要有 JR20、JRS1、JR15、JR16 等系列。引进产品有 T 系列（德国 BBC 公司）、3UA（德国西门子）、LR1-D（法国 TE 公司）。JRS1、JR20 系列具有断电保护、温度补偿、整定电流可调，能手动脱扣及手动断开动断触头等功能。三相交流电动机的过载保护均采用三相式热继电器，尤其是 JR16 和 JR20 系列三相式热继电器得到广泛应用。这两种系列的热继电器按其职能又分为带断相保护和不带断相保护两种类型。常用的 JRS1 系列和 JR20 系列热继电器的外形及符号含义如图 2-18 所示。

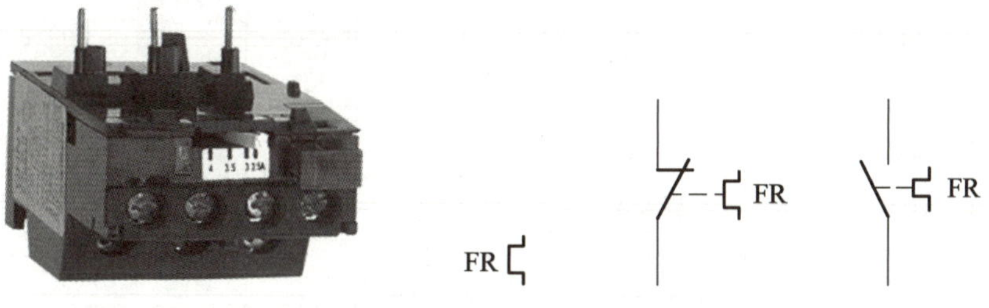

（a）发热元件　（b）常闭触头　（c）常开触头

图 2-18　JRS1 系列热过载继电器

常用的 JR16、JR20、JRS1、T 系列热继电器的技术参数见表 2-3 所示。

热继电器通常选用时应按电动机形式、工作环境、启动情况及负荷情况等几方面综合加以考虑。

（1）原则上热继电器的额定电流应按电动机的额定电流选择。对于过载能力较差的电动机，其配用的热继电器（主要是发热元件）的额定电流可适当小些。通常，选取热继电器的额定电流（实际上是选取发热元件的额定电流）为电动机额定电流的 60% ~ 80%。

（2）在不频繁启动场合，要保证热继电器在电动机的启动过程中不产生误动作。通常，电动机启动电流为其额定电流的 6 倍以及启动时间不超过 6 s。若很少连续启动，就可按电动机的额定电流选取热继电器。

（3）当电动机为重复短时工作时，首先注意确定热继电器的允许操作频率。因为热继电器的操作频率是很有限的，如果用它保护操作频率较高的电动机，效果很不理想，有时甚至不能使用。

（4）在三相异步电动机电路中，对定子绕组为星形连接的电动机应选用两相或三相结构的热继电器；定子绕组为三角形连接的电动机必须采用带断相保护的热继电器。

表 2-3　常用的热继电器技术参数

型号	额定电压/V	额定电流/A	相数	热元件			断相保护	温度补偿	触头数量
				最小规格/A	最大规格/A	挡数			
JR16	380	20	3	0.25 ~ 0.35	14 ~ 22	12	有	有	一动合 一动断
		60		14 ~ 22	40 ~ 63	4			
		150		40 ~ 63	100 ~ 160	4			
JR20	660	6.3	3	0.1 ~ 0.15	5 ~ 7.4	14	无	有	一动合 一动断
		16		3.5 ~ 5.3	14 ~ 18	6			
		32		8 ~ 12	28 ~ 36	6			
		63		16 ~ 24	55 ~ 71	6			
		160		33 ~ 47	144 ~ 176	9			
		250		83 ~ 125	167 ~ 250	4			
		400		130 ~ 195	267 ~ 400	4			
		630		200 ~ 300	420 ~ 630	4			
JRS1	380	12	3	0.11 ~ 0.15	9.0 ~ 12.5	13	有	有	一动合 一动断
		15		9.0 ~ 12.5	18 ~ 25	3			
T	660	16	3	0.11 ~ 0.16	12 ~ 17.6	22	有	有	一动合 一动断
		25		0.17 ~ 0.25	26 ~ 32	21			
		45		0.28 ~ 0.40	30 ~ 45	21			一动合或 一动断
		85		6 ~ 10	60 ~ 100	8			一动合 一动断
		105		27 ~ 42	80 ~ 115	6			
		170		90 ~ 130	140 ~ 220	3			
		250		100 ~ 160	250 ~ 400	3			
		370		100 ~ 160	310 ~ 500	4			

2.7　中间继电器的认识

中间继电器是一种继电保护元件，它和时间继电器一样，其主要用于继电保护与自动控制系统中，中间继电器和时间继电器及一些其他类型的继电器是有所区别的，它一般是没有主触点的，因为过载能力比较小。所以它用的全部都是辅助触头，数量比较多。因此中间继电器主要是用来扩展控制触点的数量和增加触点的容量。图 2-19 所示为中间继电器的外形结构及符号，其文字符号为 KA。在电路中，中间继电器主要起信号的传递与转换作用。它可以实现多路控制，并可将小功率的控制信号转换为大容量的触点动作，以驱动电气执行元件工作。有时也可用中间继电器控制小容量电动机的起停，以及负载的转换和通断，其接线图如图 2-20 所示。

中间继电器

（a）中间继电器外形　　（b）中间继电器符号

图 2-19　中间继电器外形结构及符号

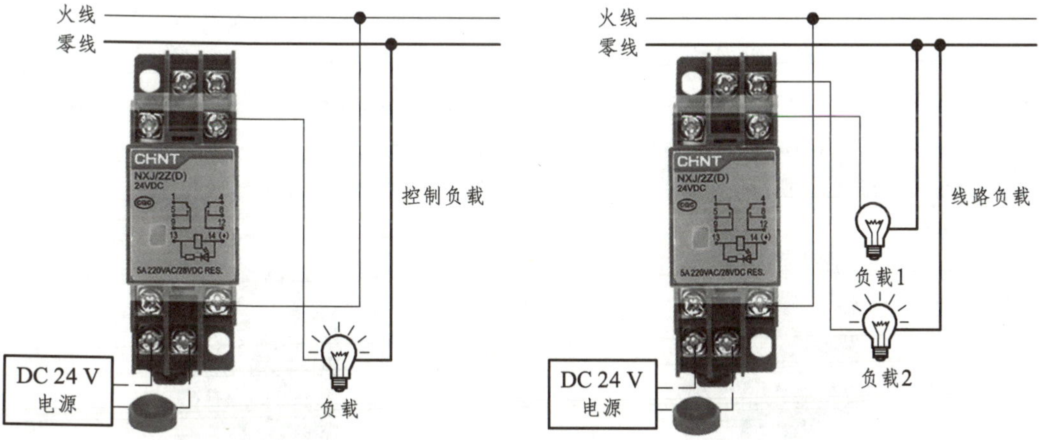

图 2-20　中间继电器控制负载接线和线路接线图

具体来说中间继电器有以下用途：

① 代替小型接触器；

② 增加触点的数量；

③ 增加触点的容量；

④ 转换接点的类型；

⑤ 用做小容量的开关；
⑥ 转换电压；
⑦ 消除电路中的干扰。

一、中间继电器的结构外形结构与接线

中间继电器也可分为直流中间继电器和交流中间继电器两种，电压一般分为 24 V、36 V、220 V 和 380 V。其结构一般由电磁机构和触点系统组成。电磁机构与接触器相似，其触点因为通过控制电路的电流容量较小，所以不需加装灭弧装置。它的特点是触头数量较多（可达 8 对），触头容量较大（5 ~ 10 A），动作灵敏，在电路中起增加触头数量和起中间放大作用。由于中间继电器只要求线圈电压为零时能可靠释放，对动作参数无要求，故中间继电器没有调节装置。中间继电器的结构和交流接触器基本一样，其外壳一般由塑料制成，为开启式。外壳上的相间隔板将各对触点隔开，以防止因飞弧而发生短路事故。触点一般有 8 动合、6 动合 2 动断、4 动合 4 动断三种组合形式。

二、中间继电器的动作原理

中间继电器与交流接触器相似，动作原理也相同，当电磁线圈得电时，铁心被吸合，触点动作，即动合触点闭合，动断触点断开；电磁线圈断电后，铁心释放，触点复位。

三、中间继电器的引脚触点图

采用直插式引脚的中间继电器，为了便于接线安装，需要配合相应的底座使用。一般我们常见的中间继电器按接线端子也就是引脚各分为 8 脚、11 脚、14 脚。如图 2-21、2-22 分别是 8 脚、11 脚的中间继电器端子接线图。

通常中继电器无论是 8 脚、11 脚还是 14 脚，最下方中间两个引脚接电源，都是左边接正，右边接负（或零线），紧挨电源接线端子引脚上边一排是公共端子，各对应最上一排常闭和常闭下面一排常开接线端子。如图 2-21 所示 8 脚中间继电器的 4 脚、8 脚、12 是一组，12 脚是公共端公共引脚，4 和 12 常闭，8 和 12 常开。其他的依次类推，也可以用万用表的二极管挡位进行测试触点的常开常闭特性。

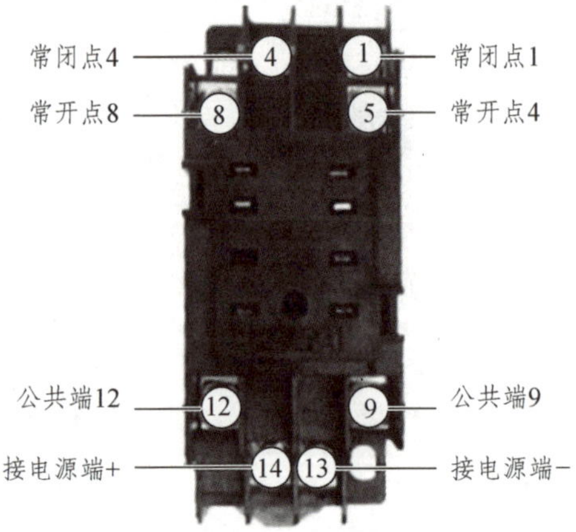

图 2-21　8 脚中间继电器端子接线图

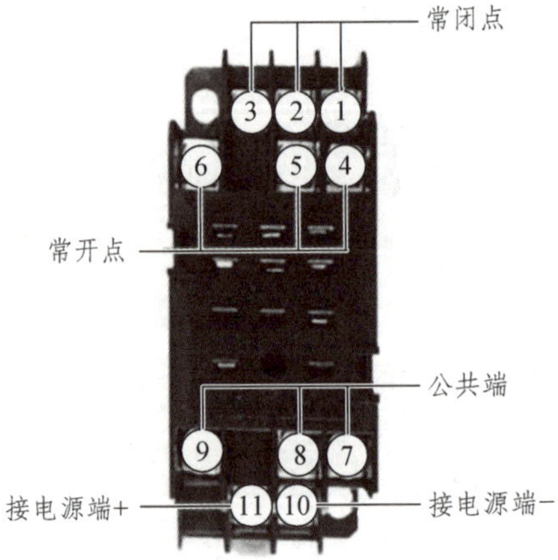

图 2-22　11 脚中间继电器端子接线图

四、中间继电器的型号和含义

中间继电器的型号表示如下：

JZ[1]—[2] [3]

J—继电器；Z—中间。

第一单元：设计序号。

第二单元：动合触点数。

第三单元：动断触点数

2.8 时间继电器的认识

时间继电器是一种用来实现触点延时接通或断开的控制电器。按其动作原理与结构不同可分为电磁式、电动式、空气阻尼式（又称为气囊式）、晶体管式等多种类型。

一、空气阻尼式时间继电器

时间继电器

空气阻尼时间继电器，是利用空气阻尼作用获得延时的，有通电延时和断电延时两种类型，其型号有 JS7—4A 和 JS16 系列。如图 2-23 所示为 JS7—4A 系列时间继电器的结构示意图，它主要由电磁系统、工作触头、气室及传动机构四部分组成。电磁系统包括线圈 1、铁芯 4 和衔铁 2；工作触头包括两对瞬时触头（23 和 24；25 和 26）及两对延时触头（27 和 28；29 和 30）；气室内有一块橡皮薄膜，随空气的增减而移动；传动机构由推板 5，活塞杆 8、杠杆 9 及宝塔形弹簧 11 组成。其工作原理如下：

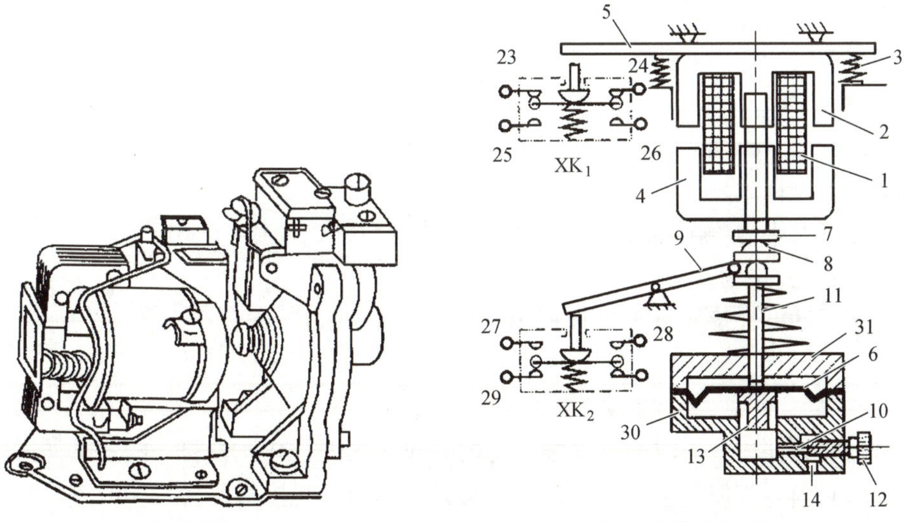

（a）外形图　　　　（b）动作原理图

1—线圈；2—衔铁；3—反力弹簧；4—铁芯；5—推板；6—橡皮膜；7—多衔铁推杆；8—活塞杆；9—杠杆；10—螺旋；11—宝塔形弹簧；12—调节螺钉；13—活塞；14—进气口；15、16 瞬时断开常闭触头；17、18—瞬时闭合常开触头；19、20—延时断开瞬时闭合常闭触头；21、22—延时闭合瞬时断开常开触头；23、24—瞬时断开常闭触头；25、26—瞬时闭合常开触头；27、28—瞬时闭合延时断开常开触头；29、30 瞬时断开延时闭合常闭触头；31—弱弹簧。

图 2-23　JS7—4A 系列时间继电器

当线圈 1 通电后，衔铁 2 克服反力弹簧 3 的阻力与固定铁芯 4 吸合，带动推板 5，压合微动开关 XK_1，使常闭触头 23、24 瞬时断开，常开触头 25、26 瞬时闭合。以此同时，衔铁 2 压动推杆 7，使活塞杆 8 克服弹簧 11 的阻力向下移动，通过杠杆 9 使微动开关 XK_2 也瞬时动作；常闭触头 29、30 断开，常开触头 27、28 闭合。当线圈断电时，衔铁 2 在反力弹簧 3 的作用下瞬时断开，通过推板 5 使 XK_1 触头瞬时复位，以此同时使活塞杆 8 在宝塔形弹簧 11 和气室控制下延时复位。延时长短由进气口 14 的气流大小而定，可通过螺钉 12 和螺旋 10 加以调整，使 XK_2 动触头延时动作，实现断电延时。

空气阻尼式时间继电器的优点是结构简单、寿命长、价格低廉，还附有不延时的瞬动触点，所以应用较为广泛。其缺点是准确度低、延时误差大（±10%～±20%），因此在要求延时精度高的场合不宜采用。

二、晶体管式时间继电器

晶体管式时间继电器具有延时范围广、体积小、精度高、调节方便及寿命长等优点，所以发展较快，应用也日益广泛。

晶体管式时间继电器常用产品有 JSJ、JSB、JJSB、JS14、JS20 等系列。

选择时间继电器主要根据控制电路所需要的延时触头的延时方式、瞬时触头的数目及其使用条件。

空气阻尼式时间继电器的优点是结构简单、寿命长、价格低廉，还附有不延时的瞬动触点，所以应用较为广泛。其缺点是准确度低、延时误差大（±10%～±20%），因此在要求延时精度高的场合不宜采用。

三、时间继电器的型号和电气符号

时间继电器的型号表示如下例所示：

JS[1]—[2]/[3]

J—继电器；R—时间。

第一单元：设计序号。

第二单元：基本规格代号。

第三单元：结构改进。

时间继电器的电气符号如图 2-24 所示，文字符号位 KT。

四、时间继电器的结构应用

在电气控制线路中，有时候需要按一定的时间间隔进行某种控制。例如某润滑泵需要定时启动、定时运行以控制润滑油量，这类自动控制称为时间控制，其简单的方法是可利用延时继电器来实现控制。通电延时型时间继电器在其感测部分接收信号后开始延时，一旦延时完毕，就通过执行部分输出信号以操纵控制电路，当输入信号消失时，继电器就立即恢复到动作前的状态（复位）。断电延时型与通电延时型相反。断电延时型时间继电器在其感测部分接收输入信号后，执行部分立即动作，但当输入信号消失后，继电器必须经过一定的延时，才能恢复到原来（即动作前）的状态（复位），并且有信号输出。

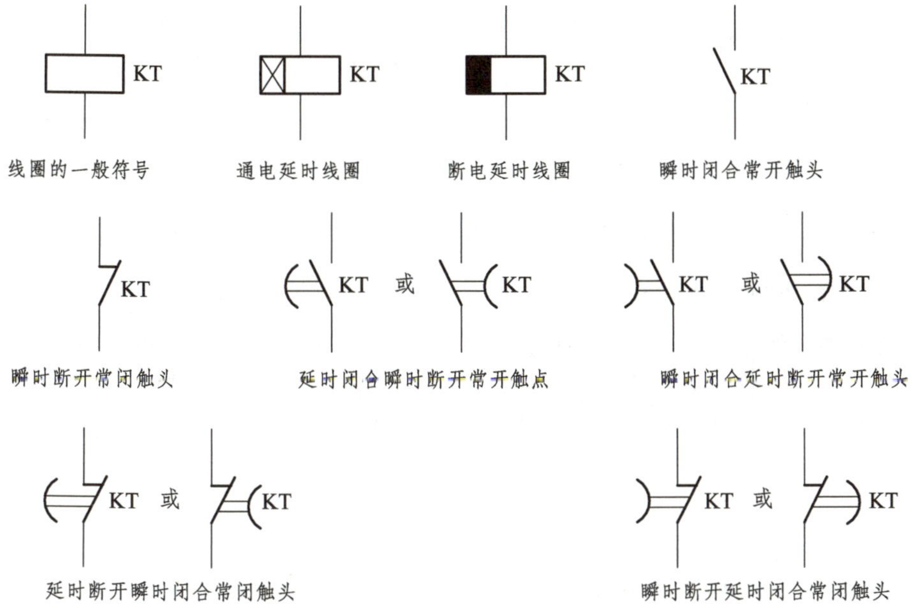

图 2-24　时间继电器电气符号

1. 通电延时型时间继电器

通电延时型时间继电器在获得输入信号后立即开始延时，需待延时完毕，其执行部分才输出信号以操纵控制电路；当输入信号消失后，继电器立即恢复到动作前的状态。

如图 2-25 所示触点 2 和 7 是时间继电器的线圈电源，常见的线圈有 24 V、220 V、380 V 等（如果是直流注意区分正负极）。然后 1、3、4 和 5、6、8 是两组组跳转触点，1 和 4 是常闭触点，也就是延时以前一直是闭合的，在我们设定的延时时间到达的时候，1 和 4 就从常闭变为了常开，也就断开了，这时 1 和 3 就接通了，这样就完成了延时跳转。同样道理 8、6 常开触点，延时闭合，8、5 常闭触点，延时断开，8 为公共端。

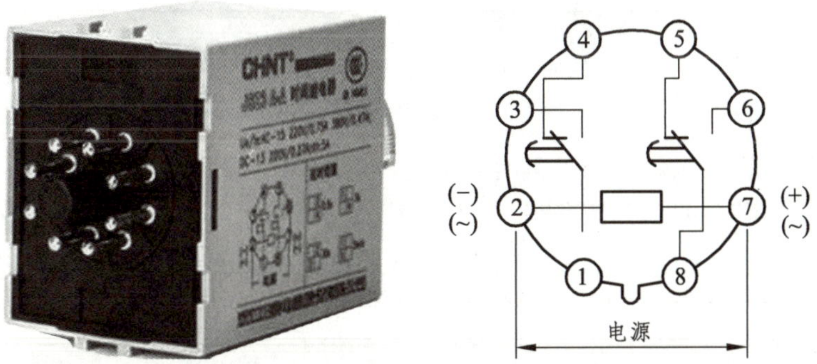

图 2-25　通电型时间继电器外形及接线图

国内生产延时继电器厂家及型号太多，用户在购买和使用阅读电路图纸过程中，注意区分通电延时继电器和断电延时继电器。可通过看继电器外壳印制的电器符号来判别。在电路图中或实物图上主要看图形符号中圆弧的画法。通电延时时间继电器的触点看圆弧，圆弧向圆心方向移动，带动触点延时动作，如图 2-26 所示。

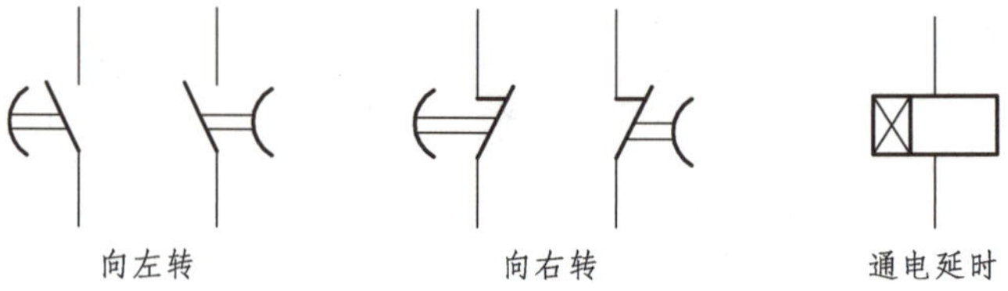

图 2-26　通电延时继电器的触点及线圈符号

2. 断电延时型时间继电器

断电延时型与通电延时型相反。断电延时时间继电器的触点，是在继电器通电工作后触点动作，继电器断电后，延时时间到达预置设定的时间触点恢复原始状态。图 2-27 所示为断电延时继电器的电气符号。图 2-28 所示为断电时间继电器的外形及实物主接图。

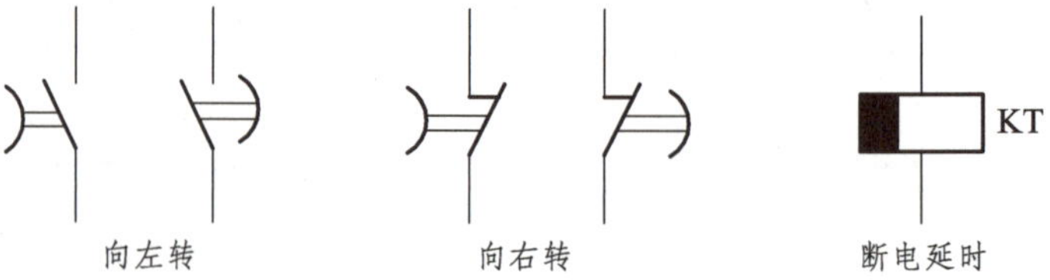

图 2-27　断电型时间继电器的触点及线圈符号

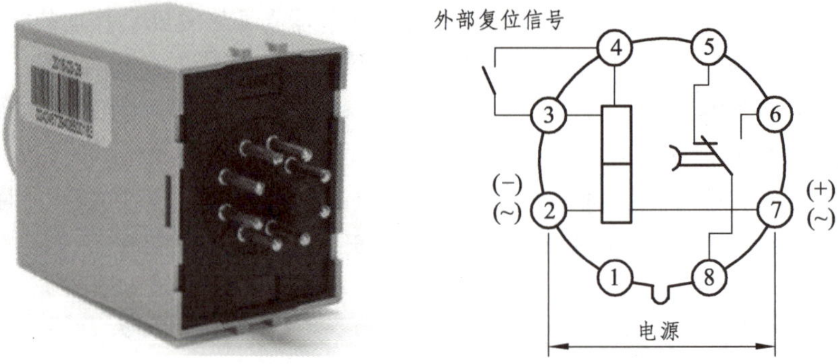

图 2-28　断电时间继电器的实物及主接线图

如上图 2-28 所示触点 2 和 7 是时间继电器的线圈电源，常见的线圈有 24 V、220 V、380 V 等（如果是直流注意区分正负极）。然后 2、3、4 和 5、6、8 是两组组跳转触点，2 和 4 是常闭触点，3 和 4 常开触点。同样道理，8、5 常开触点，延时闭合，8、6 常开触点，延时断开 8 为公共端。

2.9　液位继电器的认识

一、液位继电器的外形和作用

液位继电器属于晶体管继电器，如图 2-29 所示为 JYB-714 型液位继电器外形和结构图。JYB-714 型液位继电器分为底座和本体两部分。适用于额定控制电源电压不大于 380 V，额定频率 50 Hz，约定发热电流不大于

液位继电器

3 A 的控制电路中作液位控制元件。例如在水泵控制电路中利用液位继电器电极接通或分断水泵控制电路，实现了自动供水和排水的功能。液位继电器控制电路具有电路简便、体积小、重量轻、功耗小、稳定性高的优点，而且采用了电子管插入式结构，维修方便。

图 2-29　JYB-714 型液位继电器的外形和结构

二、液位继电器的底座接线

液位继电器输出端子工作电压为 AC 220 V，如图 2-30 所示。③端子为输出信号公共端，②和③之间输出供水泵液位控制信号，③和④之间输出排水泵液位控制信号；⑤、⑥、⑦为水池中液位电极 A、B、C 对应的接线端子，液位电极端子间为 DC 24 V 的安全电压，⑤端子接高水位电极 A，⑥端子接低水位电极 B，⑦端子接水池中位置最低的公共电极 C。注意，液位继电器入水电极采用 1 ~ 1.5 mm^2 的铜芯硬质绝缘线，入水一端剥离 5 mm 绝缘皮。

三、液位继电器实验性能

如图 2-31 所示装置进行实验演示 JYB-714 液位继电器的性能。实验设备有 JYB-714 型液位继电器一只（AC 220 V），红绿信号灯各一只（AC 220 V），一个带软线的单相插头、软线长度与教室插座位置匹配，2 m 导线，剥线钳，螺丝刀，一杯自来水（水杯透明）。按照图 2-31 所示完成接线后通过移动水杯高低位置演示液位的变化。演示过程及现象如表 2-4 所示。

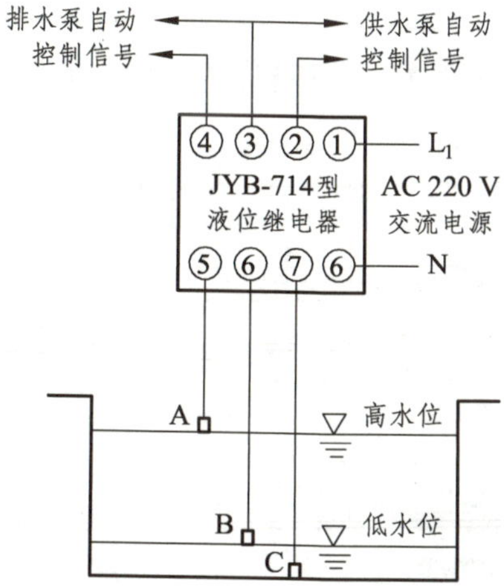

图 2-30　JYB-714 型液位计端子接线图

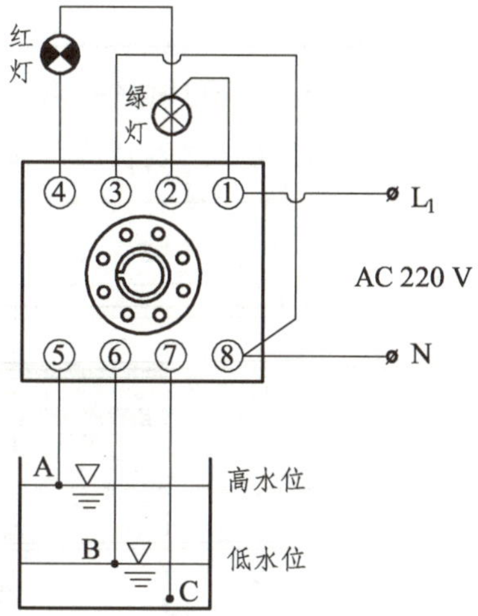

图 2-31　JYB-714 型液位继电器教学演示实验接线图

表 2-4　JYB-714 型液位继电器教学演示实验过程及现象

电源（①⑧）	步骤	水杯动作（液位变化）	液位电极状况（A、B、C）	输出信号现象		现象解读
				绿灯（②③）	红灯（③④）	
接通 AC 220 V	1	液位电极在水杯水面之上	A、B、C 都未淹没	亮	不亮	A、B、C 在水杯外，继电器“感知”水池中无水，需要启动供水泵抽水，②③接通输出供水泵运行信号，绿灯回路通，绿灯亮
	2	水杯（液位）上升	C 淹没	亮	不亮	供水泵是低水位启动，高水位停止；排水泵是高水位启动，低水位停止。A 未淹没，水位未达高水位，供水信号继续存在，绿灯亮；排水信号无，红灯不亮
	3	水杯（液位）继续上升	B、C 淹没	亮	不亮	
	4	水杯（液位）继续上升	A、B、C 都淹没	灭	亮	水位到高水位，②③断，供水泵停止运行；水位到高水位，③④通，发出排水泵运行信号，红灯亮
	5	水杯（液位）转而下降	A 露出水面 B、C 淹没	灭	亮	B 淹没，水位未到低水位，供水、排水信号维持上述状态
	6	水杯（液位）继续下降	A 在水面外 B 刚露出水面 C 淹没	亮	灭	②③接通输出供水泵运行信号，绿灯回路通，绿灯亮；③④断，发出排水泵停止运行信号，红灯灭
	7	水杯（液位）转而上升	在步骤 2～6 之间循环。可观察绿灯、红灯的亮灭情况与液位变化的规律，以直接的视觉感受明确液位继电器的工作情况			

根据上述的实验演示结果可总结出 JYB-714 型液位继电器的工作原理，其动作情况可用液位继电器的输出接点动作图表表示，如图 2-32 所示。

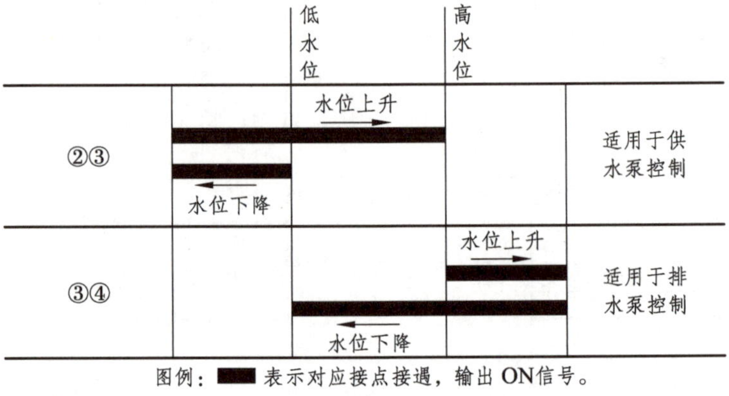

图 2-32　JYB-714 型液位继电器输出接点动作图表

四、液位继电器在工程中的应用设计案例

对于规模较小的农村集中供水或家庭供水，为了减少设备、节省投资，大多采用只用一台水泵的供水方式。水泵有自动、手动、停止三种工作状态，状态的切换可由 3 位万能转换开关 SA 实现。自动状态为日常运行状态、可由 JYB-714 型液位继电器识别高位水箱（水塔）的水位变化，自动启动水泵抽水或停止水泵运行。当高位水箱（水塔）水位达到低水位时，水泵自动启动抽水，当高位水箱（水塔）水位达到高水位时水泵自动停止抽水，如此循环往复，保证高位水箱（水塔）中在无人值守的情况下时刻有水；手动状态为备用状态，在自动控制系统故障、水泵初装或检修后试运行时，通过手动操作启动按钮 SB1（绿色）和停止按钮 SB2（红色）实现手动启动或停止水泵，停止状态用于水泵检修期间或长时间不运行时；电路具备过载保护功能；设置必要的信号装置：红灯 HR 亮表示水泵运行，绿灯 HG 亮表示水泵停止。

1. 主回路设计

控制主回路设计如图 2-33 所示，L_1、L_2、L_3 为为三相电源；QF 为低压断路器，起总电源开关和短路保护作用；KM 为交流接触器，起接收控制回路的指令实现水泵电机电源通断的作用；FR 为热继电器，起水泵电机的过载保护作用；M 为水泵配套的三相异步电动机。

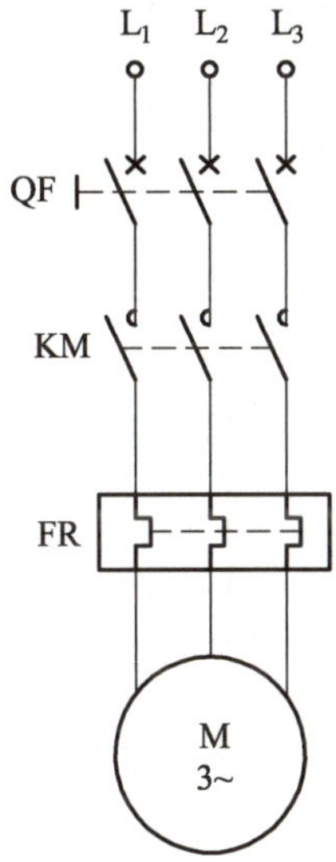

图 2-33　单台供水泵电机控制主回路图

2. 控制回路设计

控制回路设计如图 2-34、图 2-35、图 2-36、图 2-37 所示。图 2-34 中的水泵自动控制信号来至图 2-34 中液位继电器 SL 的③、②端子。①、⑧端子接交流 220 V 电源，③、②端子输出供水泵自动控制信号。⑤、⑥、⑦端子输入液位信号，⑤端子接高水位电极，⑥端子接低水位电极，⑦端子接位于高位水箱（水塔）底部的公共电极（又称为地线），⑤、⑥、⑦之间为直流 24 V 的安全信号电源。

3. 工作原理

在图 2-34 中自动运行时，将图 2-36 中水泵控制面箱板中的旋钮转到自动位置即图 2-34 中 SA 处于自动位置，图 2-34 中 SA⑤⑥触点接通，当高位水箱（水塔）中无水或水位低于低水位时，液位继电器③②接通，交流接触器 KM 线圈带电，图 2-33 中 KM 主触电接通水泵电机电源（QF 已提前接通）使水泵启动抽水，当高位水箱（水塔）中水位达到高水位时，③②断开，KM 线圈断电，水泵停止抽水。当高位水箱（水塔）水位随着人们生产生活用水而降低到低水位时，③②再次接通，启动水泵抽水，直到水位达到高水位时再次停止，如此循环往复，达到在无人值守的情况下自动保持高位水箱（水塔）中时刻有水，供给人们生产生活需要。液位继电器的接点动作如图 2-37 所示。

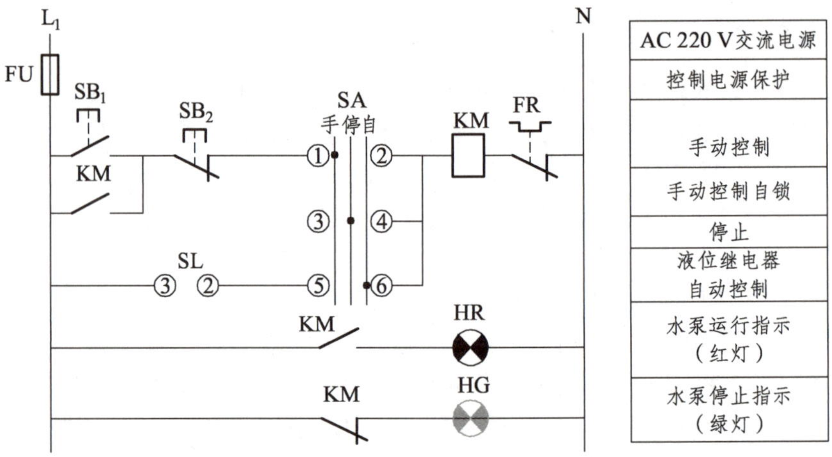

图 2-34　单台供水泵电机自动控制回路图

手动运行时，转换开关 SA 至于手动位置，图 2-34 中 SA①②接通，手动按下水泵启动按钮 SB_1（绿色），KM 线圈带电，KM 主触点闭合启动水泵抽水，KM 辅助触电闭合对 KM 实现自锁，保证在启动按钮 SB_1 弹起复位的情况下保持 KM 线圈持续通电。需要停止水泵时，按下停止按钮 SB_2（红色），KM 线圈断电，水泵停止抽水。

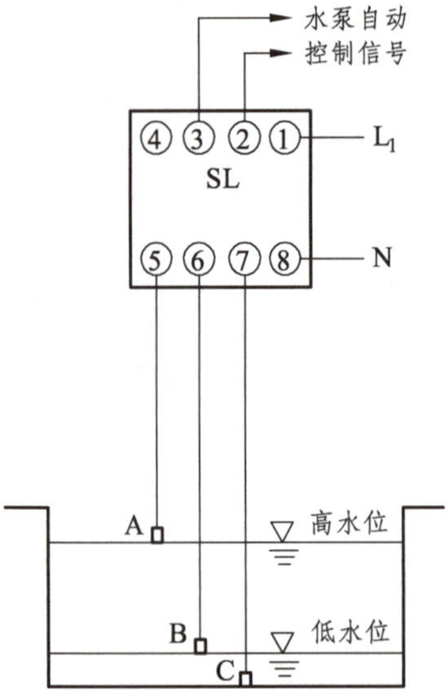

图 2-35　液位继电器装置图

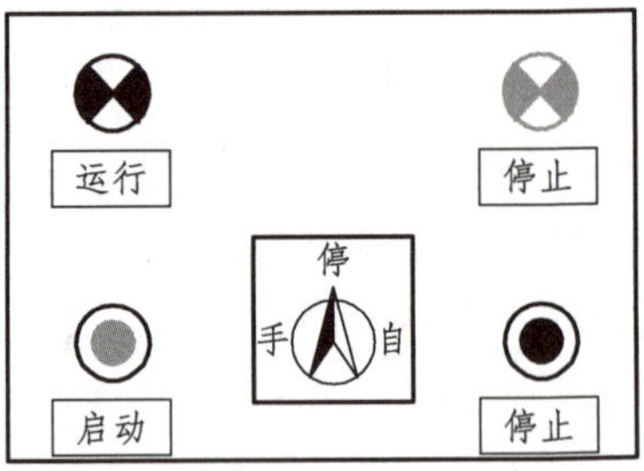

图 2-36　单台供水泵控制箱面板设备布置图

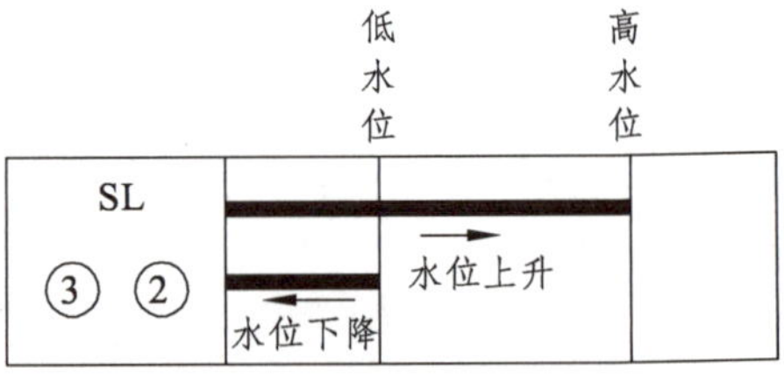

图 2-37　液位继电器接点动作图标

4. 液位电极的布设及注意事项

液位电极的布设是液位自动控制功能能否实现的关键环节之一。如图 2-35 所示，液位电极 A、B、C 两两之间只有在都淹没的情况下才能接通，不可经其他回路接通。液位电极的布设和注意事项如下。

（1）液位电极的连接线采用 1 mm^2 及以上的外包绝缘套的铜芯硬线，上端固定悬空固定使三根入水电极线垂直插入高位水箱（水塔）中，入水部分线端剥除 5 mm 绝缘皮露出铜芯既可作为电极 A、B、C。

（2）不可将入水线端头（即 A、B、C）直接固定在高位水箱（水塔）壁上，以免水位虽然降低，但因水箱壁（水塔池壁）仍湿润而使接点之间接通，造成水泵无法自动启动的情况。

（3）也不可将 3 根入水线绞连在一起，以免水位下降后电极之间通过绞线间的残留水而接通，从而造成水泵无法自动启动。

（4）为了缩短电极之间通过水的导电性构成回路的路径，将地线（电极 C 线）上对应电极 B 的高低位置环剥掉 5 mm 的绝缘皮，将低水位线（电极 B 线）上对应电极 A 的高低位置环剥掉 5 mm 的绝缘皮。

2.10 电磁启动器的认识

电磁启动器又称为磁力启动器，是由交流接触器、热继电器和按钮组合而成。其主要用于电动机的全压启动，接触器担负主电路的接通与断开，同时其电磁线圈兼有欠（失）电压保护的任务，热继电器担负过载保护的任务。

电磁启动器

图 2-38 所示为电磁启动器的原理接线图。用于三相电动机的全压启动与运行。合上 *QS* 接通电源，按下启动按钮 SB_1，交流接触器的电磁线圈 1 通电，吸引衔铁 2 将主触头 3 闭合，电动机 M 启动。同时辅助触头 4 闭合，自锁控制回路，以防 SB_1 复位后造成控制回路断电。如需停机，只需按下停机按钮 SB_2，使控制回路断电，电磁线圈磁力消失，主触头和辅助触头在弹簧 5 的作用下断开电路，M 停转。热继电器 7 是发热元件，6 为辅助常闭触头，若电动机严重过载，则常闭触点 6 断开，交流接触器电磁线圈 1 断电，使主触头 3 断开，M 停机。

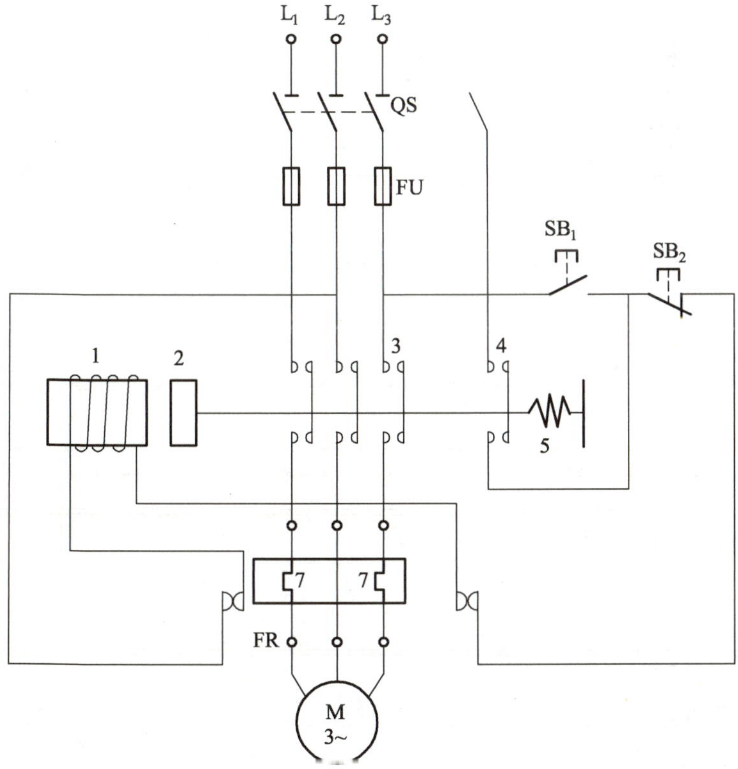

图 2-38 电磁启动器的原理接线图

磁力启动器的型号表示为：

QC[1]—[2]/[3]

Q—启动器；C—磁力。

第一单元：设计序号。

第二单元：额定电流等级。

第三单元：分类代号（K—开启式；H—保护式；N—可逆式；W—无热保护）。

2.11 主令电器的认识

主令电器是用来发出动作命令或程序控制的电器。用它们接通或断开控制电路，实现对电动机和其他电气设备的操作控制。主令电器主要包括按钮和行程开关等。

一、按　钮

按钮

1. 按钮的结构及符号

按钮是一种手动主令电器。它广泛应用于操纵接触器、继电器、断路器等电磁装置或电气连锁装置中。

按钮的外型和常用电气符号如图 2-39 所示。其内部装有常开（动合）和常闭（动开）触头，有的内部还装有锁或指示灯等。

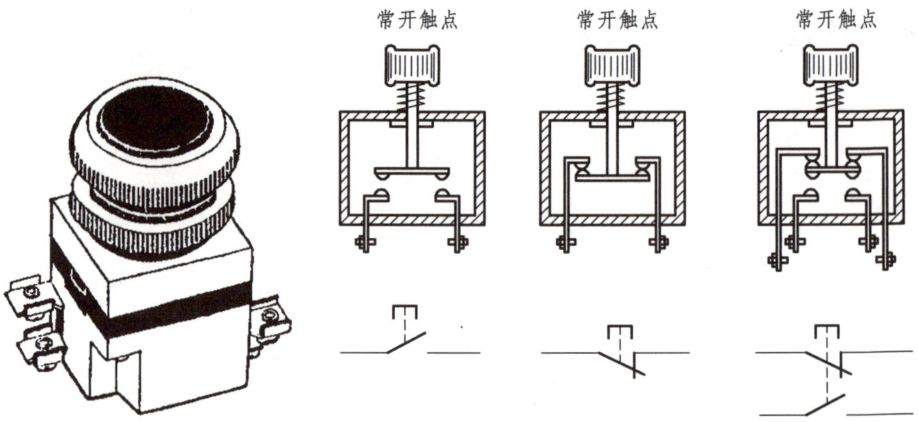

（a）外形图　　（b）常开（闭）触电及其图形符号

图 2-39　按钮

2. 按钮的型号含义

按钮的符号表示如下例所示：

LA[1]—[2][3][4]

L—主令；A—按钮。

第一单元：设计序号。

第二单元：常开触头数。

第三单元：常闭触头数。

第四单元：结构型式（K—开启式；H—保护式；S—防水式；D—指示式；X—旋转式；Y—钥匙式）。

常用按钮有 LA2、LA18、LA19、LA20 等系列。

按钮的选择要根据使用场合，所需触点的类型、数目以及按钮的种类、颜色来定。

二、行程开关

行程开关又叫做位置开关。其触头的开合是靠生产机械的运动部件的碰撞来实现的，以此来接通和断开控制电路。

行程开关

1. 行程开关的类型及电气符号

行程开关的种类很多，有杠杆式、单滚轮式和双滚轮式。它们的外形及常用电气符号如图 2-40 所示。

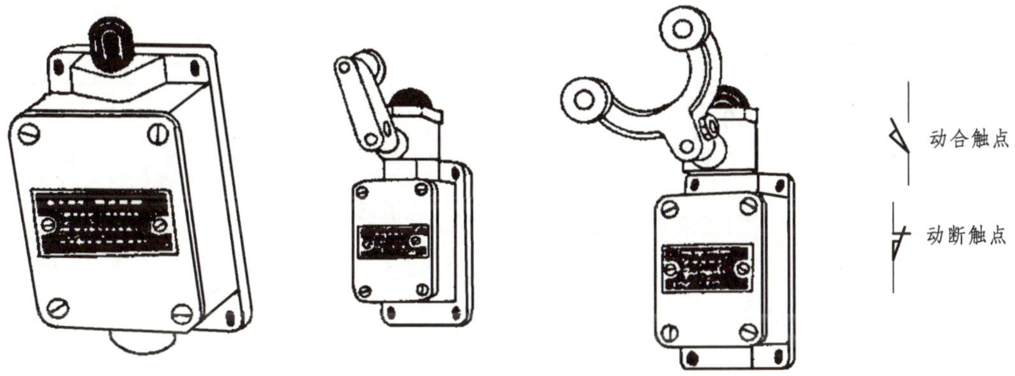

（a）杠杆式　（b）单滚轮式　（c）双滚轮式　（d）电气图形符号

图 2-40　行程开关的外形及电气符号

行程开关一般安装在某一固定的轨道或者底座上，在被它控制的生产机械的运动部件上装有撞块。当撞块与行程开关的滚轮相撞时，压下滚轮或按钮，经传动杠杆使行程开关内部的常开、常闭触头改变原来状态，接通和断开控制电路，使拖动电动机改变转向、转速或停止运转等。

当撞快移走后，杠杆式和单滚轮式有复位弹簧，使各部件复位；而双滚轮式无复位弹簧，不能自动复位，它必须依靠另一方向的撞快来回撞击，使行程开关连续工作。

2. 行程开关的型号含义

行程开关的型号表示如下所示：

LX①—②③④

L—主令电器；X—行程开关。

第一单元：设计序号。

第二单元：滚轮代号（0—无轮；1—单轮；2—双轮）。

第三单元：滚轮位置代号（1—在传动杆内侧；2—在传动杆外侧）。

第四单元：自动复位代号（1—自动；2—非自动）。

三、接近开关

接近开关又称为无触点行程开关，它除了可以完成行程控制和限位保护外，还是一种非接触型的检测装置，可用作检测零件尺寸和测速等，也可用于变频计数器、变频脉冲发生器、液面控制和加工程序的自动衔接等。如图 2-41 所示为各种接近开关外形。接近开关的图形和文字符号如图 2-42 所示。接近开关具有工作可靠、寿命长、功耗低、复定位精度高、操作频率高以及适应恶劣的工作环境等优点。

接近开关

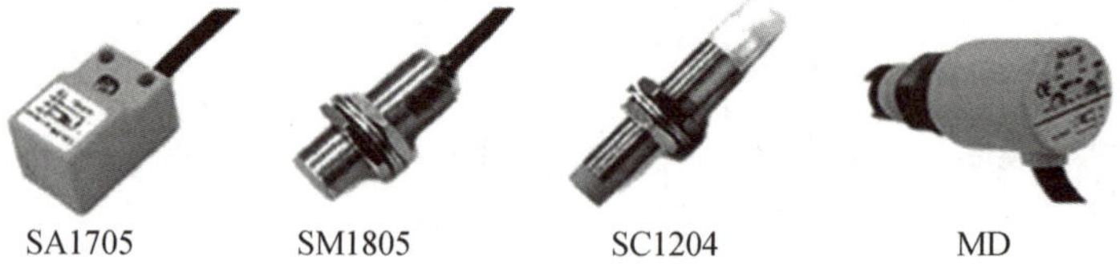

图 2-41　各种接近开关外形图

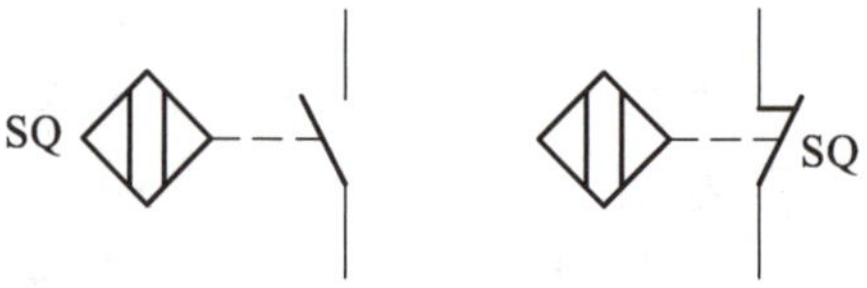

（a）动合触点　　（b）动断触点

图 2-42　接近开关的图形符号及文字符号

接近开关的型号含义如表 2-5 所示。

1 2 3—4 5 6 7 8

表 2-5　开关型号及含义

序号含义	分　类	标　记	含　义
1	开关种类	无标记/Z	电感式/电感式自诊断
		C/CZ	电容式/电容式自诊断
		N	NAMUR 安全开关
		X	模拟式
		F	霍尔式
		V	舌簧式
2	外形代号	J	螺纹圆柱形
		B	圆柱形
		Q	角柱形
		L	方形
		P	扁平形
		E	矮圆柱形
		U	槽形
		G	组合形
		T	特殊形

续表

序号含义	分　类	标　记	含　义
3	安装方式	无标记	非埋入式（非齐平安装式）
		M	埋入式（齐平安装式）
4	电源电压	A	交流 20～250 V
		D	直流 10～30 V（模拟量：15～30 V）
		DB	直流 10～65 V
		W	交直流 20～250 V
		X	特殊电压
5	检测距离	0.8～120 mm	以开关的感应距离为准
6	输出状态	K	二线常开
		H	二线常闭
		C	二线开闭可选
		SK	交流三线常开
		SH	交流三线常闭
		ST	交流三线开+闭
		NK	三线 NPN 常开
		NH	三线 NPN 常闭
		NC	三线 NPN 开闭可选
		PK	三线 PNP 常开
		PH	三线 PNP 常闭
		PC	三线 PNP 开闭可选
		Z	三线 NPN、PNP 开闭全能转换
		GT 注①	交流四线开+闭
		HT 注②	交流四线开+闭
		NT	四线 NPN 开+闭
		PT	四线 PNP 开+闭
		J	五线继电器输出
		X	特殊形式
7	连接方式	无标记	1.5 m 引线
		A2	2 米引线（A3 为 3 m）以此类推
		B	内接线端子
		C2	CX16 二芯航插（C5 为五芯）类推
		F	塑料螺纹四芯插
		G	金属螺纹四芯插
		Q	塑料四芯插

续表

序号含义	分　类	标　记	含　义
7	连接方式	S2	CS12 二芯航插（C5 为五芯）类推
		L	M8 三芯插
		R	S3 多功能插
		E	特殊接插件
8	感应面方向	无标记	对端
		Y	左端
		W	右端
		S	上端
		M	分离式

1. 接近开关的性能特点

接近开关利用位移传感器对接近物体的敏感特性达到控制开关通或断的目的。当有物体移向接近开关，并接近到一定距离时，位移传感器才有“感知”，开关才会动作。通常把这个距离叫做“检出距离”。不同的接近开关检出距离也不同。有时被检测验物体是按一定的时间间隔，一个接一个地移向接近开关，又一个一个地离开，这样不断地重复。不同的接近开关，对检测对象的响应能力是不同的。这种响应特性被称为“响应频率”。

2. 接近开关的分类和原理

因为位移传感器可以根据不同的原理和不同的方法做成，而不同的位移传感器对物体的“感知”方法也不同，所以常见的接近开关有以下几种。

1）涡流式接近开关

这种开关有时也叫做电感式接近开关。它是利用导电物体在接近这个能产生电磁场接近开关时，使物体内部产生涡流。这个涡流反作用到接近开关，使开关内部电路参数发生变化，由此识别出有无导电物体移近，进而控制开关的通或断。这种接近开关所能检测的物体必须是导电体。

2）电容式接近开关

这种开关的测量通常是构成电容器的一个极板，而另一个极板是开关的外壳。这个外壳在测量过程中通常是接地或与设备的机壳相连接。当有物体移向接近开关时，不论它是否为导体，由于它的接近，总要使电容的介电常数发生变化，从而使电容量发生变化，使得和测量头相连的电路状态也随之发生变化，由此便可控制开关的接通或断开。这种接近开关检测的对象，不限于导体，可以绝缘的液体或粉状物等。

3）霍尔接近开关

霍尔元件是一种磁敏元件。利用霍尔元件做成的开关，叫做霍尔开关。当磁性物件移近霍尔开关时，开关检测面上的霍尔元件因产生霍尔效应而使开关内部电路状态发生变化，由此识别附近有磁性物体存在，进而控制开关的通或断。这种接近开关的检测对象必须是磁性物体。

4）光电式接近开关

利用光电效应做成的开关叫做光电开关。将发光器件与光电器件按一定方向装在同一个检测头内。当有反光面（被检测物体）接近时，光电器件接收到反射光后便在信号输出，由此便可“感知”有物体接近。

5）热释电式接近开关

用能感知温度变化的元件做成的开关叫做热释电式接近开关。这种开关是将热释电器件安装在开关的检测面上，当有与环境温度不同的物体接近时，热释电器件的输出便变化，由此便可检测出有物体接近。

6）其他型式的接近开关

当观察者或系统对波源的距离发生改变时，接近到的波的频率会发生偏移，这种现象称为多普勒效应。声纳和雷达就是利用这个效应的原理制成的。利用多普勒效应可制成超声波接近开关、微波接近开关等。当有物体移近时，接近开关接收到的反射信号会产生多普勒频移，由此可以识别出有无物体接近。

3. 接近开关的主要用途

接近开关在航空、航空、航天技术以及工业生产中都有广泛的应用。在日常生活中，如宾馆、饭店、车库的自动门，自动热风机上都有应用。在安全防盗方面，如资料档案、财会、金融、博物馆、金库等重地，通常都装有由各种接近开关组成的防盗装置。在测量技术中，如长度，位置的测量；在控制技术中，如位移、速度、加速度的测量和控制，也都使用着大量的接近开关。

4. 接近开关的选择

对于不同的材质的检测体和不同的检测距离，应选用不同类型的接近开关，以使其在系统中具有高的性能价格比，为此在选型中应遵循以下原则。

（1）当检测体为金属材料时，应选用高频振荡型接近开关，该类型接近开关对铁镍、A3钢类检测体检测最灵敏。对铝、黄铜和不锈钢类检测体，其检测灵敏度就低。

（2）当检测体为非金属材料时，如木材、纸张、塑料、玻璃和水等，应选用电容型接近开关。

（3）金属体和非金属要进行远距离检测和控制时，应选用光电型接近开关或超声波型接近开关。

（4）对于检测体为金属时，若检测灵敏度要求不高时，可选用价格低廉的磁性接近开关或霍尔式接近开关。

5. 接近开关技术指标检测

（1）动作距离测定：当动作片由正面靠近接近开关的感应面时，使接近开关动作的距离为接近开关的最大动作距离，测得的数据应在产品的参数范围内。

（2）释放距离的测定：当动作片由正面离开接近开关的感应面，开关由动作转为释放时，测定动作片离开感应面的最大距离。

（3）回差 H 的测定：最大动作距离和释放距离之差的绝对值。

（4）动作频率测定：用调速电机带动胶木圆盘，在圆盘上固定若干钢片，调整开关感应面和动作片间的距离，约为开关动作距离的 80% 左右，转动圆盘，依次使动作片靠近接近开关，在圆盘主轴上装有测速装置，开关输出信号经整形，接至数字频率计。此时启动电机，逐步提高转速，在转速与动作片的乘积与频率计数相等的条件下，可由频率计直接读出开关的动作频率。

（5）重复精度测定：将动作片固定在量具上，由开关动作距离的 120%以外，从开关感应面正面靠近开关的动作区，运动速度控制在 0.1 mm/s 上。当开关动作时，读出量具上的读数，然后退出动作区，使开关断开。如此重复 10 次，最后计算 10 次测量值的最大值和最小值与 10 次平均值之差，差值大者为重复精度误差。

项目实施

任务 1：低压电气设备的认识

分别写出下列电器设备的名称。

（　　　　）　（　　　　）　（　　　　）　（　　　　）

任务 2：完成液位继电器控制的单台水泵供排水项目的安装和调试。

1. 项目所需元器件清单（见表 2-6）

表 2-6　单台水泵供排水项目材料清单

序号	名　称	型号	技术参数	数量	备　注
1					
2					
3					
4					
5					

2. 项目评分标准（见表 2-7）

表 2-7　项目评分标准

考核项目	考核内容	分值	考核要求及评分标准	得分
设备的安装	元器件的安装	10 分	设备安装到位 10 分	
布线	主电路的连接； 控制电路的连接	20 分	电动机的连接、主电路的连接正确 10 分	

续表

考核项目	考核内容	分值	考核要求及评分标准	得分
通电试验	电路的安装； 电路的运行电路运行结果分析	40 分	能说明电路安装原理 10 分； 电路调试运行正确 10 分； 能分析运行结果 10 分； 按规定时间完成每超 5 min 扣 5 分； 按实验室 6S 管理进行整理、整顿 10 分	
实训报告	完成情况	30 分	实训报告完整、正确 30 分	

3. 项目总结

能力测试

1. 填空题

（1）低压电气设备是指交流工作于__________伏以下或直流_________以下的电气设备。

（2）电器按用途用途分为__________和 __________。其中配电电器分为_________、______________。控制电器分为____________、_______________、_____________、____________。

（3）接触器是一种低压自动切换的电磁式电器，按操作电源分为__________和__________接触器。接触器主要结构由___________、____________、_________三部分组成。其中触头分为___________和 ___________触头。

（4）热继电器是利用______________来切断电路的一种__________电器，它用作电动机的________保护，不宜作为________保护。热继电器热元件的整定电流一般取______________电动机的额定电流。

（5）断路器又称为______________，它是用于____________、 __________和__________的一种保护开关电器。

（6）所有电路元件的图形符号均按电器_______________和 _______________时状态绘制。

2. 单项选择题

（1）功率小于（　　）的电动机控制电路可用 HK 系列刀开关直接操作。

A. 4 kW　　B. 5.5 kW　　C. 7.5 kW　　D. 15 kW

（2）常用低压保护电器为（　　）。

A. 刀开关　　B. 熔断器　　C. 接触器　　D. 热继电器

（3）交流接触器的（　　）是主要发热元件。

A. 触点　　B. 线圈　　C. 铁芯　　D. 短路环

（4）由 4.5 kW、5 kW、7 kW 3 台笼式电动机组成的电气设备中，总熔断器选择额定电流（　　）的熔断器。

A. 30 A　　B. 50 A　　C. 70 A　　D. 15 A

（5）按下复合按钮时，（　　）。

A. 动合触点先闭合　　B. 动断触点先断开

C. 动合动断触点同时动作　　D. 无法确定

（6）按钮帽上的颜色用于（　　）。

A. 注意安全　　B. 引起警惕　　C. 区分功能　　D. 无意义

（7）热继电器的金属片弯曲是由于（　　）造成的。

A. 机械强度　　B. 热膨胀系数不同　　C. 温度变化　　D. 温差效应

（8）刀开关正确的安装方位在合闸后操作手柄向（　　）。

A. 上　　B. 下　　C. 左　　D. 右

3. 简答题

（1）安装使用刀开关时应注意哪几个方面？

（2）在电气原理图中，QS、FU、KM、KA、KI、KT、SB、SQ 分别是什么电器元件的文字符号？

（3）继电器的作用是什么？与接触器有何区别？继电器按其工作原理可分为哪几种？

项目3　电动机应用基础

项目导读

电动机是生产机械中电力拖动自动控制系统重要的控制对象。因此它们与控制系统的安全性、可靠性、经济性有着直接的关系。做为电气控制技术人员必须熟练掌握电动机结构及其拆装、测试和检修的方法。

项目目标

（1）掌握三相异步电动机的结构和工作原理。

（2）了解三相异步电动机分类和铭牌。

（3）了解三相异步电动机极性的测定方法。

（4）掌握单相电动机的基本原理。

（5）了解直流电动机的基础知识。

技能目标

（1）熟悉三相异步电动机的拆装方法。

（2）会判断三相异步电动定子绕组的首尾端。

（3）能进行单向异步电动机的拆装。

（4）能进行三相异步电动机的连接。

（5）能看懂直流电动机的控制电路。

相关知识

3.1　三相异步电动机基础知识

一、三相异步电动机的结构

与其他旋转电机一样，三相异步电机主要由定子和转子两大部分组成，定、转子之间有气隙。图 3-1 所示为三相鼠笼形异步电动机的结构。

三相异步电动机的结构及铭牌

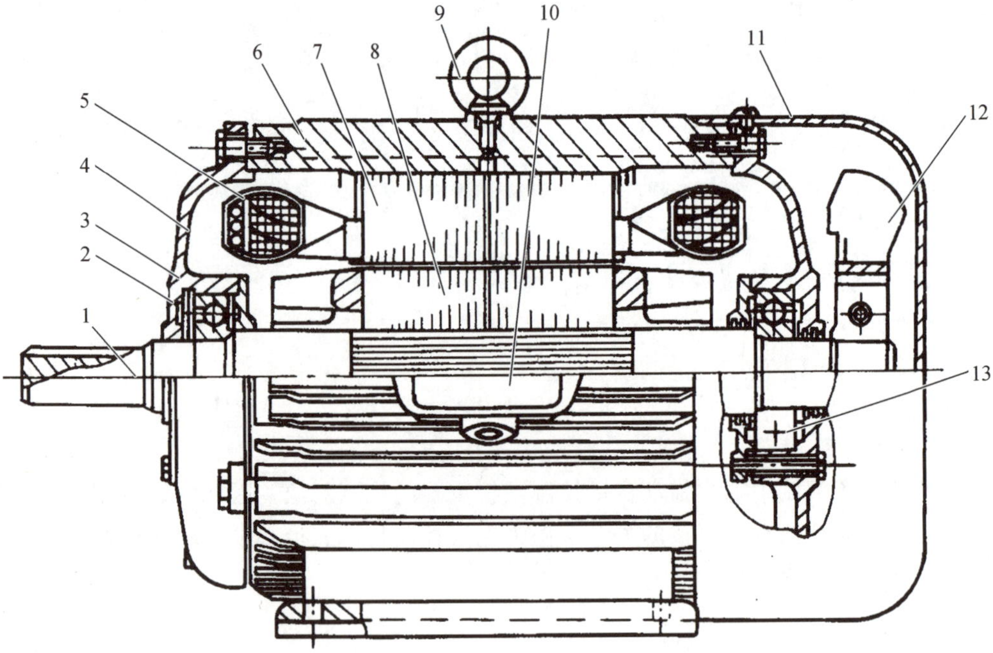

1—轴；2—弹簧片；3 轴承；4—端盖；5—定子绕组；6—机座；7—定子铁心；8—转子铁心；9—吊环；10—出线盒；11—风罩；12—风扇；13—轴承端盖。

图 3-1　三相鼠笼形异步电动机的结构

（一）定子部分

1. 定子铁心

定子铁心是异步电动机主磁通磁路的一部分。为了减少旋转磁场在铁心中引起的涡流损耗和磁滞损耗，定子铁心是由导磁性能较好、厚度为 0.5 mm 的硅钢片叠压而成。对于容量较大（10 kW 以上）的电动机，在硅钢片两面涂以绝缘漆，作为片间绝缘。在定子铁心内圆开有均匀分布的槽，槽内放置定子绕组。

2. 定子绕组

定子绕组是异步电动机定子的电路部分，它由许多线圈按一定的规律连接而成。线圈则由高强度漆包圆铜线或圆铝线绕成；或用高强度漆包扁铝线或扁铜线，或用玻璃丝包扁铜线绕成。

三相异步电动机的定子绕组共分 3 组，分布在定子铁心槽内，它们在定子内圆周空间彼此相隔 120°。电角度构成对称的三相绕组。三相绕组共有 6 个出线端，通常接在置于电动机外壳上的接线盒中，3 个绕组的首端接头分别用 U_1、V_1、W_1 表示，其对应的末端接头分别用 U_2、V_2、W_2 表示，三相定子绕组可以根据需要接成星形或三角形，如图 3-2 所示。

3. 机座

机座的作用主要是为了固定与支撑定子铁心，所以要求它有足够的机械强度和刚度。对中小型异步电动机，通常采用铸铁机座；对大型电动机，一般则用钢板焊接机座。

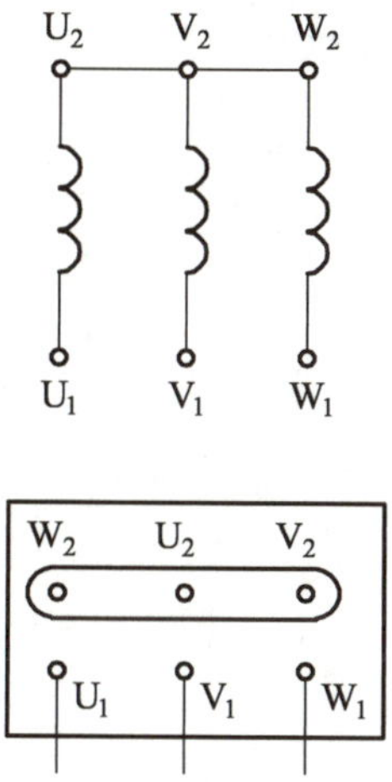

（a）星形连接

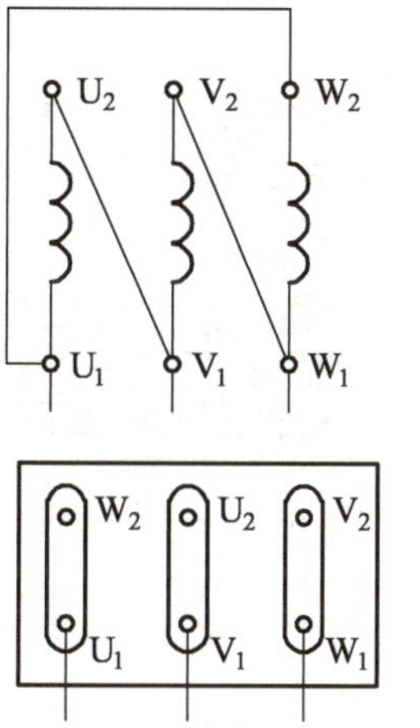

（b）三角形连接

图 3-2　三相异步电动机的定子接线

（二）转子部分

1. 转子铁心

转子铁心的作用与定子铁心相同，一方面作为电动机磁路的一部分，另一方面用来安放转子绕组。它用厚 0.5 mm 且冲有转子槽型的硅钢片叠压而成，中小型电机的转子铁心一般都直接固定在转轴上，而大型异步电机的转子则套在转子支架上，然后让支架固定在转轴上。

2. 转子绕组

转子绕组的作用是产生感应电动势、流过电流并产生电磁转矩。按其结构形式分为鼠笼型和绕线型两种。下面分别说明这两种绕组特点。

（1）鼠笼型转子绕组。它由嵌放在转子槽内的铜条或铝条，两端由金属环相互连接而构成，它使所有导体处于短路。如图 3-3 所示，转子绕组形如鼠笼，故称为鼠笼式电动机。100 kW 以下的异步电动机，一般采用铸铝转子。笼型转子结构简单、制造方便、成本低，运行可靠，从而得到广泛运用。

（2）绕线型转子绕组。与定子绕组一样，绕线型转子绕组也是一个对称三相绕组。一般接成星形，3 根引出线分别接到转轴上的 3 个与转轴绝缘的集电环上，通过电刷装置与外电路相接。如图 3-4 所示，它可以把外接电阻串联到转子绕组回路中去，以便改善异步电动机的启动及调速性能。

（三）其他部分及气隙

除了定子、转子外，还有端盖风扇等。端盖除了起防护作用外，还装有轴承，用以支撑转子轴。风扇则用来通风冷却。

异步电动机的定子与转子之间的气隙，比同容量直流电动机的气隙小得多，一般为 0.2 ~ 2 mm。气隙的大小，对电动机的运行性能影响很大。气隙越大，由电网供给的励磁电流也越大，则功率因数 $\cos\varphi$ 越低，要提高功率因数，气隙应尽可能地减小。但由于装配上的要求及其他原因，气隙又不能过小。

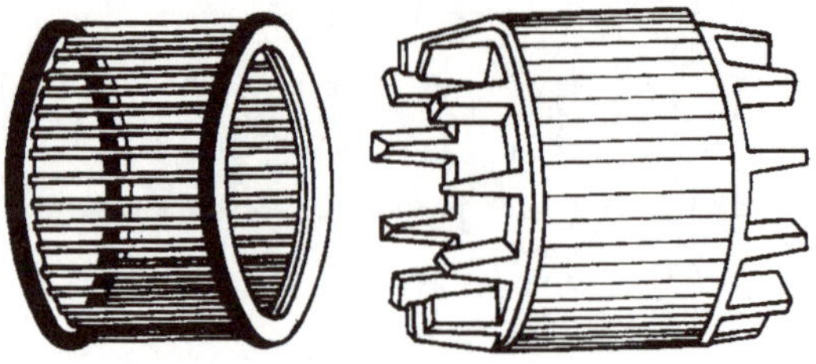

（a）铜排转子　　（b）铸铝转子

图 3-3　鼠笼形转子绕组

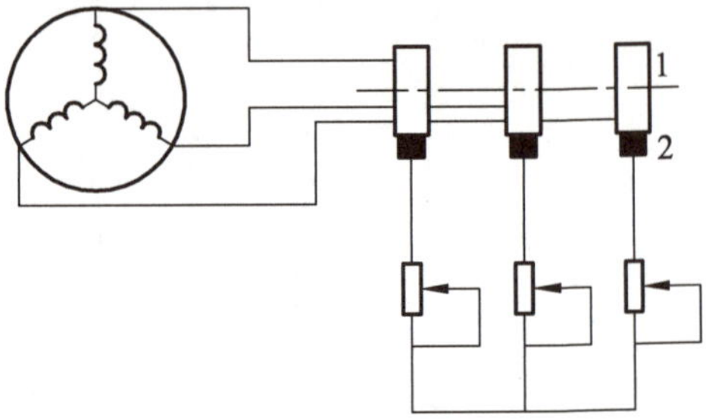

1—集电环；2—电刷；3—变阻器。

图 3-4　绕线式转子绕组外加变阻器接线

二、三相异步电动机的工作原理

三相异步电动机的定子绕组是一个空间位置对称的三相绕组，当此三相定子绕组通入三相交流电流后就会在定子内产生一个可以旋转的磁场，称为旋转磁场。设三相绕组接成星形，如图 3-5 所示。

三相异步电动机的工作原理

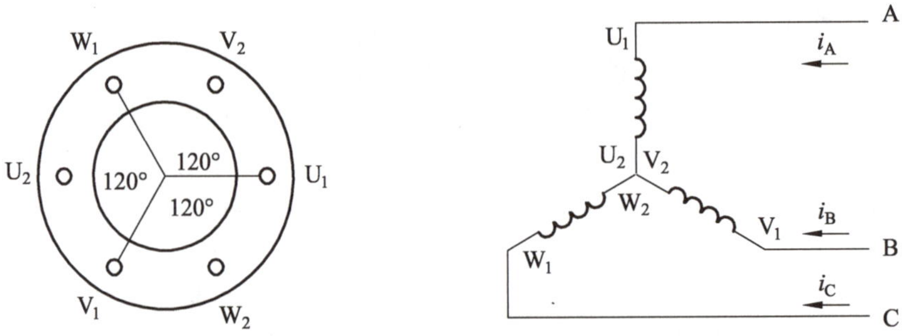

（a）三相定子绕组的布置图　　（b）三相定子绕组的接线图

图 3-5　三相异步电动机的定子绕组

当三相绕组的首端接通三相交流电源时，绕组中的三相对称电流分别为

$$\left.\begin{aligned} i_A &= I_m \sin \omega t \\ i_B &= I_m \sin(\omega t - 120°) \\ i_C &= I_m \sin(\omega t + 120°) \end{aligned}\right\} \tag{3-1}$$

三相电流的波形如图 3-6 所示。

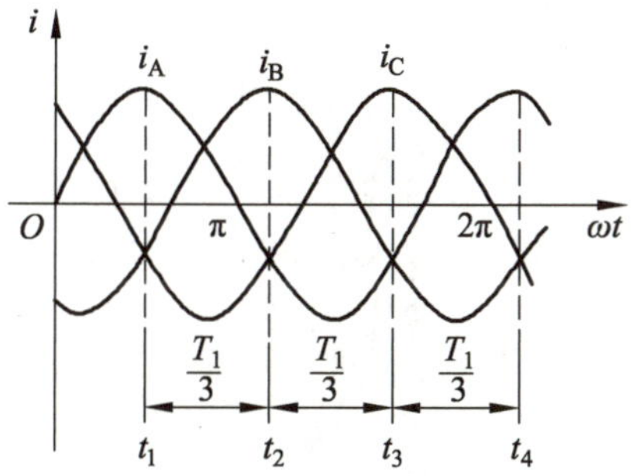

图 3-6　三相电流的波形

为了便于分析，假设电流为正时，在绕组中从首端流向末端，电流为负时，在绕组中从末端流向首端。

在 t_1 时刻，即 $\omega t=90°$ 时，i_A 为正值，i_B、i_C 为负值，用右手螺旋定则判定，三相电流产生的合成磁场如图 3-7（a）所示。可见此时的合成磁场是一对磁极，上边是 S 极，下边是 N 极。

在 t_2 时刻，即 $\omega t=210°$ 时，i_B 为正值，i_A、i_C 为负值，三相电流产生的合成磁场如图 3-7（b）所示。此时合成磁场的方位与 $\omega t=90°$ 时相比，已按顺时针方向转过了 120°。

在 t_3 时刻，即 $\omega t=330°$ 时，i_C 为正值，i_A、i_B 为负值，三相电流产生的合成磁场如图 3-7（c）所示。此时合成磁场的方位与 $\omega t=210°$ 时相比，又按顺时针方向转过了 120°。

在 t_4 时刻，磁场沿顺时针方向又转到图所示位置。即三相电流经过一个周期，合成磁场在空间也旋转了一周。合成磁场是一个随时间变化的旋转磁场。

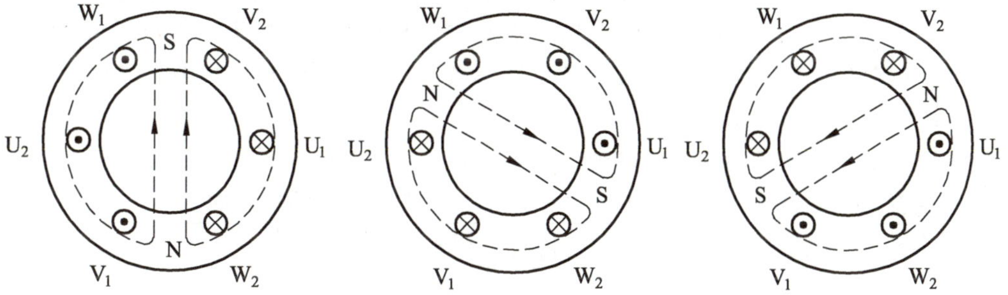

（a）$\omega t=90°$　　（b）$\omega t=210°$　　（c）$\omega t=330°$

图 3-7　旋转磁场的产生

以上分析的是电动机产生一对磁极时的情况，当定子连接形成的是两对磁极时，运用相同的方法可以分析出此时电流变化一个周期，磁场只转动了半圈，即转速减慢了一半。

由此类推，当旋转磁场具有 p 对磁极时（即磁极数为 $2p$），交流电每变化一个周期，其旋转磁场就在空间转动 $1/p$ 转。因此，三相电动机定子旋转磁场每分钟的转速 n_1、定子电流频率 f 及磁极对数 p 之间的关系是

$$n_1=\frac{60f}{p} \qquad (3\text{-}2)$$

在图 3-7 中，三相交流电的相序是 A—B—C，如果绕组排列不变，但把其中电流的相序改为 A—C—B，再用上面的方法加以分析，就可以发现，旋转磁场的转向将变为逆时针方向。旋转磁场的转向取决于定子三相绕组中电流的相序。图 3-8 所示是异步电动机改变旋转磁场方向的接线图。

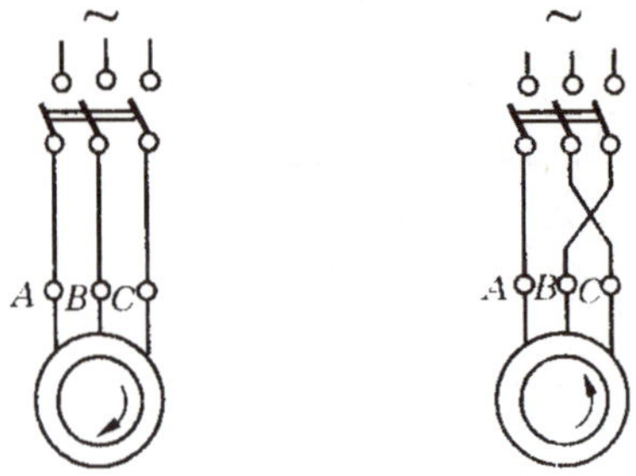

图 3-8　异步电机改变旋转磁场方向的接线图

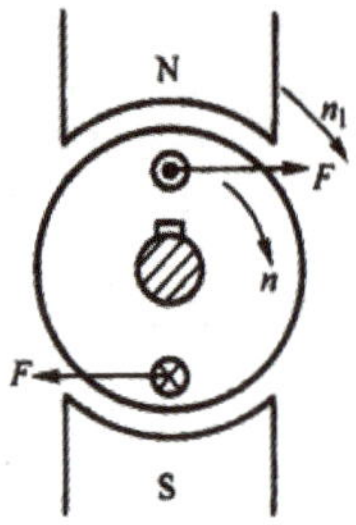

图 3-9　三相异步电动机工作原理

二、三相异步电动机的工作原理

图 3-9 绘出了三相异步电动机的工作原理示意图。图中 N—S 磁极用来表示旋转磁场，在两个磁中间装有一个能够转动的圆柱形铁心，在铁心外圆槽内嵌放有导体，导体两端各用一圆环把它们连在一起。

假设磁场转速为 n_1，顺时针方向旋转，这时转子导体就会切割磁力线而感应电动势。

用右手定则可以判定，在转子上半部分的导体中，感应电动势的方向为⊙，下半部分导体的感应电动势方向为⊕于转子绕组是闭合回路，所以在感应电动势的作用下出现感应电流，感应电流的方向与电动势相同。

流过电流的转子导体在磁场中要受到电磁力作用，力 F 的方向可用左手定则确定。电磁力作用于转子导体上，对转轴形成电磁转矩，使转子按照旋转磁场的方向旋转起来，转速为 n。其方向与 n_1 的方向一致。显然，要使转子反转，只要改变定子绕组所接电源的相序，使旋转磁场反转即可。

转子速度必然低于旋转磁场的转速，否则，转子绕组不受旋转磁场切割而不能产生感应电动势和电流，当然也就不能产生电磁力和转矩。异步电动机即由此而得名。

转子转速 n 与旋转磁场转速 n_1 之差与同步转速 n_1 之比，称为转差率 s。

$$s=\frac{n_1-n}{n_1} \tag{3-3}$$

在电动机的启动瞬间，电动机的转速 $n=0$，即 $s=1$。随着转速的提高，转差率 s 减小。正常运行时，异步电动机的转差率 s 在 0 与 1 之间，即 $0<s\leqslant1$。一般异步电动机的额定转速 n_N 略小于同步转速 n_1，所以额定转差率 s_N 数值很小，范围为 0.01～0.06。

三、三相异步电动机的铭牌数据

异步电动机铭牌上标注着电动机的一些必要技术数据，因此使用时必须按照电动机规定的数据来使用。铭牌上标注的额定值主要有以下几项。

1 2 3 4—5

第一单元：产品字母代号（见表 3-1）。

第二单元：机座中心高（mm）。

第三单元：机座长度代号，（L—长；M—中；S—短）。

第四单元：铁芯长度代号，一般有 1、2、3 三种。

第五单元：极数。

（1）型号：国产中小型三相异步电动机型号的系列为 Y 系列，是按国际电工委员会 IEC 标准设计生产的三相异步电动机，其型号表示方法如表 3-1 所示。

表 3-1　异步电动机产品名称代号

产品名称	新代号	汉字意义
异步电动机	Y	异
绕线式异步电动机	YR	异绕
隔爆型异步电动机	YB	异爆
起重冶金用异步电动机	YZ	异重
起重冶金用绕线式异步电动机	YZR	异重绕
高启动转矩异步电动机	YQ	异启

（2）额定功率 P_N：是指电动机在额定运行时，转轴上输出的机械功率，单位是千瓦（kW）。

（3）额定电压 U_N：是指额定运行时电网加在定子绕组上的线电压，单位是伏（V）。

（4）额定电流 I_N：是指电动机在额定电压下，输出额定功率时，定子绕组中的线电流。单位是安（A）。

（5）额定转速 n_N：是指额定运行时电动机的转速，单位是转/分（r/min）。

（6）额定功率因数 $\cos\varphi_N$：电动机在额定电压、额定功率时定子每相绕组的功率因数。

（7）额定效率 η_N：额定工作时输出功率与输入功率之比。

由上述可知，三相异步电动机额定功率与其他额定数据之间有如下关系，即

$$P_N = \sqrt{3}U_N I_N \cos\varphi_N \eta_N \tag{3-4}$$

（8）额定频率 f_N：是指电动机所接电源的频率，单位 Hz。我国的工频频率为 50 Hz。

（9）绝缘等级：常用材料绝缘等级按允许温升由低到高有 A、E、B、F、H 5 个等级。

（10）接法：星形或三角形联结，常用 Y 或 D 表示。它表示定子绕组在额定运行时采用的联结方式。

（11）工作制：指三相电动机的运转状态，即允许连续使用的时间，分为连续、短时、周期断续三种。

（12）防护等级：表示三相电动机外壳的防护等级，其中 IP 是防护等级的标志符号，其后面的两位数字分别表示电机防固体和防水能力。数字越大，防护能力越强，如 IP44 中第一位数字“4”表示电机能防止直径或厚度大于毫米的固体进入电机内壳。第二位数字“4”表示能承受任何方向的溅水。

四、三相异步电动机的拆装与检测

（一）三相异步电动机的拆装和日常维护

三相异步电动机的拆装

1. 拆装器材

三相鼠笼式异步电动机在拆装时，经常用到的实训器材有钳

形电流表，兆欧表，转速表，拉钩、活络扳手、一字螺丝刀、锤子、紫铜棒、钢套筒、刷子等常用电工工具。

2. 拆装内容和步骤

1）电动机的拆卸

（1）拆卸前，要备齐拆卸工具，选好合适的拆装地点，整理好现场环境，熟悉被拆装电动机的结构特点，做好必要的记录。

（2）拆卸联轴器或传动带轮。松开带轮或联轴节顶丝，取下联轴器或传动带轮上的定位螺钉或销子，用拉钩卸掉带轮或联轴节。装上拉钩，如图 3-10 所示，拉钩丝杠尖端对准电动机转轴中心，转动丝杠，慢慢将联轴器或传动带轮拉出。若拉不出，不可硬拉，在定位螺孔内注入煤油，几小时后再拉。在拆卸过程中，要注意不可以用锤子直接敲打联轴器或传动带轮，以防碎裂或使电动机轴变形。

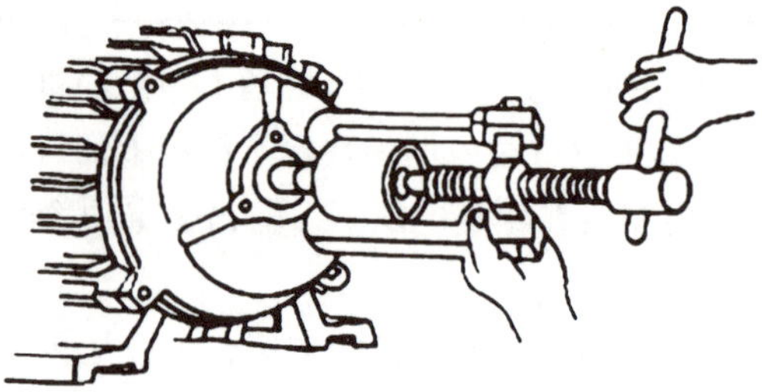

图 3-10　联轴器的拆卸

（3）拆卸轴承盖和端盖。卸下轴承盖螺栓，拆下轴承盖外盖；在端盖与机座接缝处的任一位置做好复位记号。卸掉后端盖固定螺钉，然后用锤子均匀向外敲打端盖四周（敲打时垫上垫木），将端盖取下。若外部有强迫通风的风扇，应先拆去防护罩，再拆下风扇。小型电动机只拆卸风扇一侧的端盖，同时将另一侧的轴承盖螺栓拆下，将转子、端盖和风扇一起抽出。

（4）抽出转子。将转子与后端盖一起取出。抽出转子的过程中，应小心缓慢，始终沿着转子轴径的中心线向外移动，特别要注意不可歪斜着往外抽，应防止转子碰伤绕组。当转子抽出，重心移到机外时需垫支架，并包好轴伸端，以免弄伤或碰坏。

（5）拆卸轴承。轴承的拆卸可以在两个部位上进行。一种是在转轴上拆卸，另一种是在端盖内拆卸。

在转轴上拆卸常用以下 3 种方法：第一种是选用大小合适的拉钩，其丝杠中心对准电动机的转轴中心，开始拉力要小，将轴承慢慢拉出，如轴承良好，则不必拆卸；第二种是在没有拉钩的情况下，用端部呈楔形的铜棒，在倾斜方向项住轴承内圈，边用榔头敲打，边将铜棒沿轴承内圈移动，以使轴承周围均匀受力，直到卸下轴承；第三种是用两块厚铁板在轴承内圈下边夹住转轴，并用能容纳转子的圆筒或支架支住，在转轴上端垫上厚木板或铜板，敲打取下轴承。

在端盖内拆卸轴承：有的电动机端盖轴承孔与轴承外圈的配合比轴承内圈与轴承的配合更紧，在拆卸端盖时，使轴承留在端盖轴承孔中。拆卸时将端盖止口面向上平稳放置，在端盖轴承孔四周垫上木板，但不能抵住轴承，然后用一根直径略小于轴承外沿的铜棒或其他金属棒，抵住轴承外圈，从上方用榔头将轴承向下敲出。

2）电动机的装配

（1）清洗。用压缩空气或皮老虎将定子内的灰尘吹净。用煤油清洗轴承及其他零件的油污。用压缩空气将轴承内油吹净，并用布或棉纱把所有零件擦干。在绕组端喷上一层灰瓷漆以加强绝缘和防潮，待油漆干后再进行装配。

（2）轴承的装配。轴承用敲打法冷装。在轴和轴承配合部位涂上润滑脂后，把轴承套在轴上，用一根内径大于轴颈直径的钢套筒，一端顶在轴承的内圈上，用锤子敲打铁管的另一端，将轴承逐渐敲打到位。也可用加热方法安装，将轴承放在机油锅里加热，油温约 100 °C，时间为 5 ~ 10 min，然后轻打装上。

（3）安装后端盖。

（4）安装转子。转子安装时不得碰擦定子绕组。当端盖与机座合拢时，应将端盖与拆卸时所做的与机座间的位置标记对齐，然后装上端盖螺栓并旋紧。

（5）安装前端盖。将前端盖对准与机座的标记，用木锤均匀敲打端盖四周，不可单边着力，并拧紧端盖的紧固螺栓。拧紧前后端盖的紧固螺栓时，也要四边着力。

（6）风扇叶、风罩的安装。风扇叶和风罩安装完毕后，用手转动转轴，转子应转动灵活、均匀，无停滞或偏重现象。

（7）带轮或联轴器的安装。安装带轮时，将抛光布卷在圆木上，把带轮或联轴器的轴孔打磨光滑，用抛光布把转轴的表面打磨光滑，然后对准键槽把带轮或联轴器套在转轴上，调整好带轮或联轴器与键槽的位置，将木板垫在键的一端，轻轻敲打，使键慢慢进入槽内。安装大型电动机的带轮时，可先用固定支持物顶住电动机的非负荷端和千斤项的底部，再用千斤顶将带轮顶入。

（二）三相异步电动机定子绕组首尾端的判断

三相异步电动机
首尾端的判别

1. 实训目的

（1）掌握用 36 V 交流电源和灯泡判别异步电动机三相定子绕组首尾端的方法。

（2）学会用剩磁法判别异步电动机三相定子绕组的首尾端。

2. 实训器材

三相鼠笼式异步电动机 1 台，36 V 交流电源 1 个，灯泡 1 只，电流互感器或钳形电流表 1 块，干电池 1 节，万用表 1 块，交流电压表 1 块，交流电流表 2 块。

3. 实训内容与步骤

三相异步电动机三相定子绕组的 6 个线头在出厂前（或维修后）均按规定的位置排成上下两排，连接在电动机接线盒内的接线板上，当电动机接线板损坏，定子绕组的 6 个线端分辨不清时，不可盲目接线，以免引起故障。在判定三相绕组首末端前，先用万用表电阻挡（兆欧表）分别找出同相绕组的两个线头，并假设编号为 U_1、U_2、V_1、V_2、W_1、W_2，然后采用下列方法进行首尾端的判定。

1）用 36 V 交流电源和灯泡判别首尾端

如图 3-11 所示，先将每组的 V_1、U_2 相连，在 U_1、V_2 端接一只灯泡，然后在 W_1、W_2 两

端接上 36 V 的交流电源。若灯泡发亮，说明假定的 U_1、U_2 和 V_1、V_2 的编号正确；若灯泡不亮，则将 U_1、U_2 或 V_1、V_2 中任意两个线头的编号对调即可。再依此方法，对 W_1、W_2 两线端进行判别。

2）剩磁法判别首端

电动机经过运转后，它的转子铁芯会存在一定强度的剩磁，旋转转子时，定子绕组与剩磁切割，在定子绕组中产生微弱的感生电势，而且是三相对称的，这是剩磁法操作的依据。

① 如图 3.12 所示，将 U_1、V_1、W_1 及 U_2、V_2、W_2 分别并接在一起，再并接毫伏表（或万用表微安挡）。

② 用手慢慢转动电动机转子，同时看毫伏表指针，若指针不动（有时会有微小的摆动），则表明原先暂定的编号正确；若指针出现较明显的摆动，则表明原先所定的编号不对，这时应将其中一相的编号对调后重测，最多经三次对调便可判别出三相绕组的首尾端。

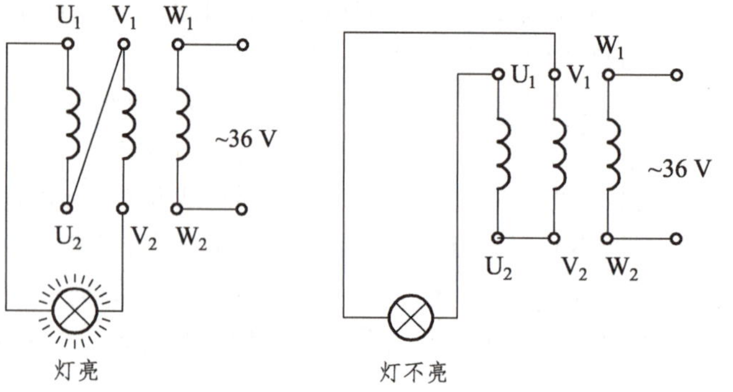

（a）　　（b）

图 3-11　用 36 V 交流电和灯泡判别首尾端

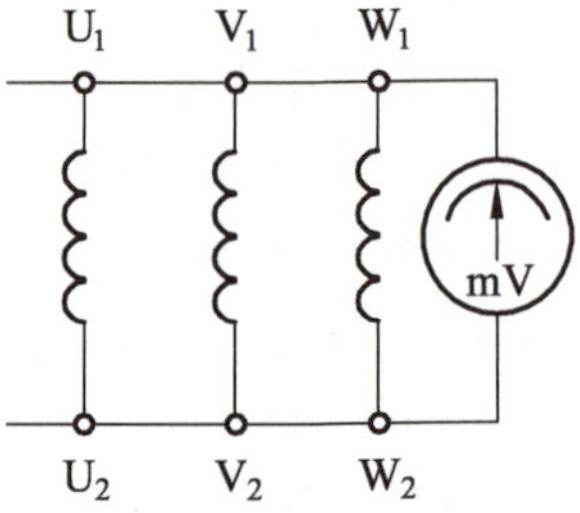

图 3-12　剩磁法判别首尾端

3）交流法判别首尾端

交流法是一种运用变压器原理来判别三相绕组首尾端的方法。

（1）如图 3.13 所示，将 U_2、V_2、W_2 接在电源的一端，再将 U_1、V_1、W_1 中的任意一端，如 W_1 接到电源另一端。

（2）将余下的两端 U_1、V_1 相互碰撞，若无火花，则表明这两端同为首端（或同为尾端）；若有火花，对调这两相中任意一相两个线头的编号，重新按前面的方法操作。

将 W_1 上的电源线换接到 V_1 上，相互碰撞 U_1、W_1，若无火花则 U_1、V_1、W_1 同为首端（或同为尾端）；若有火花，则对调 W_1、W_2 两线头编号，重新再测。

4）直流法判别首尾端

直流法是根据同一磁路中多个线圈会产生互感现象的原理来进行判断的。

（1）如图 3.14 所示，将直流毫伏表（也可以用万用表微安挡）并接在 W_1、W_2 上，干电池一电极接到 U_1 上。

（2）将 U_2 与干电池的另一电极碰一下，观察两者接触瞬间毫伏表指针的偏转反向。若毫伏表指针正偏，则与电池正极、毫伏表负极相接的线头同为首端（或同为尾端），即 U_1、W_1 同为首端；若毫伏表指针反偏，则与电池正极、毫伏表正极相接的线头同为首端，即 U_1、W_2 同为首端，对调编号 W_1、W_2。

（3）将毫伏表接到 V_1、V_2 上，用同样的方法判别出最后一相的首尾端。

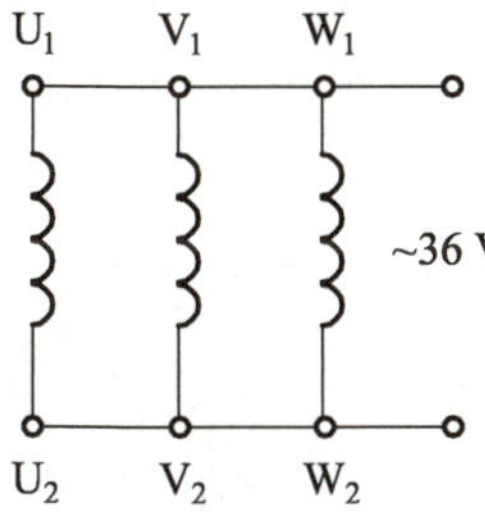

图 3-13　交流法判别首尾端

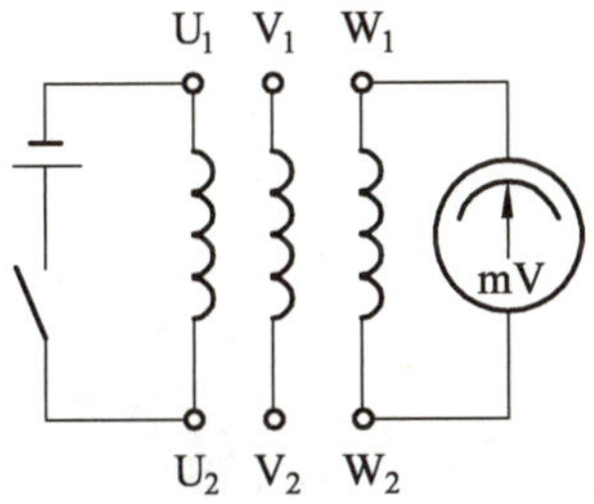

图 3-14　直流法判别首尾端

3.2　单相异步电动机基础知识

采用单相交流电源的异步电动机称为单相异步电动机。这种电动机为小功率电动机，其功率从几瓦到几百瓦，凡是有 220 V 单相交流电源的地方均能使用。由于它结构简单、成本低廉、噪声小、移动安装方便、对电源无特殊要求，所以在只需要小功率电动机的用电设备中，以及电风扇、洗衣机、电冰箱、空调机、鼓风机、吸尘器等家用电器中被广泛采用。

一、单相异步电动机的结构特点

单相异步电动机的结构与三相异步电动机类似，即由定子铁芯、定子绕组和转子铁芯与绕组组成。定子铁芯与绕组用于产生旋转磁场，转子铁芯和绕组产生感应电动势、电流并形成电磁转矩。

定子铁芯是由硅钢片叠压而成的，定子绕组由两套线圈组成，一套是工作绕组（主绕组），一套是启动绕组（副绕组）。两套绕组的中轴线在空间上错开一定角度。两套绕组若在同一槽中时，一般将工作绕组放在槽底部，启动绕组放在槽内上部。

转子铁芯也是由硅钢片叠压而成，套装在转轴上，转子铁芯槽内装有笼型转子绕组。

单相异步电动机使用场合的不同，其结构形式也各不相同，大体上可分以下几种。

1. 内转子结构形式

内转子结构形式的单相异步电动机与三相异步电动机的结构相类似，即转子部分位于电动机内部，主要由转子铁芯、转子绕组和转轴组成。定子部分位于电动机外部，主要由定子铁芯、定子绕组、机座、前后端盖（有的电动机前后端盖可代替机座的功能）和轴承等组成。如图 3-15 所示电容运行台扇电动机的结构。

2. 外转子结构形式

外转子结构形式的单相异步电动机定子与转子的布置位置与内转子结构形式正好相反，即定子铁芯及定子绕组置于电动机内部，转子铁芯、转子绕组压装在下端盖内。上、下端盖用螺钉连接，并借助滚动轴承与定子铁芯及定子绕组一起组合成一台完整的电动机。电动机工作时，上下端盖及转子铁芯与转子绕组一起转动。如图 3-16 所示的电容运行吊扇电动机即为此结构形式。

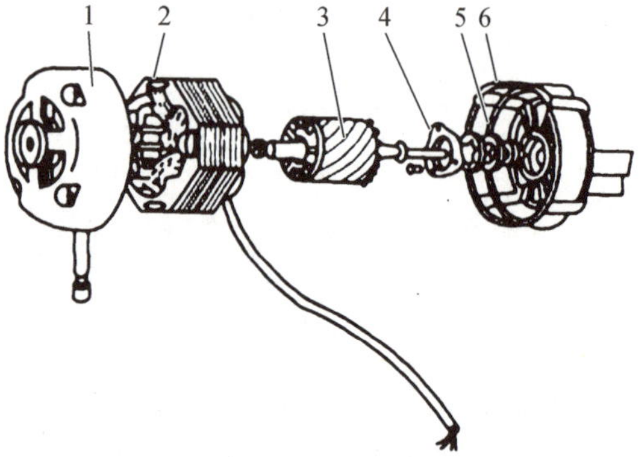

1—前端盖；2—定子；3—转子；
4—轴承盖；5—油毛圈；6—后端盖。

图 3-15　电容运行台扇电动机的结构

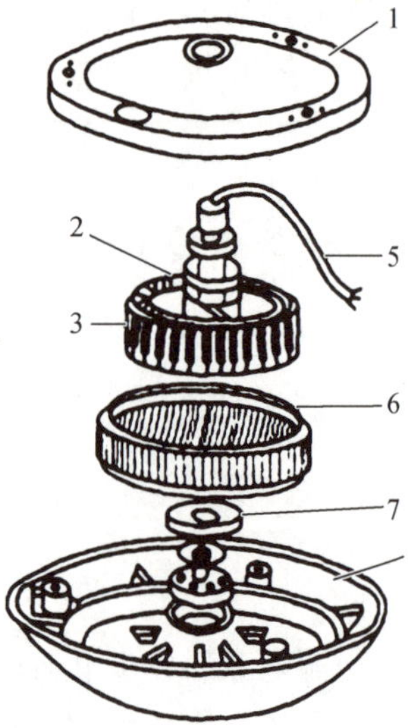

1—上端盖；2、7—挡油圈；3—定子；
4—下端盖；5—引出线；6—挡油罩。

图 3-16　电容运行吊扇电动机的结构

二、单相异步电动机的工作原理

1. 单相异步电动机的单相脉动磁场

单相异步电动机的

工作原理和分类

单相异步电动机的工作原理与三相异步电动机的工作原理相似，由定子绕组通入交流电产生旋转磁场，转子导体产生感应电流，从而产生电磁转矩使转子转动。

单相异步电动机的定子绕组通以单相交流电后，就会在绕组轴线方向上产生一个交变磁场，这个磁场的大小和方向随时间作正弦规律变化，但在空间方位上是固定的，所以又称这个磁场是脉动磁场。如图 3-17 所示，当电流在正半周时，磁场方向垂直向下；当电流在负半周时，磁场方向垂直向上。

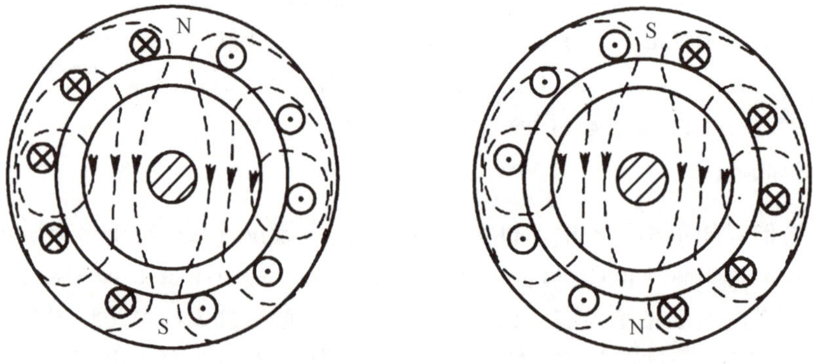

（a）电流正半周产生的磁场　　（b）电流负半周产生的磁场

图 3-17　不同时刻磁场随时间的变化

2. 单相异步电动机转动工作原理

单相交流感应电动机所产生的脉动磁场只是极性和强度交替变化的磁场，但不能产生旋转磁场，因此单相交流电动机必须另外设计使它产生旋转磁场，转子才能转动。通常单相异步电动机在结构上与三相笼型异步电动机类似，转子绕组也为笼型转子。定子上有一个单相工作绕组和一个启动绕组，为了能产生旋转磁场，在启动绕组中还串联了一个电容器，两个绕组的匝数相等、在空间上互差 90°电角度。如图 3-18 所示。

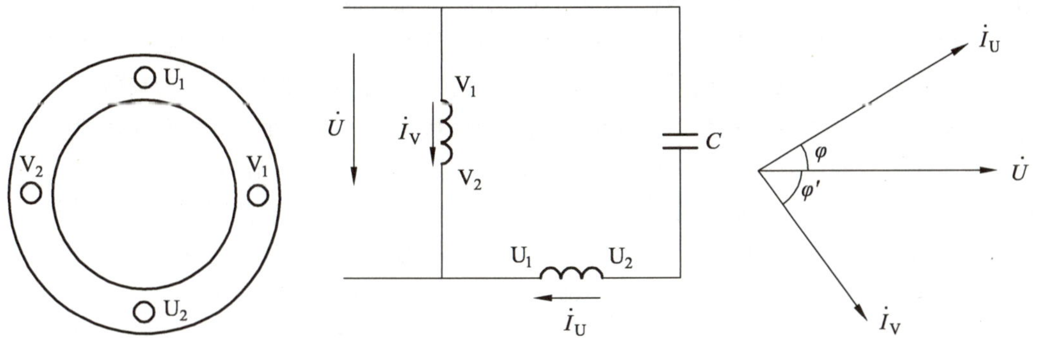

图 3-18　单相异步电动机接线原理

设启动绕组为 U_1、U_2，工作绕组为 V_1、V_2。，令 $i_u = I_m \sin wt$ ，$i_v = I_m \sin(wt - \pi/2)$ ，i_u 和 i_v 两个电流在相位上相差 90°。将电流通入绕组 U_1-U_2、V_1-V_2，线端 U_1、V_1 为绕组首端，线端 U_2、V_2 为绕组末端。正电流从绕组的首端流入，负电流从绕组的末端流入。如图 3-19 所示两个电流在 5 个瞬时所产生的磁场情况，从图中可以看出，当电流变化一周时，磁场也旋转了一周。综上所述，我们只要将相位上相差 90°的两个电流，通入在空间相差 90°电角度的绕组，就能使单相异步电动机产生一个两相旋转磁场。在它的作用下，转子得到起动转矩而转动起来进行工作。

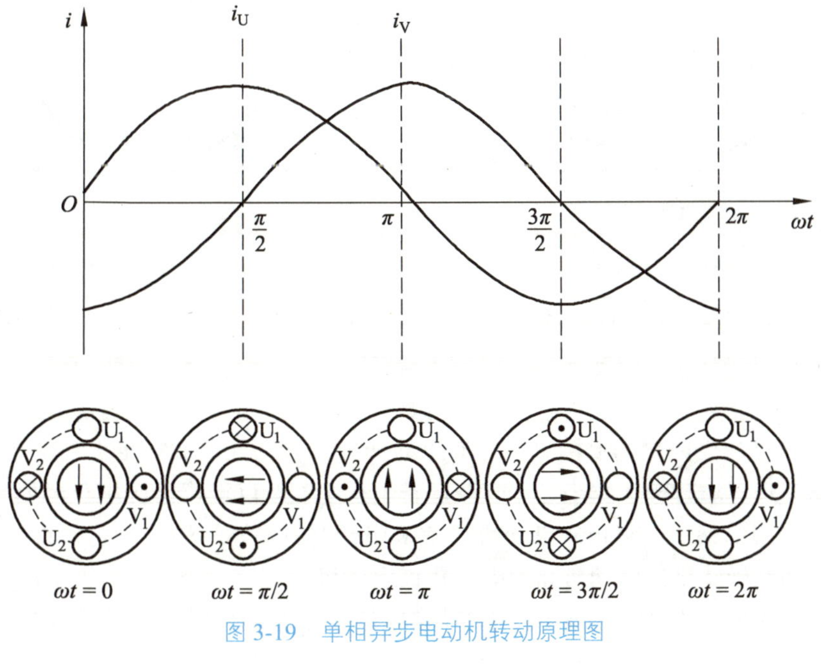

图 3-19　单相异步电动机转动原理图

三、单相异步电动机的分类

常用的单相异步电动机有电容式和罩极式两种类型。

1. 电容式电动机

该类电动机可分为电容分相启动电动机和永久分相电容电动机。电容式电动机结构简单，启动快速，转速稳定，被广泛应用在电风扇、排风扇、抽油烟机等家用电器中。电容分相式电动机在定子绕组上设有主绕组 V_1、V_2（工作绕组）和副绕组 U_1、U_2（启动绕组），并在启动绕组中串联大容量启动电容器，这两个绕组在空间位置上相差 90°。启动绕组串接电容器 C 后与工作绕组并联接入电源，如图 3-20（a）所示。在同一单相电源作用下，选择适当的电容器容量，使工作绕组的电流和启动绕组的电流相位差接近 90°。分析表明，当具有 90°相位差的两个电流通过空间位置相差 90°的两相绕组时，产生的合成磁场为旋转磁场。笼型转子在这个旋转磁场的作用下产生电磁转矩而旋转。而且能产生较大的启动转矩，使转子启动运转。

电容式启动电动机，由于其运行绕组分正、反相绕制设定，所以只要将启动绕组或工作绕组接到电源的两个端子对调，即可方便地实现电动机逆、顺方向的运转。

如果在启动绕组电路中串入一个离心开关，当起动机启动运转后，依靠离心力的作用使开关断开，启动绕组断电，但电动机仍能继续运转。这种电动机称为电容启动电动机。如图 3-20（b）所示。如果不串入离心开关，启动后启动绕组仍通电运行，则称为电容运转电动机或永久分相电容电动机。由于永久分相电动机其启动的转矩较小，因此很适于排风机、抽风机等要求启动力矩低的电器设备中应用。

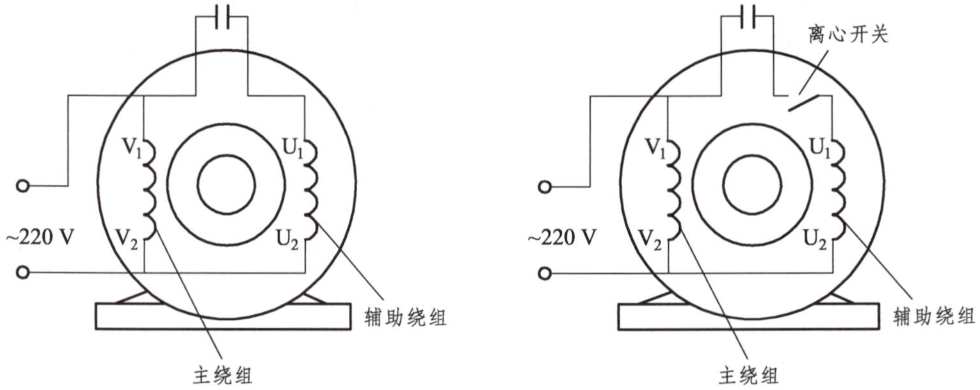

（a）电容分相式电动机　　（b）电容式启动电动机

图 3-20　电容式电动机

2. 罩极式电动机

罩极式电动机是单向交流电动机中最简单的一种，其电气性能略差于其他单相电动机，但由于制作成本低，运行噪声较小，对电器设备干扰小，所以被广泛应用在电风扇、电吹风、吸尘器等小型家用电器中。罩极式电动机通常采用笼型斜槽铸铝转子。它根据定子外形结构的不同，可分为凸极式罩极电动机和隐极式罩极电动机。

凸极式罩极式电动机只有主绕组，没有副绕组(启动绕组)，定子绕组套装在这个磁极上，并在每个磁极表面开一个凹槽，将磁极分成大小两部分，在较小的一部分上套着一个短路铜环，也称为电极罩极圈，如图 3-21 所示。当电动机通电后，由于短路环中感应电流的作用，使通过磁极的继通分成两部分，这两部分磁通数量上不相等，在相位上也不同，通过短路环的这一部分磁通滞后于另一部分磁通。所以电动机的磁场是一个移动的磁场。这种电动机的旋转方向是由磁极没加短路环部分向套有短路环部分的方向旋转。罩极式单相电动机还有一个特点，即可以很方便地转换成二极或四极转速，以适应不同转速电器配套使用。

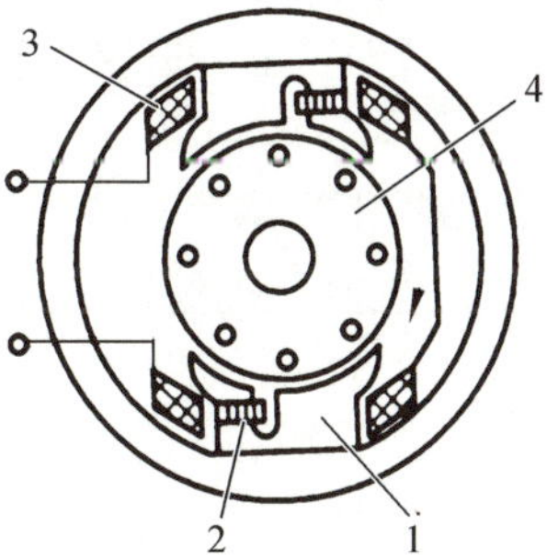

1—定子铁芯；2—罩极；3—定子绕组；4—转子

图 3-21　罩极式电动机的结构

凸极式罩极电动机的定子铁芯外形为方形、矩形或圆形的磁场框架，磁极凸出，每个磁极上均有 1 个或多个起辅助作用的短路铜环，即罩极绕组。凸极磁极上的集中绕组作为主绕组。隐极式罩极电动机的定子铁芯与普通单相电动机的铁芯相同，其定子绕组采用分布绕组，主绕组分布于定子槽内，罩极绕组不用短路铜环，而是用较粗的漆包线绕成分布绕组（串联后自行短路）嵌装在定子槽中（约为总槽数的 1/3），起辅助的作用。主绕组与罩极绕组在空间相距一定的角度。

单向异步电动机的最大特点就是能适用于单相电源的场合。但是它的效率、功率因数和过载能力都比较低，因此容量一般在 1 kW 以下。

四、单项异步电动机的拆装

1. 实训目的

（1）熟悉单相异步电动机的结构。

（2）能熟练正确地拆卸、组装吊扇电动机。

2. 实训器材

万用表、兆欧表各一块，吊扇一台，常用电工工具。

3. 实训内容与步骤

1）吊扇电动机的拆卸

（1）拆卸前的准备。

拆卸前应先了解吊扇的基本构造、电动机的型号和主要参数、调速方式、电容器规格等。牢记拆卸步骤。在拆卸时，首先要考虑到以后的装配，一般情况下，两者顺序正好相反，即先拆的后装，后拆的先装。对初次拆卸者来说，最好是一边拆一边记录拆卸的顺序。

电动机的零部件要集中放置。由于单相异步电动机的许多零部件体积都很小，电动机拆卸后，需要对定子绕组进行修理或更换时，间隔时间较长。为保证零部件不丢失、不损坏，必须将所有零部件集中放置在盒子或袋子内，妥善保管。

保证电动机各个零部件的完好。在拆装时要特别注意轻打、轻敲，不允许用与电动机铁芯及端盖同样硬度的金属物敲击电动机，必须借助于紫铜棒、紫铜板、木板等敲击电动机。因为电动机定子绕组的线径很细，所以不允许直接碰撞电动机定子绕组。在拆卸电动机时，要注意防止各个零部件直接跌落在地上或钳台上，造成零部件的变形或损坏。

（2）拆卸吊扇。

拆卸吊扇前应切断交流电源，然后拆下风扇叶，取下吊扇，拆除启动电容器、接线端子及风扇电动机以外的其他附件。此时，必须记录下启动电容器的接线方法及电源接线方法。

（3）风扇电动机的拆卸。

拆卸风扇电动机应按以下步骤进行：拆除上下端盖之间的紧固螺丝（拆卸时，应按照对角交替顺序分步旋松螺丝）；取出上端盖；取出定子铁芯和定子绕组组件；使外转子与下端盖脱离；取出滚动轴承。

2）吊扇电动机的装配

将吊扇各零部件清洗干净，并检查完好之后，参照图 3-22，按照与装卸相反的步骤进行装配。

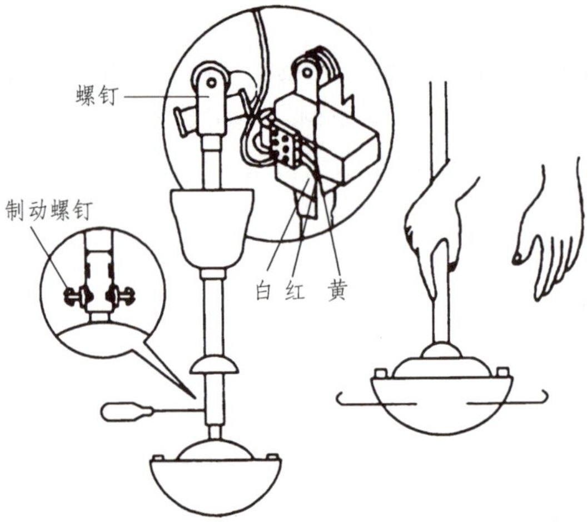

图 3-22　吊扇装配示意图

如图 3-22 所示，电容器倾斜装在吊杆上端的上罩内的吊攀中间，防尘罩套上吊杆，扇头引出线穿入吊杆；先拆去扇头轴上的制动螺钉，再将吊杆与扇头螺丝拧合，直至吊杆孔与轴上的螺孔对准为止；并且将两只制动螺钉装上旋紧，然后握住吊杆拎起扇头，用手轻轻转动看看是否转动灵活。

3）吊扇电动机装配后的通电试运转

在确认装配及接线无误后方可通电试运转。在试运转时，必须密切注意风扇的启动情况、转向及转速。如发现不正常应立即停电检查。如有调速器，可将调速器接入，观察调速情况。

3.3　直流电机的基础知识

直流电动机是实现直流电能和机械能相互转换的一种旋转电动机。由直流电源供电，拖动机械负载旋转，输出机械能的电动机称为直流电动机；由原动机拖动旋转，将机械能转换为直流电能的电动机称为直流发电机。

直流电动机结构复杂，成本高，消耗铜较多，换向器制造比较复杂，而且电刷和换向器易磨损，因此运行维护比较麻烦。但直流电动机具有优良的性能，即能在宽广的范围内平滑而又方便地调节转速，可实现频繁地快速启动、制动和反转，有较强的过载能力，能承受频繁的冲击负载，可以满足生产过程自动化控制系统的各种特殊要求；同时直流电动机还具有使用方便可靠，波形好，对电源干扰小等优点。所以直流电动机在现代工业和人民生活中仍占有重要地位，在冶金、采矿、运输、化工、纺织、造纸、印刷和机床等工业部门中有广泛应用。

一、直流电动机的工作原理

直流电动机的工作原理

如图 3-23 所示，是一个简单的直流电动机模型。在两个空间位置固定的磁极 N、S 之间，由两根导体 ab 和 cd 连成一个线圈，将线圈的首、尾端分别连到两个弧形换向片上，换向片上安装有电刷 A 和 B（固定不动）。当电枢（这里即为线圈）转动时，电刷 A 只与转到 N 极下面的换向片相接触，而电刷 B 只与转到 S 极下面的换向片相接触。在实际的电动机中，线圈的匝数很多，通常称为电枢绕组。

电流从电源的正极流出，经电刷 A 和换向片进入绕组 abcd，再经另一换向片和电刷 B 流到电源的负极。电流的流向如图 3-23 中的箭头所示，在 ab 段是从 a 到 b，cd 段是从 c 到 d。根据左手定则，可以确定 ab 段导体在磁场中的受力方向是向左，cd 段导体的受力方向是向右，于是绕组在磁场力的作用下做逆时针方向旋转。随着绕组的转动，导体 ab 与 cd 的位置发生变化，ab 段向下转入 S 极，cd 段向上转入 N 极。此时在上面的导体是 dc，在下面的导体是 ba，电流从电源的正极流出，经电刷 A 和换向片进入导体 dc，电流方向为从 d 到 c，然后再从 b 到 a，经另一换向片和电刷 B，回到电源负极。由于换向片的作用，虽然导体 ab 和 cd 的位置相互转换，但是导体中电流的方向跟着转换，保证电枢绕组按原来的方向连续运转。

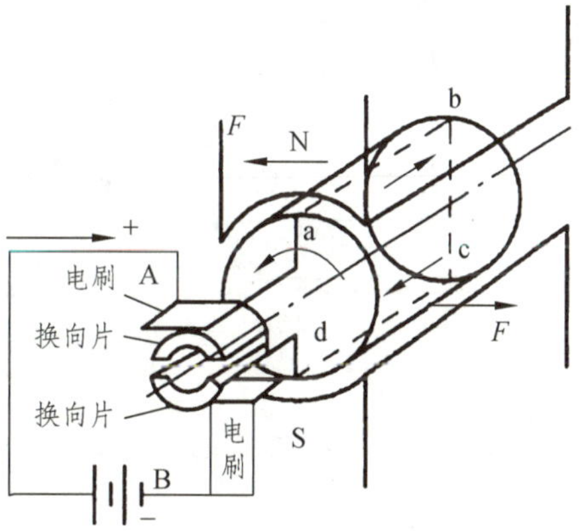

图 3-23　直流电动机工作原理

二、直流电动机的结构

直流电动机的结构

直流电动机可概括地分为静止和转动部分。其静止的部分称为定子，转动的部分称为转子（电枢），这两部分由空气气隙分开。其结构如图 3-24 所示，图 3-25 所示为直流电动机组成部件。

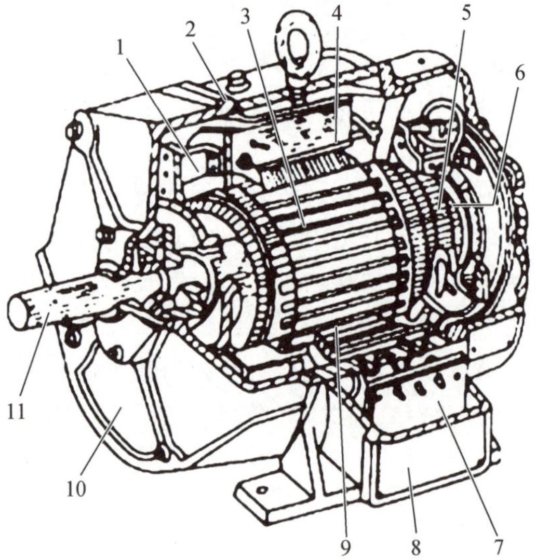

1—风扇；2—极座；3—电枢；4—主磁极 5—电枢架；6—换向器；7—接线板；8—出线盒；9—换向磁极；10—端盖；11—主轴。

图 3-24　直流电动机结构

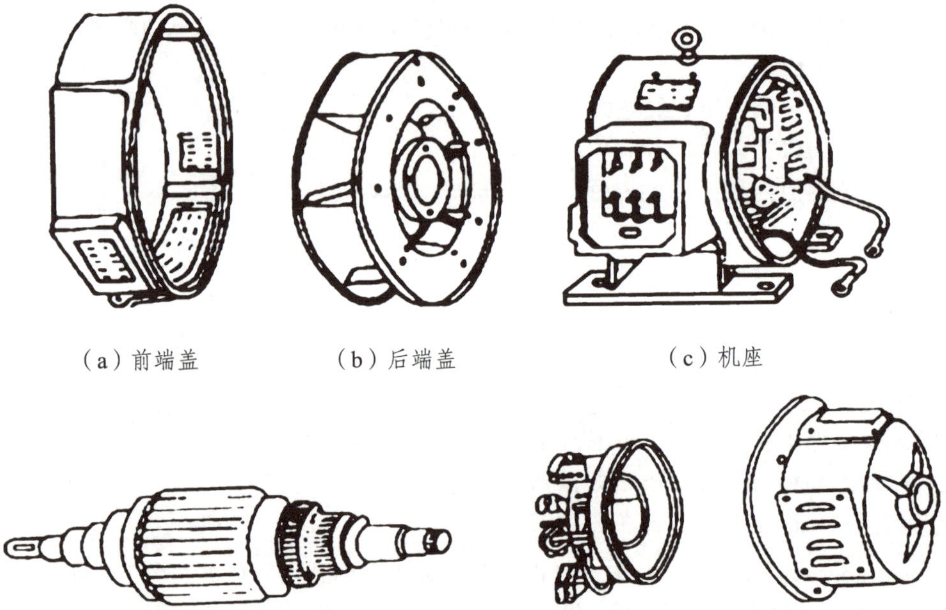

（a）前端盖　（b）后端盖　（c）机座

（c）电枢　（d）电刷架　（e）后端盖

图 3-25　直流电动机组成部件

1. 定子部分

定子部分由主磁极、换向磁极、机座和电刷等装置组成，主要用来建立磁场。

1）主磁极

主磁极包括铁心和励磁绕组两部分。当励磁绕组中通人直流电流后，铁心中即产生励磁磁通，并在气隙中建立励磁磁场。励磁绕组通常用圆形或矩形的绝缘导线制成一个集中的线圈，套在磁极铁心外面。主磁极铁心一般用 1 ~ 1.5 mm 厚的低碳钢板冲片叠压铆接而成，主磁极铁心柱体部分称为极身，靠近气隙一端较宽的部分称为极靴，极靴与极身交接处形成一个突出的肩部，用以支撑住励磁绕组。极靴沿气隙表面成弧形，使磁极下气隙磁通密度分布更合理。整个主磁极用螺杆固定在机座上。

主磁极总是 N、S 两极成对出现。各主磁极的励磁绕组通常是相互串联连接，连接时要能保证相邻磁极的极性按 N、S 交替排列。主磁极的结构如图 3-26 所示。

2）换向磁极

换向极也由铁心和绕组构成，如图 3-27 所示。中小容量直流电机的换向极铁心是用整块钢制成的，大容量直流电机和换向要求高的电机，换向极铁心用薄钢片叠成，换向极绕组要与电枢绕组串联，因通过的电流大，导线截面较大，匝数较少。换向极装在主磁极之间，换向极的数目一般等于主磁极数，在功率很小的电机中，换向极的数目有时只有主磁极极数的一半，或不装换向极。换向极的作用是改善换向，防止电刷和换向器之间出现过强的火花。

3）机座

机座由铸铁或铸钢制成，是磁路的一部分。它用来固定主磁极、换向磁极和端盖。其结构如图 3-28 所示。

4）电刷装置

电刷将旋转的电枢绕组电路与静止的外部电路相连接，把直流电流引入或将直流感应电动势引出。直流电动机中电刷装置由电刷、刷握、压紧弹簧、铜丝辫等部分组成。电刷装置在刷握内，用弹簧压紧在换向器上。一般电刷组数与主磁极极数相等。电刷装置在换向器表面应对称分布，并且可以移动，用以调整电刷在换向器上的位置。电刷装置如图 3-29 所示。

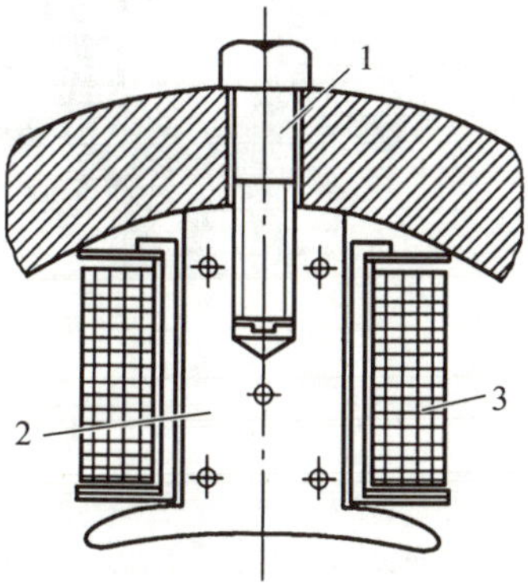

1—机座；2—主磁极铁芯；3—励磁绕组。

图 3-26　主磁极结构

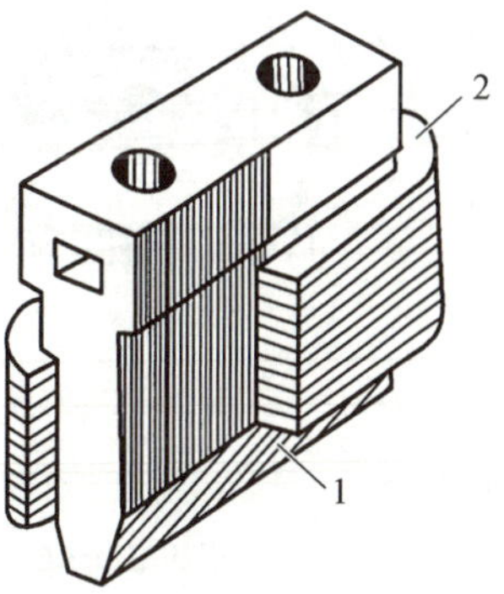

1—换向磁极铁芯；2—换向磁极绕组。

图 3-27　换向磁极

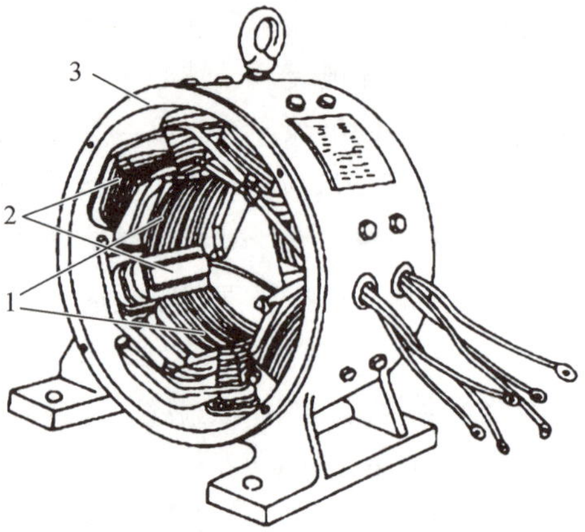

1—主磁极；2—换向磁极；3—端盖。

图 3-28　机座

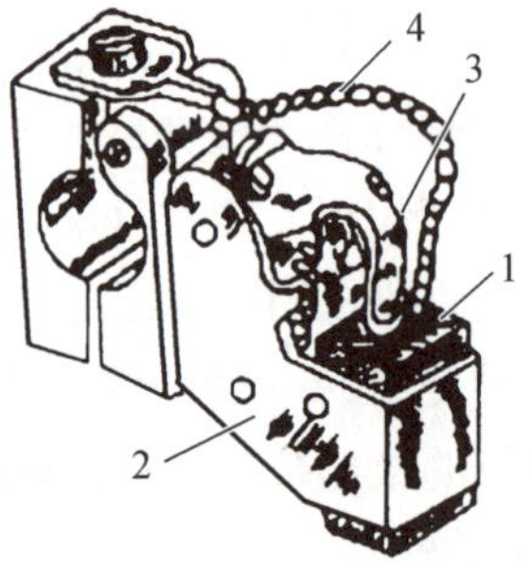

1—电刷；2—刷握；3—压紧弹簧；4—铜丝辫。

图 3-29　电刷装置

2. 转动部分

转动部分由电枢铁芯、电枢绕组、换向器、风扇、转轴等组成，是机械能和电能转换的枢纽。

1）电枢铁芯

电枢铁芯是磁路的一部分，同时对放置在其上的电枢绕组起支撑作用。电动机运行时，交变的磁通会在铁芯中产生涡流和磁滞损耗。为了减少涡流损耗，电枢铁芯通常采用 0.5 mm 厚且表面涂绝缘漆的硅钢片叠压而成。每片周围均匀分布许多齿和槽，槽内可安放电枢绕组，其结构如图 3-30 所示。

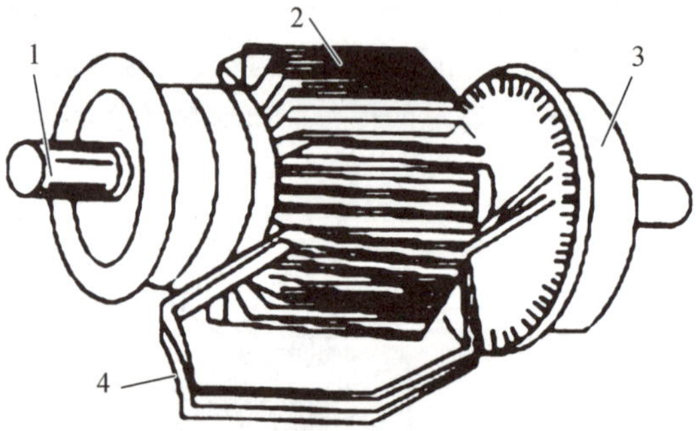

（a）电枢

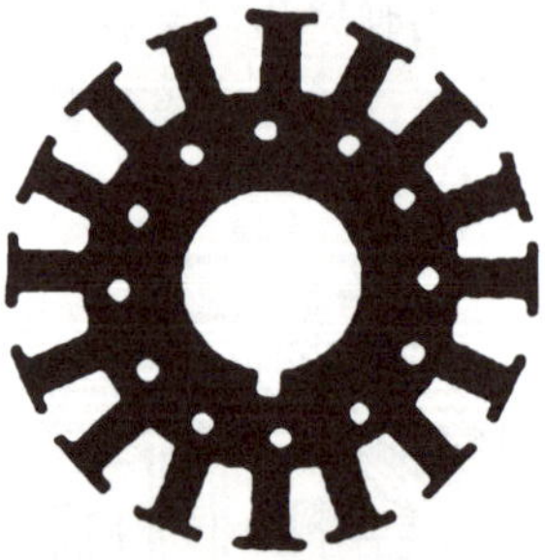

（b）铁芯冲片

图 3-30　电枢铁芯及电枢绕组

2）电枢绕组

电枢绕组是直流电动机电路的主要组成部分，它是产生感应电动势和流过电流而产生电磁转矩，从而实现机、电能转换的重要部件。电枢绕组通常用绝缘的铜线或扁铜线在模具上绕成线圈后再放置在电枢铁芯槽中，槽口用槽楔压紧，防止旋转时将绕组甩开，其结构如图 3-30 所示。

3）换向器

换向器是由许多铜质换向片组成一个圆柱体，换向片之间用云母片绝缘。换向器装在电枢的一端，电枢绕组的两端分别焊接到两片换向片上。它是直流电动机的主要部件。其作用是在直流电动机中，将外加的直流电流变为电枢绕组中的交流电流；在直流发电机中，将电枢绕组中的交变电动势变为电刷端点的直流电动势。换向器的结构如图 3-31 所示。

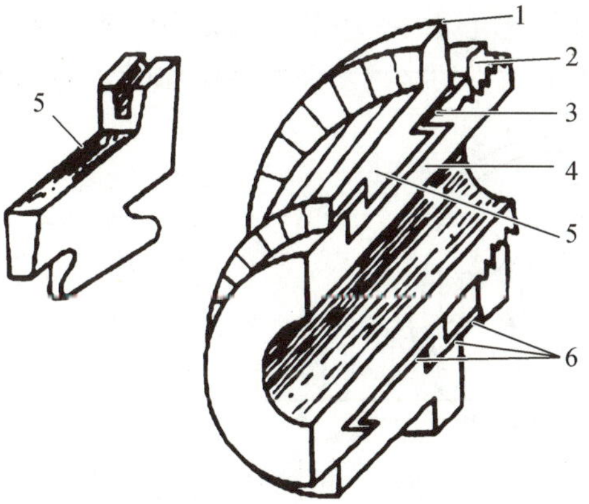

1—片间云母片；2—锁紧螺母；3—V 形环；4—套筒；5—换向片；6—云母绝缘。

图 3-31　换向器结构

3. 气隙

气隙是电动机磁路的重要组成部分。一般小型电动机的气隙为 0.5 ~ 5 mm，大型电动机的气隙为 5 ~ 10 mm，但由于气隙磁阻远大于铁芯磁阻，对电动机性能有很大的影响，因此在组装时应特别注意。

三、直流电动机的分类

直流电动机一般是根据励磁方式进行分类的，因为它的性能与励磁方式有密切关系，励磁方式不同，电动机的运行特性有很大差异。根据励磁绕组与电枢绕组连接的不同，可以分为他励式、并励式、串励式和复励式直流电动机。

1. 他励式

励磁绕组和电枢绕组分别由两个不同的直流电源供电，即励磁电路与电枢电路没有电的连接。由励磁电源产生励磁电流 I_f 建立磁通 Φ。电枢电路接通电源 U 后，电枢中产生工作电流 I_a，电枢在磁场作用下，产生电磁转矩 T，以 n 的转速旋转，并在电枢中产生反电势 E。他励式直流电动机的接线图和原理图如图 3-32 所示。

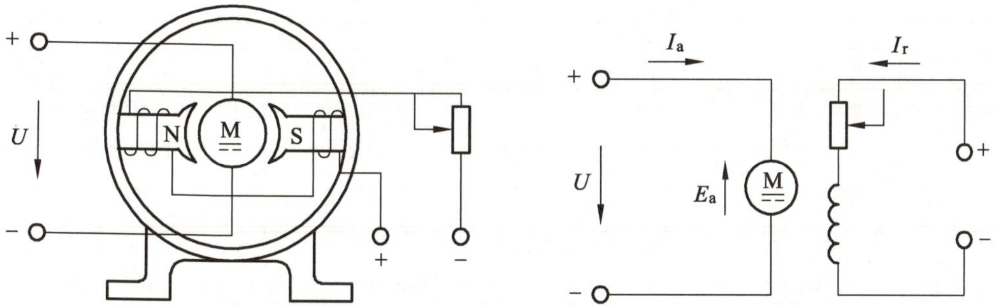

（a）接线图　　（b）原理图

图 3-32　他励式直流电动机

2. 并励式

励磁绕组和电枢绕组并联后共同由一个直流电源供电。对于并励式直流电动机，励磁电压等于电枢电压，励磁绕组匝数多，电阻较大。总电流等于电枢电流和励磁绕组电流之和，即 $I=I_a+I_f$，但励磁电流只为电枢电流的一小部分。并励电动机和他励电动机并无本质的区别，两者可以通用。并励式直流电动机的接线图和原理图如图 3-33 所示。

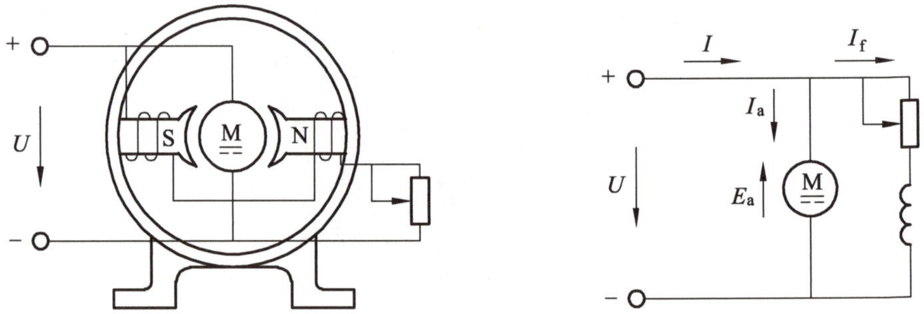

（a）接线图　　（b）原理图

图 3-33　并励式直流电动机

3. 串励式

励磁绕组和电枢绕组串联后接入直流电源，励磁电流和电枢电流是同一个电流，即 $I=I_a=I_f$。串励式直流电动机的接线图和原理图如图 3-34 所示。

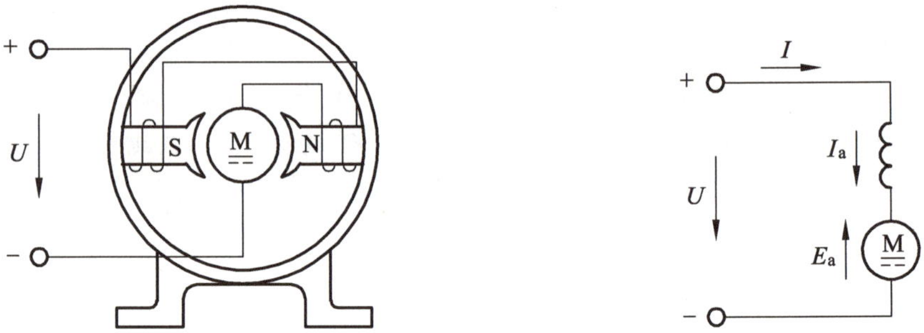

（a）接线图　　（b）原理图

图 3-34　串励式直流电动机

4. 复励式

有两个励磁绕组，一个与电枢绕组串联，一个与电枢绕组并联。并励绕组匝数多而线径细，串励绕组匝数少而线径粗，如图 3-35 所示。复励式电动机既可以具有串励式电动机的某些优点，适用于负载转矩变化较大，需要机械特性比较软的设备中，又可以像并励电动机那样在空载和轻载下运行。

在一些小型直流电动机中，也有用永久磁铁产生磁场的，这种电动机称为永磁式电动机。由于其体积小、结构简单、效率高、损耗低、可靠性高等特点，应用越来越广泛，例如，兆欧表中的手摇发电机和测速发电机、汽车用永磁电机等。

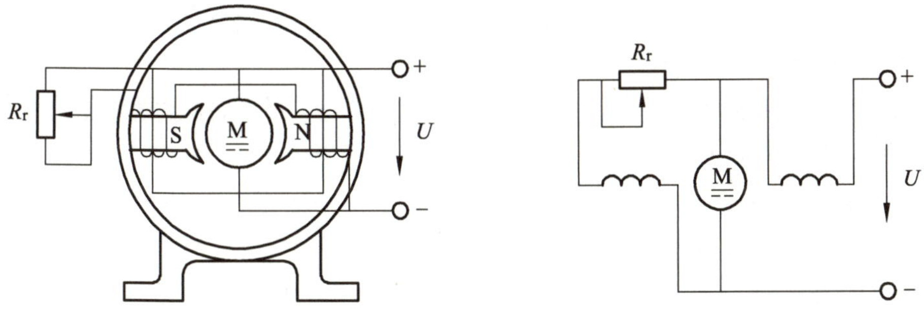

（a）接线图　　（b）原理图

图 3-35　复励式直流电动机

四、直流电动机的拆装

1. 实训目的

熟悉直流电动机的结构；熟悉直流电动机的拆卸和组装方法。

2. 实训器材

拉具、活络扳手、手锤、紫铜棒、木槌、扁凿常用电工工具，兆欧表、3 V 直流电源、直流毫伏表各 1 块、直流电动机 1 台。

直流电动机的拆装

3. 实训内容与步骤

（1）直流电动机的拆卸步骤。

① 在拆卸直流电动机前，要用仪器仪表进行整机检查，查明绕组对地绝缘以及绕组间有无短路、断路或其他故障，以便针对故障进行修理。拆卸直流电动机前应在刷架处做好明显的标记，在端盖与机座的连接处也做明显的标记，便于装配。

② 拆除电动机外部的全部连接导线，并做好线头的对应连接标记。如有联轴器的，要做好电动机轴伸端与联轴器上的尺寸标记，拆下联轴器对接的连接端和定位螺钉（或销子），用拉具拉下联轴器。

③ 用利器或用油漆等在端盖与机座止口处做好明显的标记（不能用粉笔做标记）。

④ 拆松电动机的底脚固定螺栓。

⑤ 拆除与电动机相连接的传动装置。

⑥ 拆除电动机的联轴器或带轮，拆除前做好电动机轴伸端与联轴器上的尺寸标记。

⑦ 拆掉换向器端的轴承外盖。

⑧ 打开换向器端的观察窗，从刷盒中取出电刷，再拆下刷杆上的连接线。

⑨ 拆下换向器端的端盖，取出刷架。拆下刷架前，要做好标记，便于安装后调整中性线位置。

⑩ 用白布或纸板把换向器包好。

⑪ 小型直流电动机，可先把后端盖固定螺栓松掉，用木槌敲击前轴端，有退端盖螺孔的用螺栓拧入螺孔，使端盖止口与机座脱开，把带有端盖的电动机转子从定子内小心抽出。中型电动机，可将后端轴承盖拆下，再卸下后端盖。

⑫ 将电枢小心抽出，防止绕组盒换向器损伤。抽出的电枢必须放在木架或木板上，并用

布或纸包好。

⑬ 如发现轴承有异常现象，可把轴承卸下。

⑭ 清除电动机内部的灰尘和杂物，如轴承润滑油已脏，则需更换润滑油脂。

⑮ 测量电动机各绕组的对地绝缘电阻。

4. 直流电动机的装配步骤

① 清理零部件，排除故障。

② 装配定子。

③ 装轴承内盖及热套轴承。拧紧端盖螺丝，必须四周用力均匀，按对角线上、下、左、右拧紧，不能先将一个螺丝拧紧后再去拧另一个螺丝。

④ 将刷架装于前端盖内。

⑤ 把转子装入定子内。将带有刷架的端盖装到定子机座上，将机座立放，机座在上，端盖在下，再将电刷吊挂在刷架外侧，把转子吊入定子内，使轴承进入端盖轴承孔。

⑥ 装端盖及轴承外盖。

⑦ 检查气隙，调整使之均匀。

⑧ 将电刷放入刷盒内并压好。

⑨ 研磨电刷并测电刷压力。

⑩ 装出线盒及接引出线。

⑪ 安装其余零部件。

⑫ 调整刷架，使其在中性线上。

⑬ 试运行。

⑭ 涂漆。

五、直流电动机的检修

直流电动机的维修

1. 实训目的

掌握直流电动机定子绕组、电枢绕组、换向器的检修方法。

2. 实训器材

功率较大的电烙铁及焊锡等常用电工工具，万用表、直流毫伏表各 1 块，直流电动机 1 台，6 V 直流电源 1 个，6 V 校验灯 1 盏。

3. 实训内容与步骤

1）定子绕组的检修

定子绕组常见的故障是并励绕组中有少数几匝线圈短路。

① 如图 3-36 所示，将电动机所有磁极的绕组串接起来，外加适当的直流电源（电压 110 V 或更低一些），用直流电压表测量每只绕组两端的电压。如果各个电压值大小不等，则电压较小的绕组就是短路故障绕组。

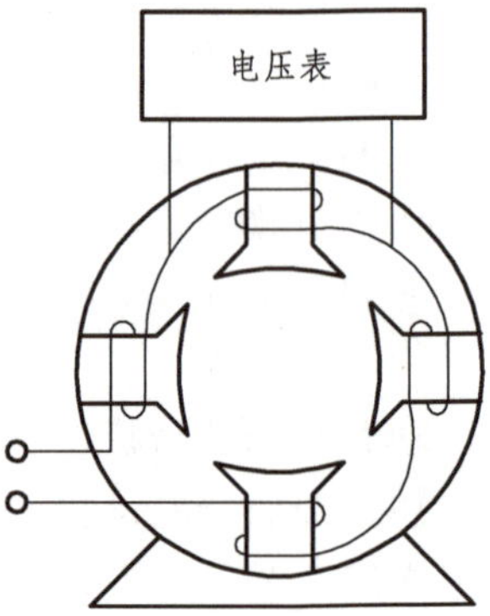

图 3-36　用电压降法检查磁极绕组的短路故障

② 用电桥测量各个绕组的直流电阻值。绕组正常时，各个绕组的阻值差别应不超过 5%，短路故障的绕组其阻值应比非故障绕组的阻值小一些。

③ 如图 3.36 所示，将电动机所有磁极的绕组串接起来，外加适当的低压交流电源（如交流 220 V），故障部位会局部严重发热，若觉得 220 V 过高，可串接适当的灯泡来降压。

故障查出后，需按照原来的线径、匝数和原来的条件修复或更换绕组。

2）换向极绕组和补偿绕组的检查

用电桥测量各个绕组的直流电阳。绕组正常时，各极绕组的电阻值差别应不超过 5%。

3）电枢绕组的检修

电枢绕组常见的故障有断路、短路、接地、错接和接反等。

① 电枢绕组断路故障的检修。

电枢绕组断路点一般发生在绕组元件引出线与换向片的焊接处。造成断路的原因：一是焊接质量不好；二是电动机过载、电流过大造成脱焊。

电枢绕组经常由于个别元件断线或换向片焊接不良等原因造成断路故障。直流电动机的电枢绕组是闭路绕组，若某个元件断路，当该元件转动到电刷下时，电流将通过电刷接通与断开，使断路元件两侧的换向片被电弧灼黑，根据灼黑的换向片可以找出断路故障的位置。

采用测量换向片间电压降的方法来检查断路故障的位置，即在换向器的相邻换向片上（对于单叠绕组）或相隔接近一个极距的两个换向片上（对于单波绕组）接入直流低压电源，用直流毫伏表测量相邻两换向片间的电压降。正常情况下，测得各个换向片间的电压降一般应相等或与其平均值相差不大于±50%；若电枢绕组出现断路或焊接不良，则在相连接的换向片上测得的电压降比平均值显著增大。

如果断路的原因是由于线圈与换向片的连接线松脱，则需要重新焊接；若是线圈断线，最好是拆除重绕。

对于只有一、两个线圈断路的故障，有时采用应急修复措施。先查明断线线圈，并将其从换向片上拆下，同时用绝缘材料包扎线端，用绝缘导线在被拆下线圈的换向片上跨接。

② 电枢绕组短路故障的检修。

若电枢绕组短路严重，会使电动机烧坏。若只有个别线圈短路时，电动机仍台邕运转，只是使换向器表面火花变大，电枢绕组发热严重，若不及时发现加以排除，则最终将导致电动机烧毁。因此，当电枢绕组出现短路故障时，必须及时予以排除。

电枢绕组短路故障经常发生在同槽绕组元件的匝间短路及上下层绕组元件之间的短路上。

可以用观察法来检查电枢绕组的短路。若电枢绕组出现短路故障，电枢将发热。对于单叠绕组，表现为局部发热，而对于单波绕组，则将有几个部位发热。同时，电刷下的火花增大，换向片上有烧灼的痕迹。也可以用电压降法检查电枢绕组的短路故障。将低压电源按如图 3-37 所示接到相应的换向片上，用直流毫伏表依次测量并记录相邻两片换向片间的电压，若毫伏表读数呈周期性变化，则表明绕组良好；若读数突然变小，则表明该两片绕组间的线圈存在短路故障。如果是换向片间短路，则毫伏表的读数为零。

电枢绕组短路故障可按不同情况分别加以处理。若短路故障的线圈数量较多，情况较严重，绝缘已发焦变脆，最好是重新绕制。如果只有一个线圈短路，而其他线圈良好，可将短路线圈从电枢中切除。将短路线圈的非换向器端部切断（要将每一匝都切断），再将连接故障线圈的两换向片用跨接线短路。

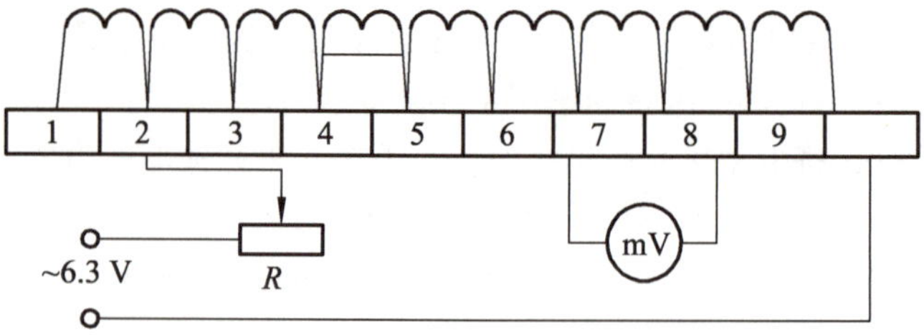

图 3-37　用毫伏表检查电枢绕组短路

③ 电枢绕组接地故障的检修。

电枢绕组接地是直流电动机绕组最常见的故障。将低压直流电源接到相隔 $K/2$ 或 $K/4$（K 为换向片数）的两片换向片上（可用胶带纸将接头粘在换向片上），注意一个接头只能和一片换向片接触。将直流毫伏表一端接转轴，另一端依次与换向片接触，观察毫伏表的读数。若测量结果大致相同，则无接地故障。若测量到某片换向片时毫伏表无读数或读数明显变小时，则该片或所接的绕组元件有接地故障。

判别是绕组元件接地还是换向片接地的方法：

a. 用电烙铁将绕组元件接头从换向片升高片处焊下来。

b. 用万用表或校验灯判定故障部分。

c. 电枢绕组接地点找出来之后，可以根据绕组元件接地的部位，采取适当的修理方法。

若接地点在元件引出线与换向片连接的部位，或者在电枢铁芯槽的外部槽口处，则只须在接地部位的导线与铁芯间重新加绝缘处理即可。若接地点在铁芯槽内，一般须更换电枢绕组。如果只有一个绕组元件在铁芯槽内接地，而且电动机又急需使用时，可用应急办法，即将该元件所连接的两片换向片之间用短接线将该接地元件短接，电动机仍可继续使用，但电流及火花将会加大。

d. 电枢绕组的错接和接反。

用毫伏表测量换向片间电压，如果出现指针反向偏转现象，则说明该元件接反，如图 3-38 所示。若在换向片 3、4 间毫伏表反向偏转，在 2、3 间及 4、5 间毫伏表读数加倍，其余各处的读数均正常，则说明 3、4 间的元件接反。

若用毫伏表法检查，其读数的有无、大小及正反等杂乱且无规律，说明电枢绕组错接的情况比较严重，存在多处错接。

对于个别元件接反的情况，可焊下接线，纠正错误后重新焊好；对于错接严重的，则需把所有元件的端线从换向片上取出来，然后按图样规定重新放置并焊好。

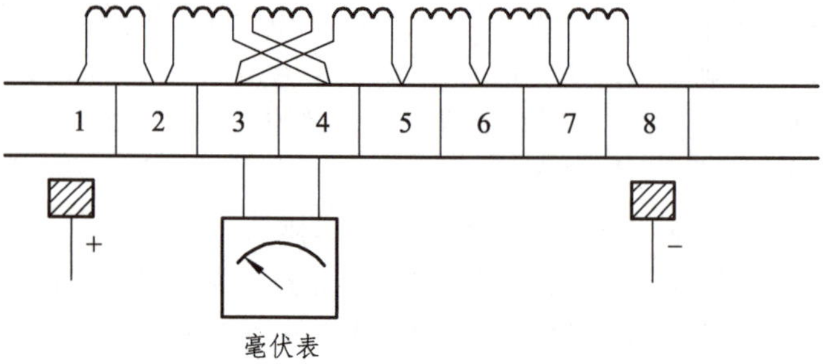

图 3-38　用毫伏表检验叠绕组的反接

4）换向器的检修。

① 换向器的片间短路与接地。换向器的片间短路与接地故障，一般是由于片间绝缘或财地绝缘损坏，且其间有金属屑或电刷碳粉等导电物质填充所造成的。

故障检修方法：用检查电枢绕组短路与接地故障的方法，可查出故障位置。为分清故障部位是在绕组内还是在换向器上，要把换向片与绕组相连接的线头焊开，然后用校验灯检查换向片是否有片间短路或接地故障。检查中，要注意观察是否有冒烟、发热、焦味、跳火及火花的伤痕等故障出现，以分析、寻找故障部位。

修理方法：找出故障的具体部位后，用金属器具刮除造成故障的导电物体，然后用云母粉加胶合剂或松脂等填充绝缘的损伤部位，恢复其绝缘。若短路或接地的故障点存在于换向器的内部，则必须拆开换向器，对损坏的绝缘进行更换处理。

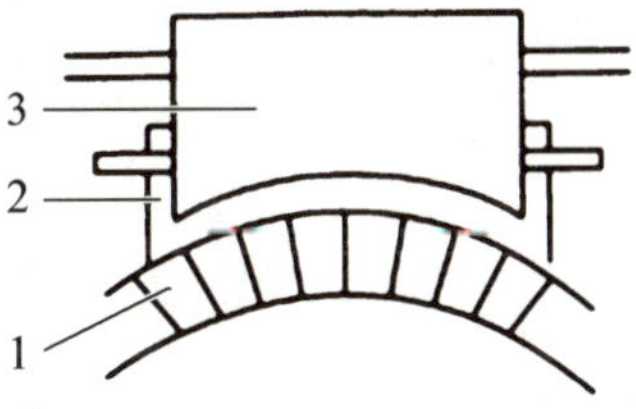

1—换向片；2—砂纸；3—木块。

图 3-39　换向片的打磨

② 换向器变形、径向摆动大、被电刷磨成高低不平的深槽、个别换向片凸出或凹下、火花灼烧成的斑痕致使导电不良或火花过大。

故障处理方法：调换换向器。对磨损较少的换向器，按如图 3-39 所示的方法，将换向器的表面打磨光。打磨可用与换向器曲率相同的滑石或包在木块上的砂纸进行。云母片挖削时，要求比换向片表面低 1 mm 左右。挖削工具常用小锯片改制。

项目实施

1. 工作任务

三相异步电动机拆卸与装配。

2. 具体任务

现有一台三相笼式异步电动机发生机械故障，需要进行拆卸检修，请按规范对该电动机进行拆卸（拆下转子为止，不需要拆下线圈），完成检修后，按规范进行组装。

3. 工作规范及要求

（1）做好拆卸前的准备工作，读出并记录电动机的铭牌数据。

（2）按正确的顺序进行拆卸：

要求正确使用各种工具，按顺序拆卸电动机的各部件，不损坏电动机的任何部分。

（3）按正确的顺序进行装配。

（4）装配完成后，对电动机进行检验。

（5）提交拆、装情况记录表。

4. 实训工具

测电笔、螺钉旋具、尖嘴钳、剥线钳和电工刀等常用电工工具 1 套；ZC25 型、500 V 兆欧表 1 块；MG24 钳形电流表 1 只；拉具、纯铜棒、木锤、毛刷等拆装工具 1 套；清洗油、润滑油等若干；MF-47 型万用表 1 块。

5. 时间要求

本任务操作时间为 120 min，时间到立即终止任务。

6. 评分标准（见表 3-2）

表 3-2　评分标准

序号	考核内容	考核项目	分值	评分标准	得分
1	电动机的拆卸	正确使用工具，按正确的顺序和方法，对三相鼠笼式电动机进行拆卸	25	① 拆卸步骤不正确，每次扣 5 分，② 拆卸方法不正确，每次扣 5 分，③ 工具使用不正确，每处扣 5 分	
2	电动机的组装	正确使用工具，按正确的顺序和方法，对三相鼠笼式电动机进行组装	25	① 装配步骤不正确，每次扣 5 分，② 装配方法不正确，每次扣 5 分，③ 一次装配不符合要求，重装，扣 10 分	
3	清洗与检查	合理选用材料对电动机的各部件进行清洗与检查	20	① 轴承清洗不干净扣 5 分，② 润滑脂过多或过少扣 5 分，③ 定子内腔和端盖处未做除尘处理或清洗扣 5 分	
4	通电运转	检查无误后，按照铭牌正确接线进行通电试运行	10	① 未做装配后的检验扣 5 分 ② 一次运转不成功扣 5 分 ③ 二次通电不成功扣 5 分	
5	拆装情况记录表	正确填写拆装记录表	10	没有按要求完成或内容不正确扣 5 分	
6	6S 管理	能按实训 6S 规范管理要求进行工具的摆放、工作场所的整理	10	根据 6S 管理规定进行检查工具的是否正确摆放，工作场所的是否进行清扫，酌情进行扣分	
合计			100 分		

能力测试

1. 填空题

（1）三相异步电动机主要由__________和_________两大部分组成，除此之外还有机座、端盖、轴承、接线盒、风扇等其他部分。

（2）三相异步电动机定子绕组通常有 6 根出线，根据电动机的容量和需要可接成______和______________ __________ _____________。

（3）单相异步电动机有__________和___________两种类型。

（4）直流电动机根据励磁绕组和电枢绕组的连接方式不同，可以分为________________、___________、___________、___________四种类型

（5）电容式工作绕组和启动绕组的电流在空间上相差_________度。

（6）__________将电源提供的直流电转化成电枢绕组所需要的交流电，以保证电枢绕组所产生的转矩方向不变。

2. 判断题

（1）电动机是将机械能转化成电能，通过传动装置或直接驱动车轮和工作装置。（　　）

（2）电动机的运动方向跟电流和磁场方向有关；电动机的运转速度与电流、磁场大小成正比。（　　）

（3）由定子绕组形成的旋转磁场与转子绕组中感应电流的磁场相互作用而产生电磁转矩驱动转子旋转的交流电动机是感应电动机。（　　）

（4）交流异步电机中的异步指的是转子和定子的旋转磁场转速不同。（　　）

（5）交流异步电机的转子与定子旋转磁场以相同的方向、不同的转速旋转，存在转差率。（　　）

（6）直流电机只能用作电机使用，不能用作发电机使用。（　　）

（7）直流电动机电枢线圈是用扁铜线绕成，较粗且匝数少。（　　）

（8）交流异步电机又可称为交流感应电机。（　　）

（9）单相异步电机需要另外设计使它产生旋转磁场，转子才能转动。（　　）

（10）异步电机的转子绕线型绕组通常采用 Y 连接。（　　）

3. 单选题

（1）异步电动机在正常旋转时，其转速（　　）。

A. 低于同步转速　　B. 高于同步转速

C. 等于同步转速　　D. 和同步转速没有关系

（2）某三相电动机的额定值如下：功率 10 kW、转速 1420 r/min、效率 88%、电压 380 V、则额定电流为（　　）。

A. 26.3 A　　B. 15.2 A　　C. 18.4 A　　D. 缺少条件，A.B.C 答案都不对

（3）三相鼠笼式异步电动机直接启动电流过大，一般可达额定电流的（　　）倍。

A. 2 ~ 3　　B. 3 ~ 4　　C. 4 ~ 7　　D. 10

（4）要使三相异步电动机反转，只要（　　）就能完成。

A. 降低电压　　B. 降低电流

C. 将任两根电源线对调　　D. 降低线路功率

（5）在三相交流异步电动机定子绕组中通入三相对称交流电，则在定子与转子的空气隙间产生的磁场是（　　）。

A. 恒定磁场　　B. 脉动磁场　　C. 合成磁场为零　　D. 旋转磁场

4. 简答题

1. 简述异步电动机的工作原理
2. 画出三相异步电动机的星型和三角形接法的接线图
3. 一般单相异步电动机若无启动绕组时，能否自行启动？为什么？
4. 换向器在直流电动机中起什么作用？
5. 直流电动机的励磁方式有哪些？各有什么特点？直流电动机是如何改变转向的？

项目 4　电动机的基本控制电路

项目导读

由于各种生产机械的工作性质和加工工艺不同，使得它们对电动机的控制要求也不同。要使电动机按照生产机械的要求安全地运行，必须对电动机进行自动控制。任何复杂生产机械的电气控制也是由一些基本控制线路组成。目前继电器-接触器控制的电路仍然是各种自动控制方式的原理基础。常见的电动机基本控制线路有点动控制、长动控制、正反转控制、顺序控制、行程控制、多地控制等。掌握这些简单控制环节是学习电气控制线路的基础。

项目目标

（1）掌握电动机点动和长动的控制电路的设计原理。
（2）掌握电动机正反转控制电路的设计原理。
（3）掌握电动机顺序启动、顺序停止电路的设计原理。
（4）掌握电动机多点控制线路的设计原理。

技能目标

（1）能够完成电动机点动、长动控制电路的设计、安装、通电调试。
（2）能够完成电动机正反转控制电路的设计、安装、通电调试。
（3）能够完成电动机顺序启动、顺序停止控制线路的安装。
（4）能够完成电动机多点控制线路的安装和通电调试。

相关知识

4.1　电动机的点动和长动控制电路

一、电动机的点动控制

所谓的点动控制，即按下按钮时电动机转动工作，松开按钮时电动机停止工作。电动机点动控制多用于电动葫芦、机床刀架、横梁、立柱等快速移动和机床对刀等场合。以电动葫芦为例，在电动葫芦的吊钩吊上重物时，当我们按动手柄上的按钮的时候，重物就

三相异步电动机的点动控制

会在电动机的带动下进行各个方向的移动，之后，如果重物到达我们想放置的位置和空间时，就松开手柄上的按钮，电机不再转动，重物就停止在此位置。如图 4-1 的点动控制电路。图中左侧部分为主回路，主电路中流过的电流是电动机的工作电流，电流值较大。右侧部分为控制电路，控制电路电流较小。

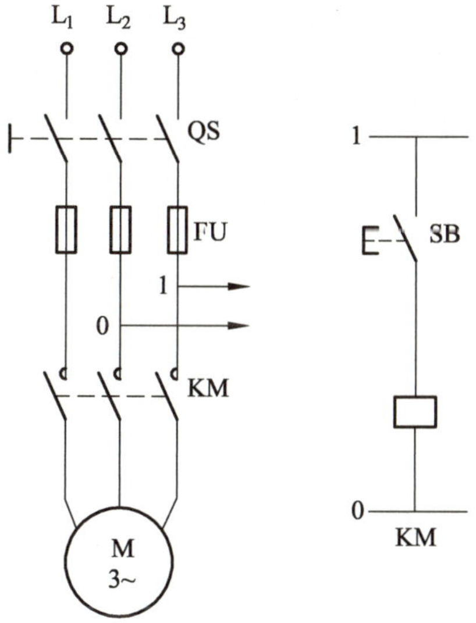

图 4-1　三相异步电动机的点动控制电路

电路动作原理：

（1）合上刀开关 QS 后，因没有按下点动按钮 SB，接触器 KM 线圈没有得电，KM 的主触点断开，电动机 M 不得电，所以不会启动。

（2）按下点动按钮 SB 后，控制回路中接触器 KM 线圈得电，其主回路中的动合触点闭合，电动机得电启动运行。

（3）松开按钮 SB，按钮在复位弹簧作用下自动复位，断开控制电路 KM 线圈，主电路中 KM 触点恢复原来断开状态，电动机断电直至停止转动。

控制过程也可以用符号来表示，其方法规定为：各种电器在没有外力作用或未通电的状态记为“-”，电器在受到外力作用或通电的状态记为“+”，并将它们相互关系用线段“——”表示，线段的左边符号表示原因，线段的右边符号表示结果，那么，三相异步电动机直接启动控制线路控制过程就可表示如下：

启动过程：SB+ ⟶ KM+ ⟶ M+（启动）

停止过程：SB- ⟶ KM- ⟶ M-（停止）

其中，SB+表示按下，SB-表示松开。

在该控制电路中，QS 为刀开关，不能直接给电动机 M 供电，只起到电源引入的作用。主回路熔断器 FU 起短路保护作用，如发生三相电路的任两相电路短路，短路电流将使熔断器迅速熔断，从而切断主电路电源，实现对电动机的短路保护。

二、电动机的长动控制电路

长动控制是指按下启动按钮后，电动机通电启动运转，松开启动按钮后，电动机仍继续运行，只有按下停止按钮，电动机才失电直至停转。长动与点动的主要区别在于松开启动按钮后，电动机仍然保持运转，即完成了电动机的连续运转。通常我们把电动机的长动控制电路称为电动机的全压直接启动控制电路如图 4-2 所示。电动机容量在 10 kW 以下，一般采用电动机的长动控制即电动机的全电压直接启动方式来完成。普通机床的冷却泵、小型台钻和砂轮机等小容量电动机还可以直接用开关启动，如图 4-2（a）所示。

三相异步电动机的长动控制

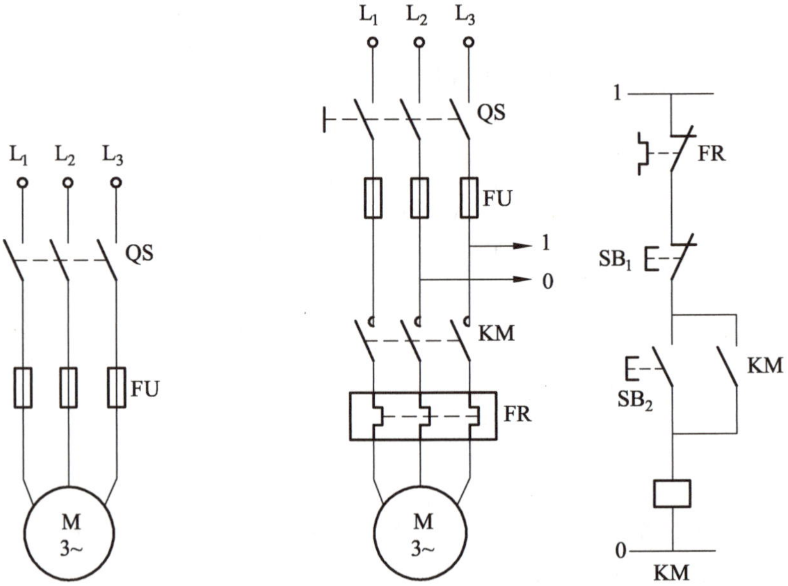

（a）　　　　　　（b）

图 4-2　单向全压启动电路

在如图 4-2（b）所示为接触器直接启动的电动机单向全压自动控制电路，主电路由刀开关 QS、熔断器 FU、接触器 KM 的主触点、热继电器 FR 的热元件与电动机 M 组成。控制电路由启动按钮 SB_2、停止按钮 SB_1、接触器 KM 的线圈及其常开辅助触点、热继电器 FR 的常闭辅助触点和熔断器 FU2 组成。其动作原理如下：

合上刀开关 QS。

启动：$SB_2\pm \longrightarrow KM_{自}+ \longrightarrow M+$（启动）

停止：$SB_1\pm \longrightarrow KM- \longrightarrow M-$（停止）

其中，±表示先按下，后松开；$KM_{自}+$表示“自锁”。

所谓“自锁”，是依靠接触器自身的辅助动合触点来保证线圈继续通电的现象。带有“自锁”功能的控制线路具有失压（零压）和欠压保护作用。即：一旦发生断电或电源电压下降到一定值（一般降低到额定值 85%以下）时，自锁触点就会断开，接触器 KM 线圈就会断电，不重新按下启动按钮 SB_2，电动机将无法自行启动。只有在操作人员有准备的情况下再次按下启动按钮 SB_2，电动机才能重新启动，从而保证了人身和设备安全。

图 4-2 所示的电路保护环节有：

（1）短路保护。由熔断器 FU 实现电路的短路保护。为扩大保护范围，在电路中熔断器应安装在靠近电压端，通常安装在电压开关的下面。

（2）过载保护。由于熔断器具有反时限保护特性和分散性，难以实现电动机的长期过载保护，因此采用热继电器 FR 实现电动机的长期过载保护。当电动机长期过载时，串接在电动机定子电路中的双金属片因过热变形，致使其串接在控制电路的热继电器 FR 常闭触头打开，切断 KM 线圈电路，电动机停止运转，实现过载保护。

（3）欠压和失压保护。当电源由于某种原因欠压和失压时，接触器电磁吸力急剧下降或消失，衔铁释放，自锁触头断开，电动机停止运转。而当电源电源恢复正常时，电动机不会自行启动运转，避免事故发生。

三、点动与长动混合控制电路

点动控制电路，则需要操作人员一直按住按钮不动。和点动电路对应，我们需要电动机持续运转控制，也就是前面图 4-2（b）中讲到的电动机直接启动电路，通过接触器的常开辅助触点并在按钮的两端实现接触器线圈的自锁控制，电动机实现连续运转电路也称为长动控制。有些生产机械要求电动机既可以长动又可以点动，如一般机床在正常加工时，电动机是连续转动的，即长动，而在试车调整时，则往往需要点动。下面分别介绍几种不同的既可长动又可点动的控制线路。

1）利用开关控制的长动和点动控制线路

利用开关控制的既能长动又能点动的控制线路如图 4-3 所示。

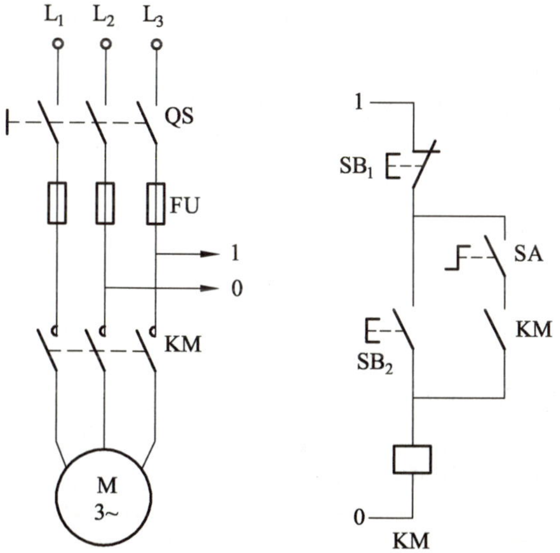

图 4-3 利用开关控制长动、点动线路

图 4-3 中 SA 为选择开关，当 SA 断开时，按 SB_2 为点动操作；当 SA 闭合时，按 SB_2 为长动操作。线路动作原理为：

点动（SA 断开）：$SB_2+ \longrightarrow KM+ \longrightarrow M+$（运转）

$SB_2- \longrightarrow KM- \longrightarrow M-$（停车）

点动（SA 断开）：$SB_2\pm \longrightarrow KM_{自}+ \longrightarrow M+$（运转）

$SB_1\pm \longrightarrow KM- \longrightarrow M-$（停车）

2）利用复合按钮控制的长动和点动控制线路

利用复合按钮控制的既能长动又能点动的控制线路如图 4-4 所示，动作原理读者自行分析。

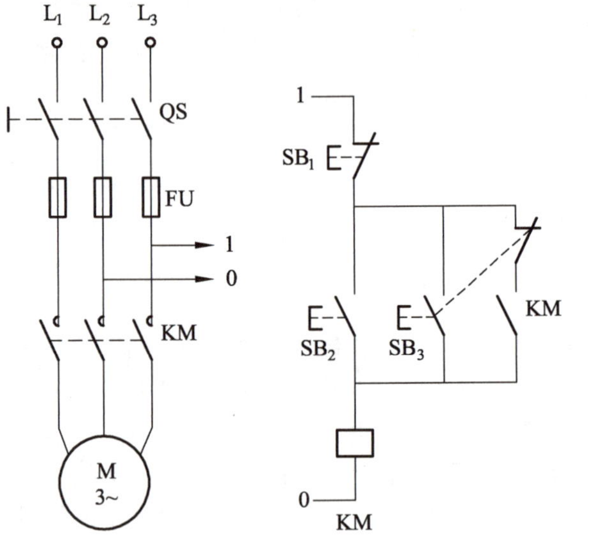

图 4-4　利用复合按钮控制长动、点动线路

图 4-4 中 SB_2 为长动按钮，SB_3 为点动按钮，但需注意它是一个复合按钮，使用了一对动合触点和一对动断触点。

在点动控制中，按下点动按钮 SB_3，它的动断触点先断开接触器的自锁电路；动合触点后闭合，接通接触器线圈。松开 SB_3 按钮时，它的动合触点先恢复断开，切断了接触器线圈电源，使其断电；而 SB_3 的动断触点后闭合。

3）利用中间继电器控制的长动和点动控制线路

利用中间继电器控制的既能长动又能点动的控制线路如图 4-5 所示。图 4-5 中的 KA 为中间继电器。动作原理读者自行分析。

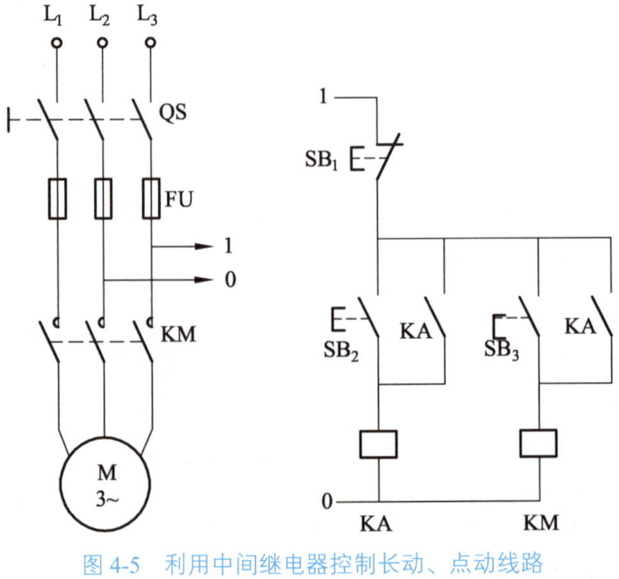

图 4-5　利用中间继电器控制长动、点动线路

综上所述，上述线路能够实现长动和点动控制的根本原因，在于能否保证 KM 线圈得电后，自锁支路被接通。能够接通自锁支路就可以实现长动，否则只能实现点动。

四、多点控制

多点控制的特点是所有启动按钮（SB_3和 SB_4）全部并联在自锁触点两端，按下任何一个都可以启动电动机；所有停止按钮（SB_1和 SB_2）全部串联在接触器线圈回路，按下任何一个都可以停止电动机的工作。多点控制线路如图 4-6 所示。

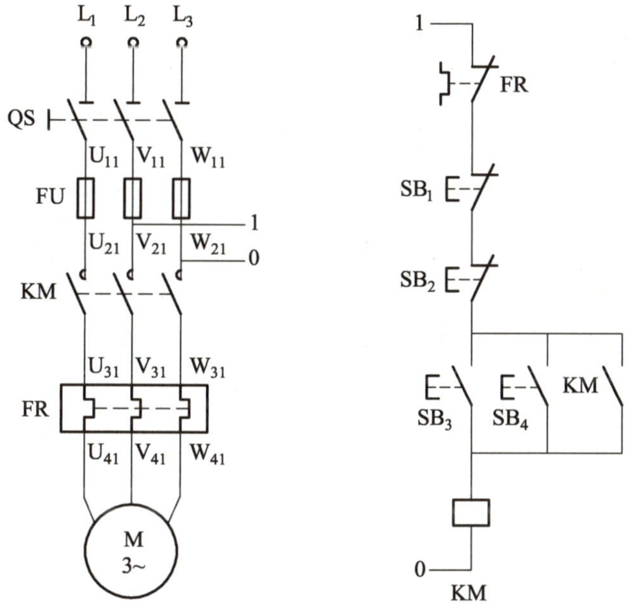

图 4-6　多点控制线路

4.2　电动机的顺序控制电路

顺序控制是指生产机械中多台电动机按预先设计好的次序先后启动或停止的控制电路。比如在某些机床控制线路中，有时不能随意启动或者停车，而是按照一定的顺序操作才行，这种控制电路称为顺序控制电路。

一、同时启动、同时停止的控制电路

同时启动、同时停止的控制线路如图 4-7 所示。图 4-7(a)所示为一个接触器控制两台(或多台电动机的同时启动、同时停止控制线路，不足之处是接触器的主触点通过两台（或多台）电动机的定子电流，因而对其容量有一定的要求。

图 4-7（b）、（c）、（d）所示为两个（或多个）接触器分别控制两台（或多台）电动机的同时启动、同时停止控制线路。其中（b）图中只用一对接触器动合触点作“自锁”，（c）图用两对（或多对）接触器动合触点并联作“自锁”，（d）图用两对（或多对）接触器动合触点串联作“白锁”。

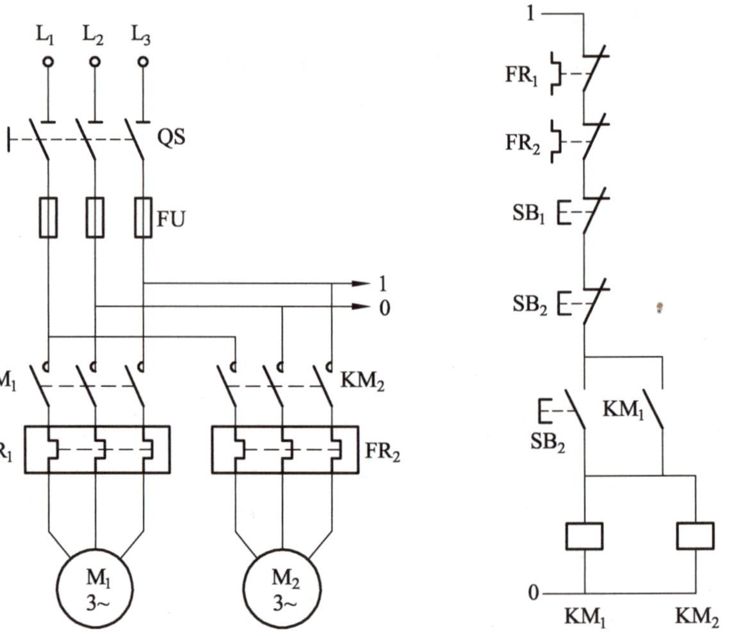

（a）同时启动、同时停止的控制电路

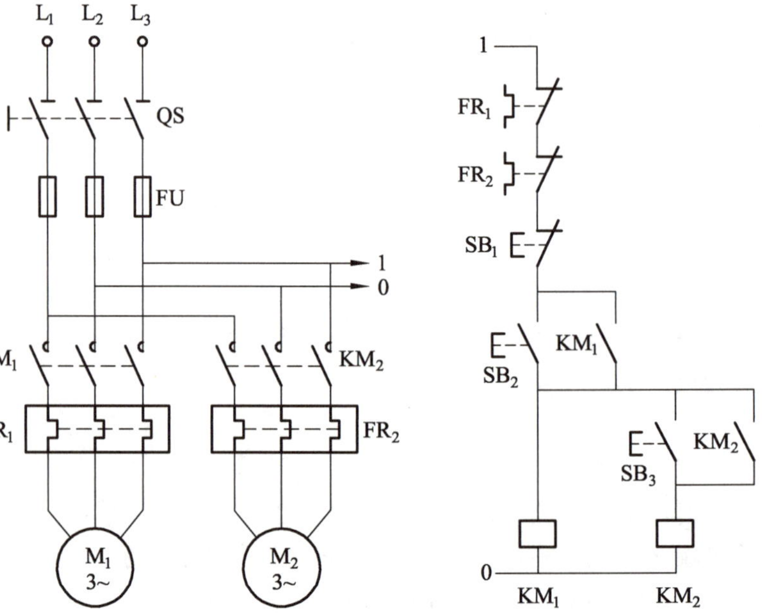

（b）同时启动、同时停止的控制电路

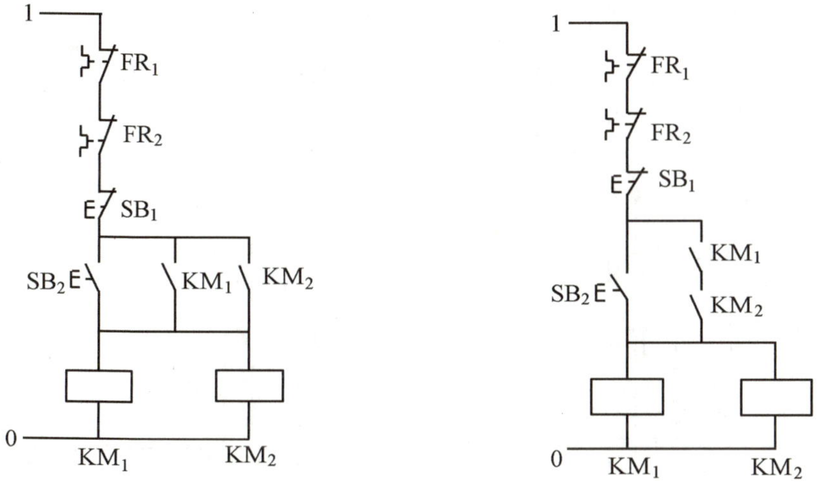

（c）并联自锁　　　　（d）串联自锁

图 4-7　同时启动、同时停止的控制电路

二、顺序启动、同时停止的控制电路

顺序启动、同时停止的控制线路如图 4-8 所示。电动机 M_1 启动运行之后电动机 M_2 才允许启动。

其中图 4-8（a）控制线路是通过接触器 KM_1 的“自锁”触点来制约接触器 KM_2 的线圈的。只有在 KM_1 动作后，KM_2 才允许动作。

图 4-8（b）控制线路是通过接触器 KM_1 的“连锁”触点来制约接触器 KM_2 的线圈的，也只有在 KM_1 动作后，KM_2 才允许动作。

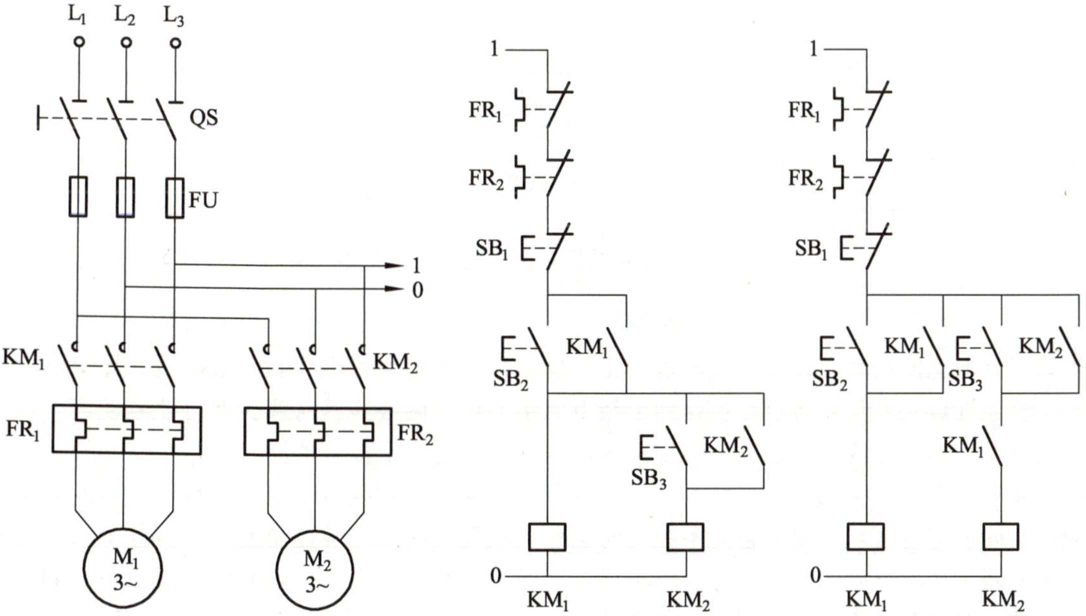

（a）　　　　（b）

图 4-8　顺序启动、同时停止的控制线路

三、同时启动、顺序停止的控制电路

同时启动、顺序停止的控制线路如图 4-9 所示。电动机 M_1 断电停车后电动机 M_2 才允许断电停车。

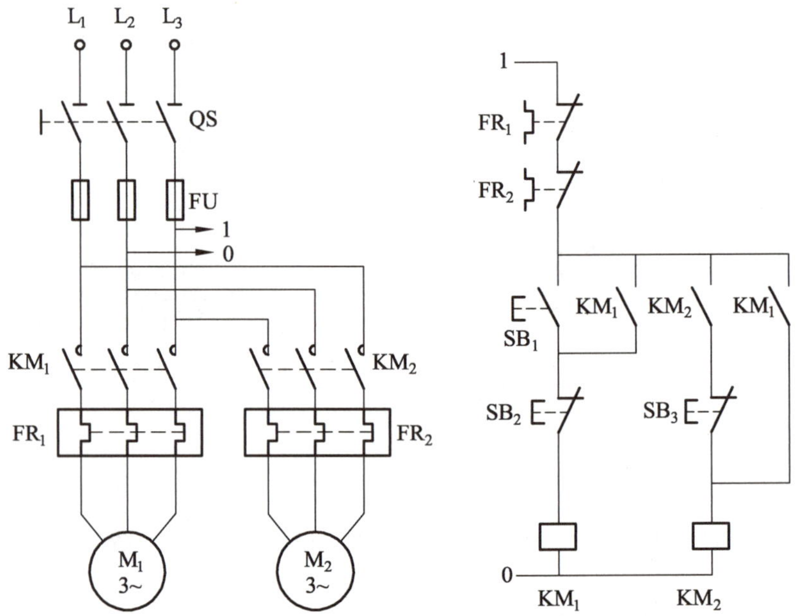

图 4-9　同时启动、顺序停止的控制线路

图 4-9 中接触器 KM_1 的动合触点串联在接触器 KM_2 的线圈支路。不仅使接触器 KM_1 与接触器 KM_2 同时动，而且只有 KM_1 断电释放后，按下按钮 SB_3 才可使接触器 KM_2 断电释放。

三相异步电动机的顺序控制和多点控制

4.3　电动机的正反转控制电路

在生产过程中，往往要求电动机能实现正、反两个方向的运转，比如电梯的升级运动、机床刀具加工的往返运动等。电动机的正、反转控制也称为可逆控制。根据三相异步电动机的工作原理可知，只要将电动机接到三相电源中的任意两根连线对调，即可使电动机反转。为此只要用两个交流接触器就能实现这一要求。如果这两个接触器同时工作，这两根对调的电源线通过它们的主触点引起电源短路。所以在正反转控制电路中，对实现正反转的两个接触器之间要进行互锁，保证它们不能同时工作。电动机的正反转控制电路，实际上是由互相联锁的两个相反方向的单向运行线路组成。对于不需要频繁正、反转的电动机也可以利用倒顺开关（或组合开关）改变相序实现电动机的正反转控制，对于需要频繁正、反转运行的电动机通常利用接触器主触点改变相序进行电动机的正反转控制。

一、无互锁的正反转控制电路

将两个转向不同的单相旋转电机控制线路整合可组成如图 4-10 所示的控制线路。主电路通过两个交流接触器 KM_1、KM_2 的主触头的通断来实现电机三相电源相序的切换，从而实现电动机的正、反转。当需要正转时，按下正向启动按钮 SB_2，使得 KM_1 线圈带电，触头吸合并且自锁，电动机正向启动并连续运行；当需要电动机反向运行时，只需按下反向启动按钮 SB_3，使得 KM_2 线圈带电，其触头吸合并自锁，电动机反向启动并连续运行。

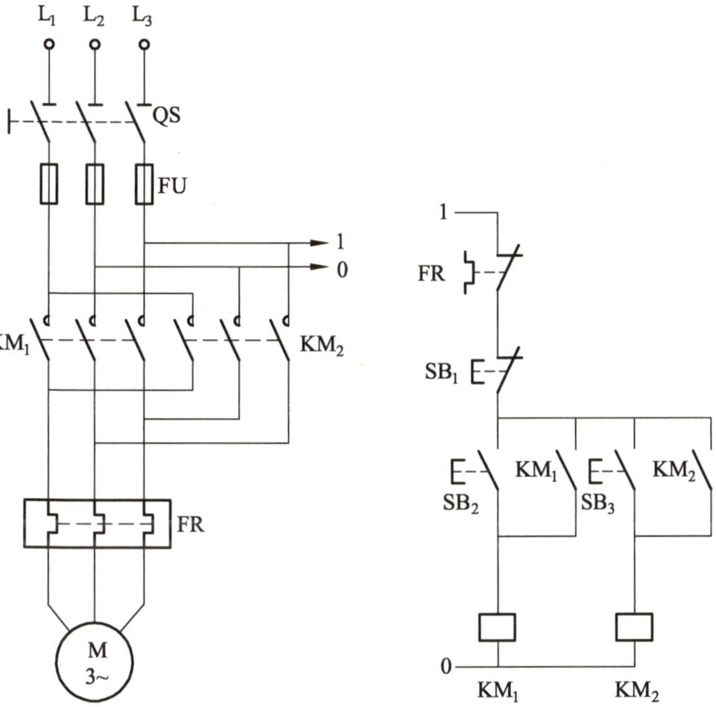

图 4-10　无互锁的正、反转控制线路

但在实际操作中，若电动机已经进入正转工作状态时，而又按下反向启动按钮 SB_3 的操作，由于正反向电源相序控制接触器 KM_1、KM_2 线圈同时带电，KM_1、KM_2 接触器主触头同时吸合，从而导致两相电源短路的严重事故。故而要求两个电源相序控制接触器 KM_1、KM_2 线圈在任何情况下最多只能有一个带电。

二、接触器互锁正、反转控制线路

接触器互锁正、反转控制线路如图 4-11 所示。

图 4-11 中 KM_1 为正转接触器，KM_2 为反转接触器。显然 KM_1 和 KM_2 两组主触点不能同时闭合，否则会引起电源短路，即要求 KM_1 和 KM_2 两接触器线圈不能同时通电。

线路的动作原理：

三相异步电动机的正反转控制

正转：$SB_2^{\pm}$ —— $KM_{1自}^{+}$ ┬—— M^{+}（正转）
　　　　　　　　　　　　　　└ KM_2^{-}（互锁）

停止：$SB_1^{\pm}$ —— KM_1^{-} —— M^{-}（停车）

反转：$SB_3^{\pm}$ —— $KM_{2自}^{+}$ ┬—— M^{+}（反转）
　　　　　　　　　　　　　　└ KM_1^{-}（互锁）

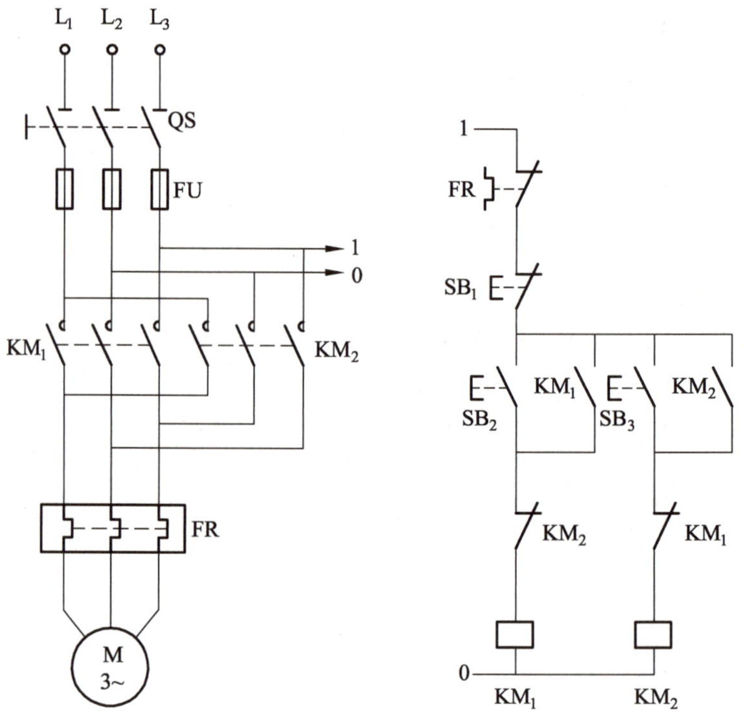

图 4-11　接触器互锁正、反转控制线路

控制线路中，正、反转接触器 KM_1 和 KM_2 线圈支路都分别串联了对方的动断触点，任何一个接触器接通的条件是另一个接触器必须处于断电释放的状态。例如正转接触器 KM_1 线圈被接通得电，它的辅助动断触点被断开，将反转接触器 KM_2 线圈支路切断，KM_2 线圈在 KM_1 接触器得电的情况下是无法接通得电的。两个接触器之间的这种相互关系称为“互锁”（连锁）。互锁是依靠电气元件来实现的，所以也称为电气互锁。实现电气互锁的触点称为互锁触点。

接触器互锁正、反转控制线路存在的主要问题是从一个转向过渡到另一个转向时，要先按停止按钮 SB_1，不能直接过渡，显然这是十分不方便的。

三、按钮互锁正、反转控制线路

按钮互锁正、反转控制线路如图 4-12 所示。

图 4-12 中 SB_2，SB_3 为复合按钮，各有一对动断触点和动合触点，其中动断触点分别串联在对方接触器线圈支路中，这样只要按下按钮，就自然切断了对方接触器线圈支路，实现互

锁。这种互锁是利用按钮来实现的，所以称为按钮互锁。

线路动作原理：

正转：$SB_2^{\pm}$ ┬ KM_2^{-}（互锁）
　　　　　　└ $KM_{1自}^{+}$ —— M^{+}（正转）

由此可见，按钮互锁正、反转控制电路可以从正转直接过渡到反转，即可实现“正—反—停”控制。

按钮互锁存在的主要问题是容易产生短路事故。例如，电动机正转接触器 KM_1 主触点因弹簧老化或剩磁的原因而延迟释放时，或者被卡住而不能释放时，如按下 SB_3 反转按钮，KM_2 接触器又得电使其主触点闭合，所以会导致主电路电源短路。

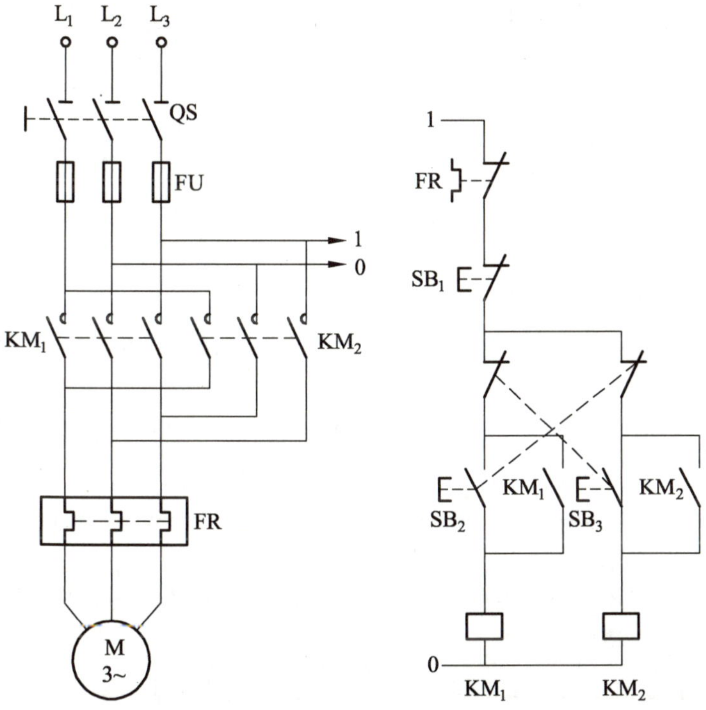

图 4-12　按钮互锁正、反转控制线路

四、双重互锁正、反转控制线路

双重互锁正、反转控制线路如图 4-13 所示。

双重互锁线路综合了电气互锁和按钮互锁的优点，是一种比较完善的既能实现正、反转直接启动的要求，又具有较高安全可靠性的线路。

动作原理请读者自行分析，并考虑控制线路的优缺点。

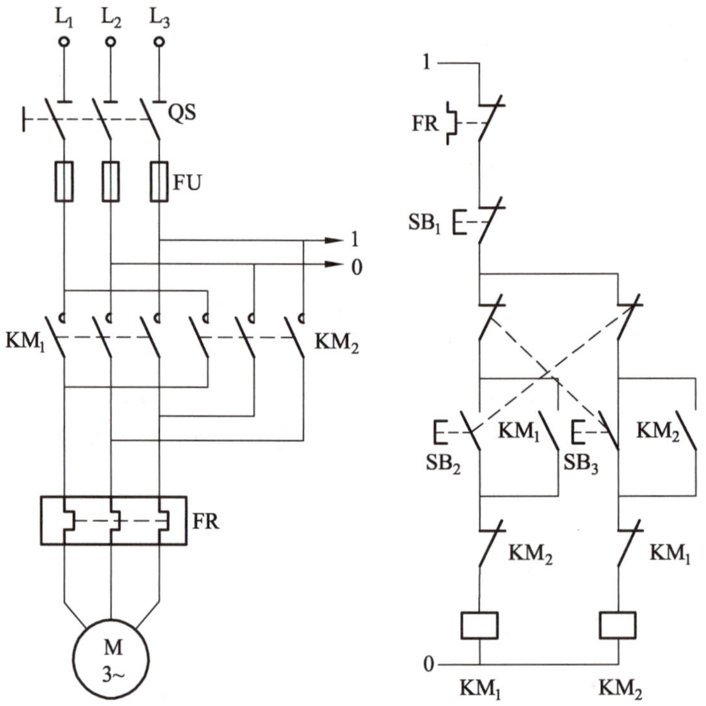

图 4-13　双重互锁正、反转控制线路

项目实施

任务 1：完成电动机直接启动控制项目电路原理图的设计，并在实验室完成项目的安装、通电和调试。

任务 2：现有电动机 M_1、M_2 要求电动机 M_1 启动后 M_2 才能启动，M_2 停止后，M_1 才能停止。要求完成上述任务的电路设计图、安装图，并在实验室完成项目的安装运行和通电调试。

任务 3：完成交流接触器控制的电动机正反转控制项目的设计、安装和调试。要求完成电路设计图、安装图，并在实验室完成项目的安装运行和通电调试。

要求：每个项目需要完成项目的材料清单、电路原理图和安装图的设计、项目实施步骤、人员的分工等内容，并按照实验室 6S 管理进行项目的实施。

1. 请在表 4-1 中列出电动机正反转项目所需元器件材料清单

表 4-1　材料清单

序号	代号	名称	型号	规格	数量	备注
1						
2						
3						
4						
5						
7						

2. 请根据图 4-14 电动机正反转控制电路，列出接线要点和动作过程

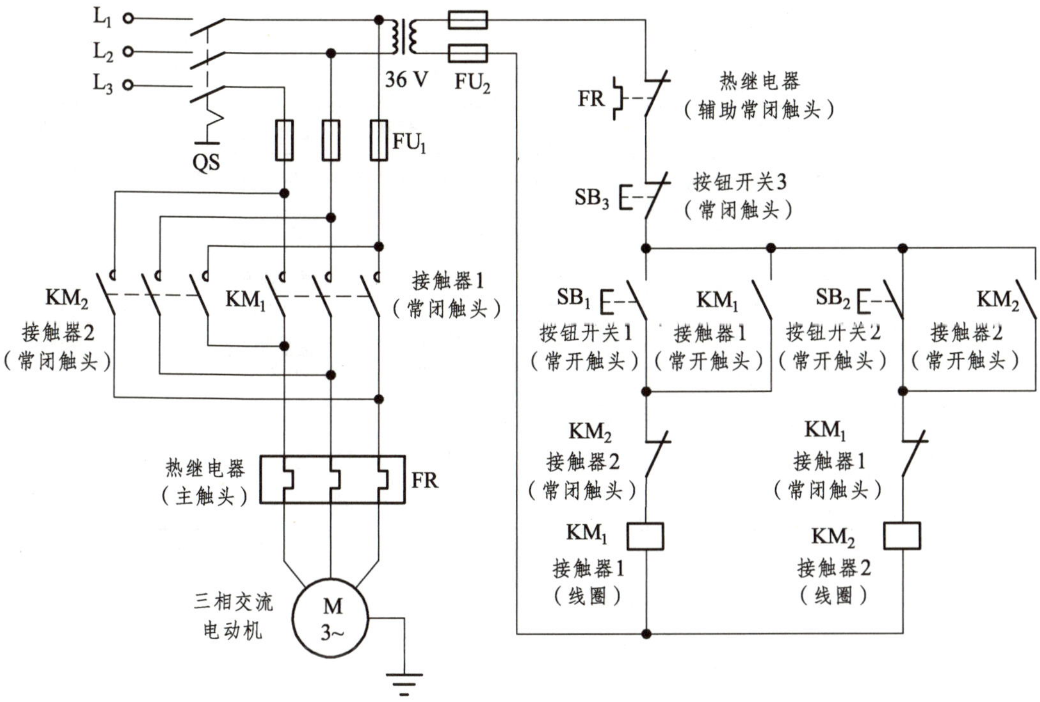

图 4-14　电动机正反转控制电路

3. 完成电动机正反转控制电路的安装并在表 4-2 中记录项目实施步骤

表 4-2　项目实施记录

项目实施步骤	实施内容	计划时间/min	备注
① 查看元器件			
② 固定元器件			
③ 安装主电路			
④ 安装控制电路			
⑤ 接线检查			
⑥ 控制电路测试			

4. 明确项目成员分工

（1）项目成员；

（2）项目人员分工。

项目设计

（1）项目布置图原理图绘制；

（2）工作计划表编制；

（3）项目接线及调试；

（4）项目文件的编制。

5. 项目考核评分标准（见表 4-3）

表 4-3　项目考核评分标准

考核项目	考核内容	分值	考核要求及评分标准	得分
电器的安装	元器件的安装	10 分	元器件安装到位 10 分	
布线	主电路的连接 控制电路的连接	20 分	电动机的连接、主电路的连接正确 10 分； 控制电路的连接正确 10 分	
通电试验	电路的安装 电路的运行 电路运行结果分析	40 分	能说明电路安装原理 10 分； 电路调试运行正确 10 分； 能分析运行结果 10 分； 按规定时间完成每超 5 min 扣 5 分； 按实验室 6S 管理进行整理、整顿 10 分	
实训报告	完成情况	30 分	实训报告完整、正确 30 分	

能力测试

1. 填空题

（1）熔断器在电路中作为_________ 保护，热继电器在电路中作为_________ 保护。

（2）按钮用来短时间接通或断开小电流，通常_________ 色表示启动，_________ 色表示停止。

（3）接触器或继电器的自锁一般是利用自身的_________ 触头保证线圈继续通电。

（4）电动机的长动控制电路是将_______按钮和交流接触器的辅助________触点并连。

（5）电动机正反转控制电路要实现电动机的反向转动，只需要改变电源的_________。

2. 判断题

（1）接触器不具有欠压保护的功能。（　　）

（2）一台额定电压为 220 V 的交流接触器在交流 220 V 和直流 220 V 的电源上均可使用。（　　）

（3）中间继电器实际是电压继电器的一种，只是触点多少不同（　　）

（4）在控制电路中，额定电压相同的线圈允许串联使用。（　　）

（5）接触器的辅助常开触头在电路中起自锁作用，辅助常闭触头起互锁作用。（　　）

3. 单选题

（1）电动机的（　　）主要应用于设备的快速移动和校正，如机床刀架、横梁、立柱的快速移动，机床试车调整和对刀等场合。

A. 点动控制　　B. 连续运行控制　　C. 多地控制　　D. 顺序控制

（2）低压断路器又称为（　　）。

A. 自动空气开关　B. 限位开关　C. 万能转换开关　D. 接近开关

（3）热继电器过载时双金属片弯曲是由于双金属片的（　　）。

A. 机械强度不同　B. 热膨胀系数不同　C. 温差效应

（4）熔断器作为短路保护的电器，它是（　　）于被保护电路中的。

A. 并联　B. 串联

C. 并联或串联都可以　D. 以上答案都不对

（5）断路器的电气符号是（　　）。

A. SB　B. QF　C. FR　D. FU

（6）热继电器的电气符号是（　　）。

A. SB　B. QF　C. FR　D. FU

（7）自动空气开关的热脱扣器用作（　　）。

A. 过载保护；　B. 断路保护；　C. 短路保护；　D. 失压保护。

（8）正反转控制电路中，在实际工作中最常用最可靠的是（　　）。

A. 倒顺开关　B. 接触器联锁

C. 按钮联锁　D. 按钮接触器双重联锁

（9）热继电器是（　　）回路中。

A. 并联　B. 串联

C. 并联或串联都可以　D. 以上答案都不对

（10）能在两地或者多地控制一台电动机的电路称为电动机的（　　）。

A. 顺序控制　B. 一地控制　C. 两地控制　D. 多地控制

4. 简答题

（1）什么是自锁？什么是互锁？

（2）本次实训你存在的问题有哪些？如何改进？

项目 5　电动机的降压启动控制电路

项目导读

电动机全压启动的启动转矩较大，且启动的时间较短，启动设备较为简单，启动电流一般为额定电流的 6～8 倍，对于容量较大的电动机在启动时，将造成配电网电压的降低，直接影响其连接的其他电气设备的正常工作。因此对于大中型三相异步电动机，当电动机的容量超过供电变压器容量一定比例时，为了限制启动电流，减少启动时对负载电压的影响，一般采用降压启动。常见的降压启动有定子串电阻启动、星形-三角形降压启动、自耦变压器降压启动和软启动器启动。绕线式电动机在转子绕组中串频敏变阻器来实现降压启动控制。

定子串电阻启动、星形-三角形降压启动、绕线式电动机在转子绕组中串频敏变阻器降压启动不能实现平滑降压启动。常见的平滑降压启动主要有自耦变压器降压启动和软启动器启动。软启动器要比自耦变压器降压启动启动过程更为平滑，启动效果更好，对电网冲击和对绕组的伤害也是最小的。

项目目标

（1）掌握定子串电阻降压启动控制电路的设计和原理。

（2）掌握星形-三角降压启动控制电路的设计和原理。

（3）掌握自耦变压器降压启动控制电路的设计和原理。

（4）掌握电动机转子绕组串频敏变阻器启动控制电路的设计和原理。

技能目标

（1）能完成定子串电阻降压启动控制电路的设计、安装和通电调试。

（2）能完成延时继电器控制的星形-三角形降压启动控制电路的设计、安装和通电调试。

相关知识

5.1　定子串电阻降压启动电路

定子串电阻降压启动是指启动时，在电动机定子绕组上串联电阻，启动电流在电阻上产生电压降，使实际加到电动机定子绕组中的电压低于额定电压，待电动机转速上升到一定值后，再将串联电阻短接，使电动机在额定电压下运行。用来限制启动电流大小的电阻称为启动电阻。定子串电阻降压启动，电阻消耗能量，效率较低。像普通车床、混泥土搅拌机等中小型生产机械设备，常采用定子串电阻降压启动方式。

一、按钮控制电动机定子串电阻降压启动

定子串电阻降压启动

按钮控制电动机定子串电阻降压启动线路如图 5-1 所示。在接触器 KM_1 主触点与热继电器检测元件间接入降压电阻 R。

线路工作原理为：

启动运行：按下按钮 SB_2，接触器 KM_1 线圈得电，KM_1 主触点闭合，电动机 M 串电阻降压启动，KM_1 辅助常开触点闭合，形成自锁回路。待电动机 M 的转速达到额定转速后，按下按钮 SB_3，接触器 KM_2 线圈得电，KM_2 主触点闭合，短路降压电阻 R，电动机 M 全压运行，KM_2 辅助常开触点电闭合，形成自锁回路。

停止运行：按下按钮 SB_1，接触器 KM_1、KM_2 线圈失电，KM_1、KM_2 主触点打开，电动机 M 停止运行，KM_1、KM_2 辅助常开触点打开，断开自锁回路。

该控制线路优点是结构简单，缺点是不能实现启动全过程自动化。如果过早按下 SB_3 运行按钮，电动机还没有达到额定转速附近就加全压，会引起较大的启动电流。并且启动过程要分两次按下 SB_2 和 SB_3 也显得很不方便。

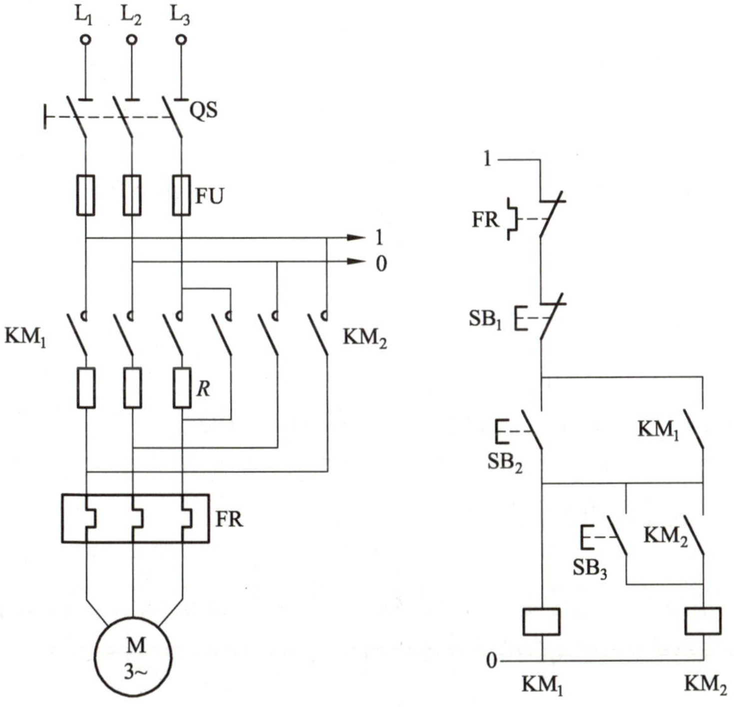

图 5-1 按钮控制电动机定子串电阻降压启动线路

二、时间继电器控制电动机定子串电阻降压启动

时间继电器控制电动机定子串电阻降压启动线路如图 5-2 所示。该线路保持主线路与接触器控制的线路一致，控制回路通过时间继电器控制 KM_1 和 KM_2 线圈的得电与失电，实现在电

动机全压运行时。并且在全压运行时，KT 和 KM_1 线圈都断电，只有 KM_2 线圈通电，控制过程方便，减少了电能消耗。

线路工作原理为：

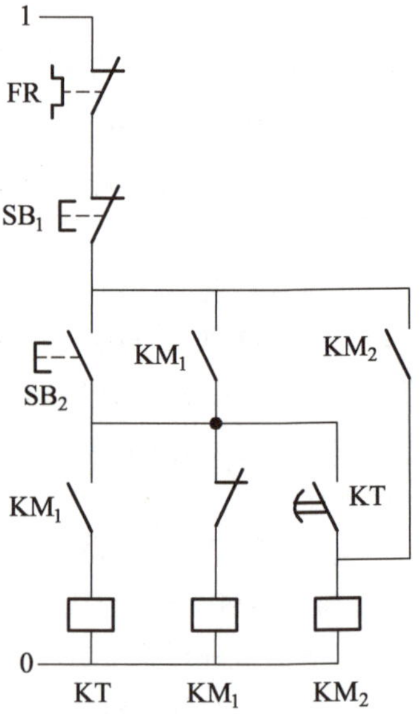

图 5-2　时间继电器控制电动机定子串电阻降压启动线路

启动运行：按下按钮 SB_2，接触器 KM_1 线圈得电，KM_1 主触点闭合，电动机 M 串电阻降压启动，并联按钮 SB_2 的 KM_1 辅助常开触点闭合，形成自锁回路；串联时间继电器 KT 线圈的 KM_1 辅助常开触点闭合，使 KT 通电延时型线圈得电，KT 触点延时动作。

达到设定时间后，KT 常开触点闭合，接触器 KM_2 线圈得电，KM_2 主触点闭合，电动机 M 全压运行，并联按钮 SB_2 的 KM_2 辅助常开触点闭合，形成自锁回路；串联时间继电器 KM_1 线圈的 KM_2 辅助常闭触点打开，使 KM_1 线圈失电，KM_1 辅助常开触点打开，解除自锁回路，并使 KT 通电延时型线圈失电。

停止运行：按下按钮 SB_1，接触器 KM_2 线圈失电，KM_2 主触点打开，电动机 M 停止运行，KM_2 辅助常开触点打开，断开自锁回路，KM_2 辅助常闭触点闭合。

串电阻降压启动时，加在定子绕组上的电压为直接启动时的 0.5 ~ 0.8 倍，相应的电动机的降压启动转矩也只有额定转矩的 0.25 ~ 0.64 倍，所以串电阻降压启动仅仅适用于启动转矩要求不高的生产机械，即电动机轻载或空载的场合。

由时间继电器控制的串电阻电动机降压启动比按钮控制的降压启动控制方式方便，控制过程中节约能源，而且由互锁控制线路，控制更加安全可靠。

5.2　星形-三角形降压启动电路

星形-三角形降压启动是指电动机启动时，把定子绕组接成星形，以降低启动电压，限制启动电流。当电动机启动几秒后，再把定子绕组接成三角形，使电动机全压运行。凡是在正常运行时定子绕组作三角形连接的异步电动机，均采用这种降压启动方法。

电动机启动时接成星形，加在每相定子绕组上的启动电压只有三角形接法的 $1/\sqrt{3}$，启动电流为三角形接法的 1/3，启动转矩也只有三角形接法的 1/3。所以这种降压启动方法，只适用于轻载或空载下启动。

三相异步电动机的星形-三角形启动控制

1. 手动控制星形-三角形降压启动控制

手动控制电动机星形-三角形降压启动控制线路如图 5-3 所示。图中手动控制开关 SA 有两个位置，分别是电动机定子绕组星形-三角形连接。线路动作原理为：启动时，将开关 SA 置于“启动”位置，电动机定子绕组被接成星形降压启动，当电动机转速上升到一定值后，再将开关 SA 置于“运行”位置，使电动机定子绕组接成三角形，电动机全压运行。

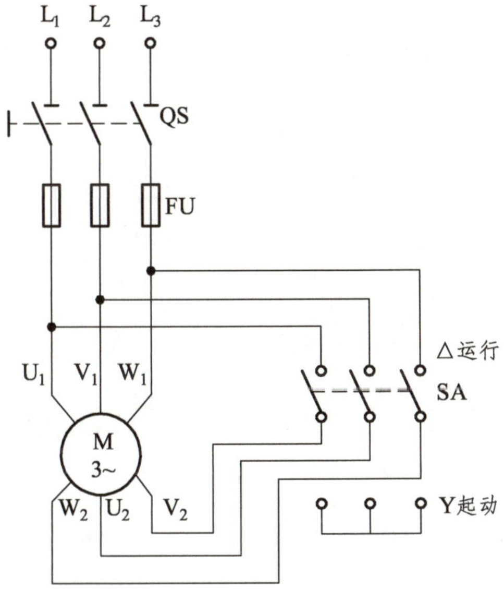

图 5-3　手动控制电动机星形-三角形降压启动控制线路

2. 时间继电器控制星形-三角形降压启动

采用时间继电器控制星形-三角形降压启动线路如图 5-4 所示。图中使用了 3 个接触器 KM_1，KM_2，KM_3 和 1 个通电延时型的时间继电器 KT，当接触器 KM_1，KM_3 主触点闭合时，电动机 M 星形连接；当接触器 KM_1，KM_2 主触点闭合时，电动机 M 三角形连接。

图 5-4 所示线路动作原理为：

启动运行：按下按钮 SB_2，接触器 KM_1、KM_3 线圈得电，KM_1、KM_3 主触点闭合，电动机 M 星型降压启动，并联按钮 SB_2 的 KM_1 辅助常开触点闭合，形成自锁回路；串联 KM_2 线圈的 KM_3 辅助常闭触点打开，形成互锁回路；同时，串联 KM_3 的 KT 常闭触点延时断开，串联 KM_2 的 KT 常开触点延时闭合。

达到设定时间后，KT 常闭触点打开，接触器 KM_3 线圈失电，KM_3 主触点打开，断开星型启动，KM_3 辅助触点闭合，KT 常开触点闭合，使 KM_2 线圈得电，KM_2 主触点闭合，电动机 M 全压运行。并联 KT 常开触点的 KM_2 辅助常开触点闭合，形成自锁回路；串联 KM_3 线圈的 KM_2 辅助常闭触点打开，使 KM_3 线圈失电，形成互锁回路。

停止运行：按下按钮 SB_1，接触器 KM_1、KM_2 线圈失电，KM_1、KM_2 主触点打开，电动机 M 停止运行，KM_1、KM_2 辅助常开触点打开，断开自锁回路。

上述线路，电动机 M 三角形运行时，时间继电器 KT 和接触器 KM_3 均断电释放，这样，不仅使已完成星形-三角形降压启动任务的时间继电器 KT 不再通电，而且可以确保接触器 KM_2 通电后，KM_3 无电，从而避免 KM_3 与 KM_2 同时通电造成短路事故。

图 5-5 所示为两个接触器自动控制电动机星形-三角形降压启动线路。在图 5-5 中只采用两个接触器 KM_1，KM_2，而且电动机由星形接法转为三角形接法时是在切断电源的同时间内完成的。即按下按钮 SB_2，接触器 KM_1 通电，电动机 M 接成星形启动，经设定时间后，KM_1 瞬时断电，KM_2 通电，电动机 M 接成三角形，然后 KM_1 再重新通电，电动机 M 三角形全压运行。

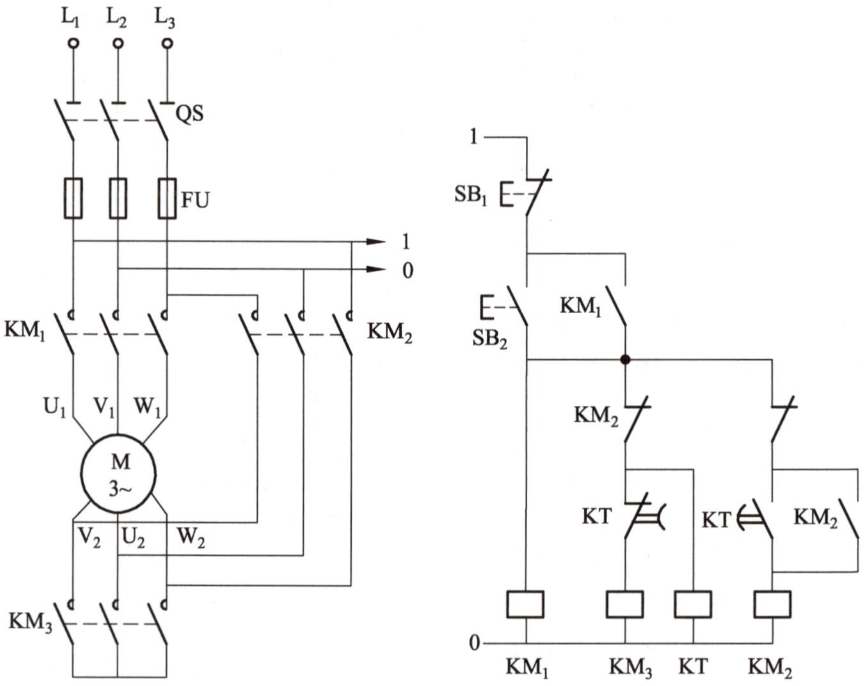

图 5-4　时间继电器控制星形-三角形降压启动线路

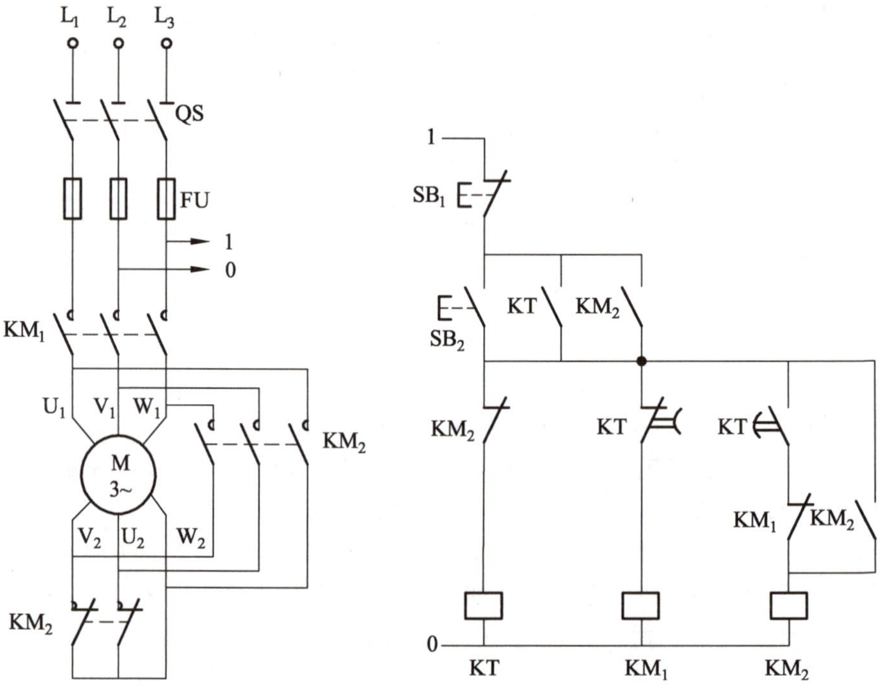

图 5-5　自动控制电动机星形-三角形降压启动线路

5.3　自耦变压器降压启动电路

自耦变压器降压启动是利用自耦变压器来降低加在电动机三相定子绕组上的电压，达到限制启动电流的目的。自耦变压器降压启动时，将电源电压加在自耦变压器的高压绕组，而电动机的定子绕组与自耦变压器的低压绕组连接。当电动机启动后，将自耦变压器切除，电动机定子绕组直接与电源连接，在全电压下运行。自耦变压器降压启动比星形-三角形降压启动的启动转矩大，并且可用抽头调节自耦变压器的变比以改变启动电流和启动转矩的大小。但这种启动需要一个庞大的自耦变压器，且不允许频繁启动。因此，自耦变压器降压启动适用于容量较大但不能用星形-三角形降压启动方法启动的电动机的降压启动。为了适应不同要求，通常自耦变压器的抽头有 73%、64%、55%或 80%、60%、40%等规格。

对于容量较大的正常运行时定子绕组接成星形的笼型异步电动机，可采用自耦变压器降压启动。它是指启动时，将自耦变压器接入电动机的定子回路，待电动机的转速上升到一定值时，再切除自耦变压器，使电动机定子绕组获正常工作电压。这样，启动时电动机每相绕组电压为正常工作电压的 $1/k$ 倍（k 是自耦变压器的匝数比，$k = N_1/N_2$），启动电流也为全压启动电流的 $1/k$ 倍。

1. 自耦变压器降压启动手动控制

自耦变压器降压启动手动控制线路如图 5-6 所示。图中操作手柄有三个位置："停止""启动""运行"。操作机构中设有机械连锁机构，它使得操作手柄未经"启动"位置就不可能扳到"运行"位置，保证了电动机必须先经过启动阶段以后才能投入运行。

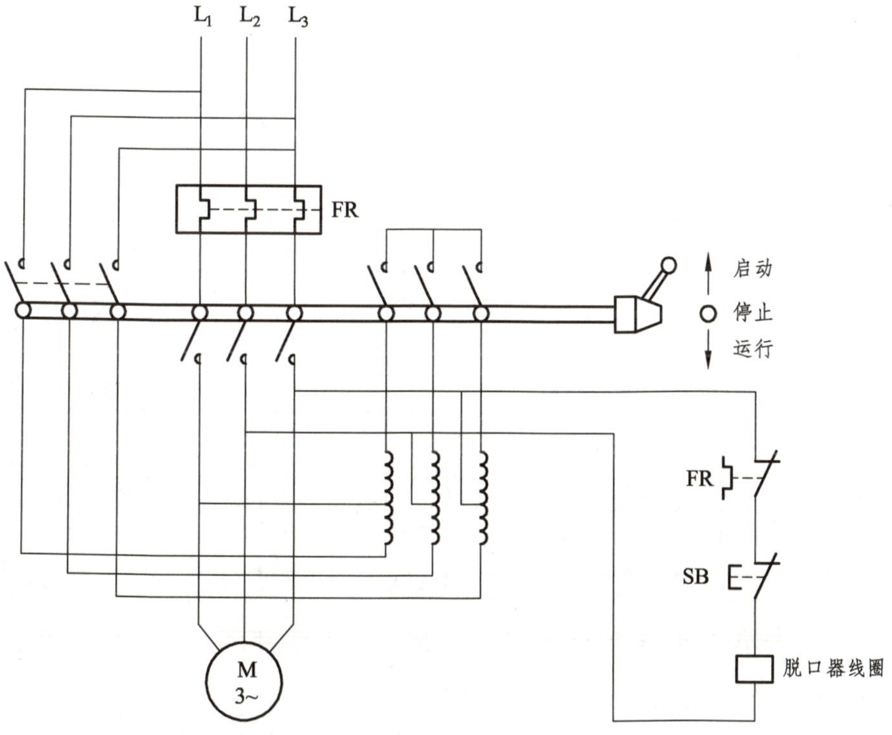

图 5-6　自耦变压器降压启动手动控制线路

线路动作原理为：

当操作手柄置于"停止"位置时，所有的动、静触点都断开，电动机定子绕组断电，停止转动。当操作手柄向上推至"启动"位置时，启动触点和中性触点同时闭合，电流经启动触点流入自耦变压器，再由自耦变压器的 65%（或 85%）抽头处输出到电动机的定子绕组，使定子绕组降压启动。随着启动的进行，当转子转速升高到接近额定转速附近时，可将操作手柄扳到“运行”位置，此时启动工作结束，电动机定子绕组得到电网额定电压，电动机全压运行。停止时须按下 SB 按钮，使失压脱扣器的线圈断电而造成衔铁释放，通过机械脱扣装置将运行触点断开，切断电源。同时也使手柄自动跳回到“停止”位置，为下一次动作做准备。

2. 自耦变压器降压启动自动控制

自耦变压器降压启动自动控制线路如图 5-7 所示，它是依靠接触器和时间继电器实现自动控制的。其中，信号指示电路由变压器和 3 个指示灯等组成，它们分别根据控制线路的工作状态显示“启动”“运行”和“停机”。

自耦变压器降压启动电路

自耦变压器具有多个抽头，可以获得不同的变化，比星形-三角形降压启动方法的启动电流、启动转矩选择灵活。采用自耦变压器降压启动比采用定子串电阻降压启动效果好，在启动转矩相等的情况下，自耦变压器启动从电网吸收的电流小，但是自耦变压器价格较贵，而且其线圈是按短时通电设计的，因此只允许连续启动 2 次。

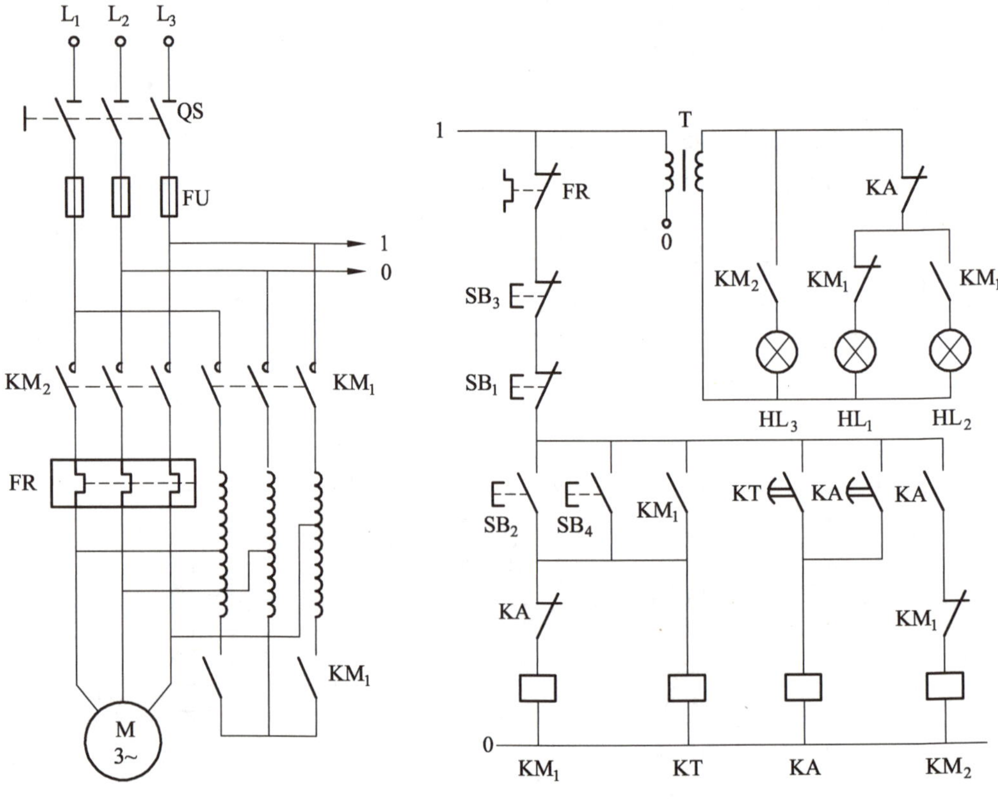

图 5-7　自耦变压器降压启动自动控制线路

5.4　软启动器启动电路

一、软启动器的工作原理及特点

电动机的软启动

软启动是一种集电机软启动、软停车、轻载节能和多种保护功能于一体的新颖电机控制装置。软启动器主要是利用三相反并联晶闸管作为调压器，将其接入电源和电动机定子之间。这种电路如三相全控桥式整流电路。使用软启动器启动电动机时，晶闸管的输出电压逐渐增加，电动机逐渐加速，直到晶闸管全导通，电动机工作在额定电压的机械特性上，实现平滑启动，降低启动电流，避免启动过流跳闸。待电机达到额定转速时，启动过程结束，软启动器自动用旁路接触器取代已完成任务的晶闸管，为电动机正常运转提供额定电压，以降低晶闸管的热损耗，延长软启动器的使用寿命，提高其工作效率，又使电网避免了谐波污染，如图 5-8 所示。软启动器同时还提供软停车功能，软停车与软启动过程相反，电压逐渐降低，转速逐渐下降到零，避免自由停车引起的转矩冲击。

现代软启动器基本上采用了电力电子技术和微机控制技术，以单片微机作为中央控制器控制核心来完成测量及各种控制算法。因此，软启动器具备了很强的功能和灵活性。整个启动过程是数字化程序软件控制下自动进行。利用三对晶闸管的电子开关特性，通过 MCU 或单片机控制其触发脉冲的迟早来改变触发角的大小。来改变了晶闸管的导通时间，最终改变定子绕组的三相电压的大小。它能无阶跃地平稳启动/停止电机，避免因采用直接启动、星形-三角启动、自耦减压启动等传统启动方式启动电机而引起的机械与电气冲击等问题，并能有效地降低启动电流及配电容量，避免增容投资。软启动器和变频器是两种完全不同用途的产品。变频器是用于需要调速的地方，其输出不但改变电压而且同时改变频率；软启动器即调压器，用于电机启动时，输出只改变电压并没有改变频率。变频器具备所有软启动器功能，但它的价格比软启动器贵得多，结构也复杂得多。

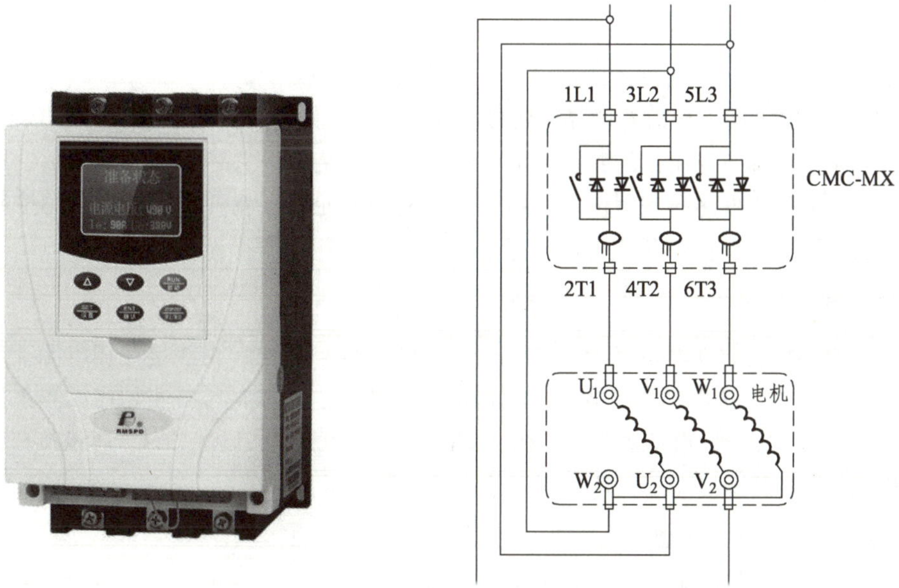

图 5-8　软启动器及主电路控制原理

二、软启动器的启动方式

电机软启动主要是控制三相交流异步电机的启动，通过对三相交流异步电机的使用来实现电机的软启动，对电机的启动和停止提供保护。这种技术被广泛的应用在工业领域中，工业上用这种技术来取代传统的星形-三角形启动。软启动一般有下面几种启动方式。

（1）斜坡升压软启动。这种启动方式最简单，不具备电流闭环控制，仅调整晶闸管导通角，使之与时间成一定函数关系增加。其缺点是，由于不限流，在电机启动过程中，有时要产生较大的冲击电流使晶闸管损坏，对电网影响较大，实际很少应用。

（2）斜坡恒流软启动。该启动方式是在电动机启动的初始阶段启动电流逐渐增加，当电流达到预先所设定的值后保持恒定，直至启动完毕。启动过程中，电流上升变化的速率是可以根据电动机负载调整设定。电流上升速率大，则启动转矩大，启动时间短。该启动方式是应用最多的启动方式，尤其适用于风机、泵类负载启动。

（3）阶跃启动。开机，即以最短时间，使启动电流迅速达到设定值，即为阶跃启动。通过调节启动电流设定值，可以达到快速启动效果。

（4）脉冲冲击启动。在启动开始阶段，让晶闸管在级短时间内，以较大电流导通一段时间后回落，再按原设定值线性上升，连入恒流启动。

软启动与传统减压启动方式的不同之处是：

（1）无冲击电流。软启动器在启动电机时，通过逐渐增大晶闸管导通角，使电机启动电流从零线性上升至设定值。对电机无冲击，提高了供电可靠性，平稳启动，减少对负载机械的冲击转矩，延长机器使用寿命。

（2）有软停车功能，即平滑减速，逐渐停机，它可以克服瞬间断电停机的弊病，减轻对重载机械的冲击，避免高程供水系统的水锤效应，减少设备损坏。

（3）启动参数可调。根据负载情况及电网继电保护特性选择，可自由地无级调整至最佳的启动电流。

三、软启动器电动机的主电路图及应用

软启动器采用三相反并联晶闸管作为调压器，将其接入电源和电动机定子之间。CMC-HX 软启动器一种新型智能化的异步电动机启动、保护装置。它是集启动、显示、保护、数据采集于一体的电动机终端控制设备。用户使用较少的元件，就可实现较复杂的控制功能。同时 CMC-HX 软启动器内部集成电流互感器，用户无需外配。

1. 基本接线原理图

CMC-HX 软启动器接线如图 5-9 所示，端子 1L1、3L2、5L3 接三相电源，软启动器端子 2T1、4T2、6T3 接电动机。软启动器可通过参数设定选择是否检测相序。当采用旁路接触器时，接触器一边接软启动器 1L1、3L2、5L3，另一边接 B1、B2、B3。通讯接口为选配口，采用光纤水晶头的连接端子，从上到下依次是 1 脚到 8 脚。

2. 内三角接线方式

使用内三角接线方式时，接线图 5-10 所示。

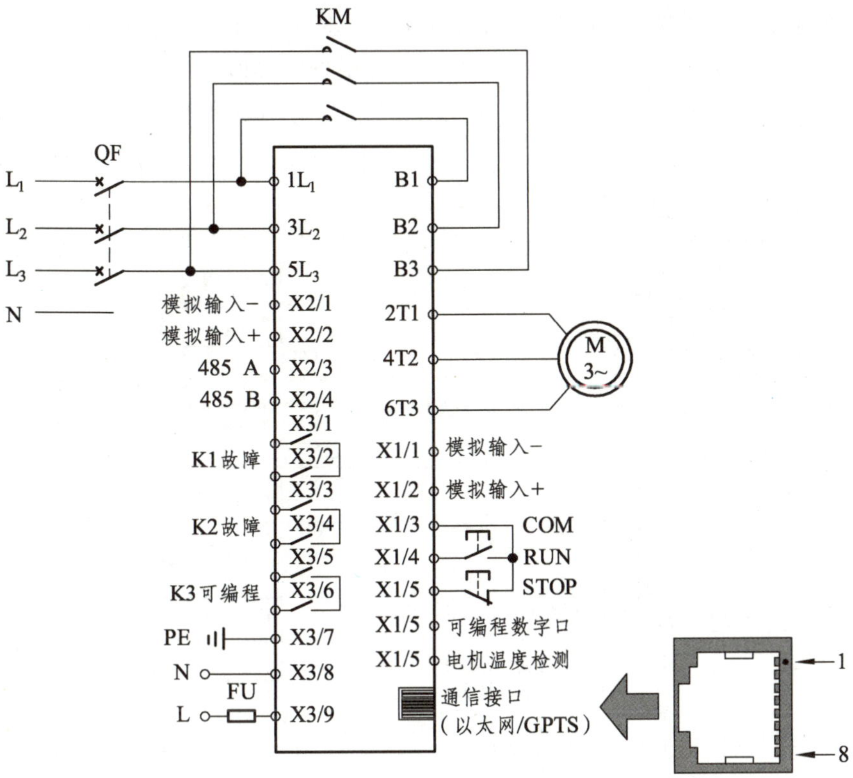

图 5-9　软启动器接线原理

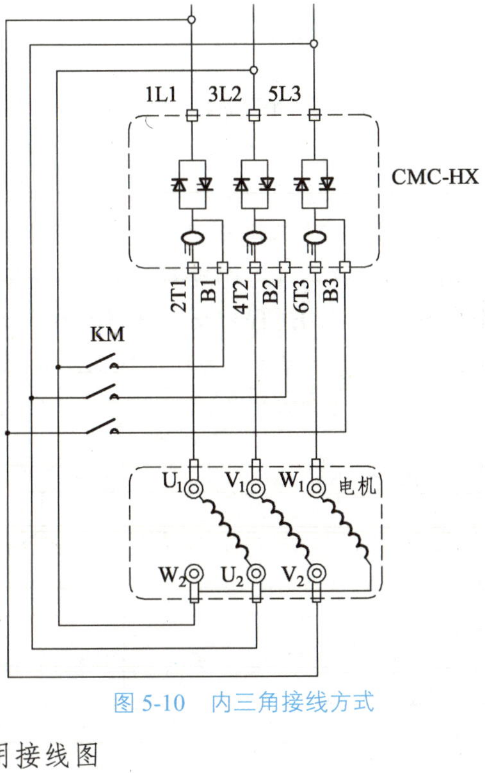

图 5-10　内三角接线方式

3. 软启动器典型应用接线图

（1）图 5-11 所示为单节点控制方式。KA1 接点闭合软启动器启动，KA2 接点打开软启动器停止。但要注意这种接线 LCD 面板启动操作无效。端子 3、4、5 启停信号是一个无源节点。

（2）PE 接地线应尽可能短，PE 接于距软启动器最近的接地点，合适的接地点应位于安装板上紧靠软启动器处，安装板也应接地，图 5-11 中接地为功能接地而不是保护接地。

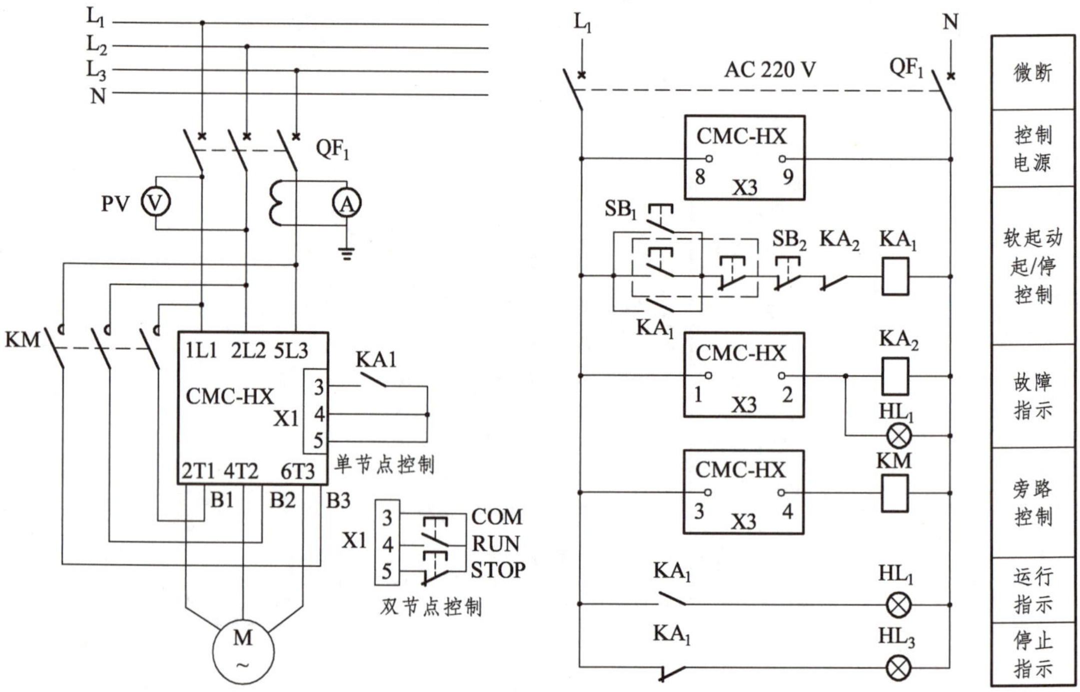

图 5-11　软启动的主回路与控制回路

软启动器启动原理是使用软启动器启动电动机时，晶闸管的输出电压逐渐增加，电动机逐渐加速，直到晶闸管全导通，电动机工作在额定电压的机械特性上，实现平滑启动，降低启动电流，避免启动过流跳闸。待电机达到额定转数时，启动过程结束，软启动器自动用旁路接触器 KM 取代已完成任务的晶闸管，为电动机正常运转提供额定电压，以降低晶闸管的热损耗，延长软启动器的使用寿命，提高其工作效率，又使电网避免了谐波污染。软启动器同时还提供软停车功能，软停车与软启动过程相反，电压逐渐降低，转数逐渐下降到零，避免自由停车引起的转矩冲击。软启动与软停车的电压曲线如图 5-12、图 5-13 所示。

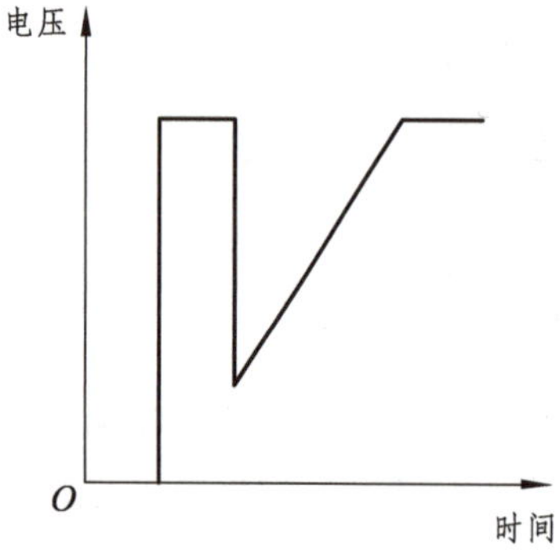

图 5-12　启动时电压曲线

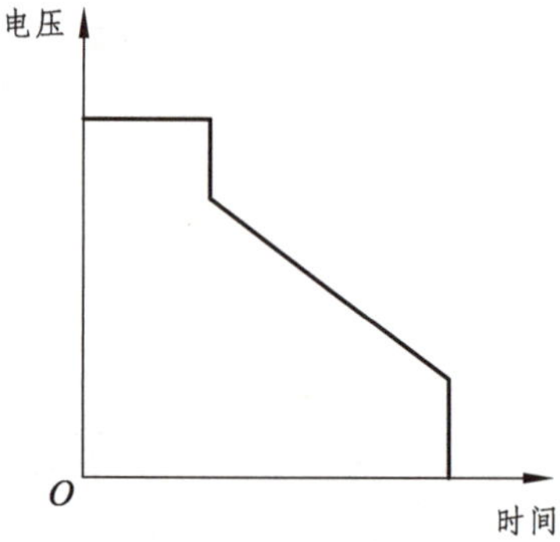

图 5-13　停车时电压曲线

四、软启动器的选用

目前市场上常见的软启动器有旁路型、无旁路型、节能型等。根据负载性质选择不同型号的软启动器。

旁路型：在电动机达到额定转数时，用旁路接触器取代已完成任务的软启动器，降低晶闸管的热损耗，提高其工作效率。也可以用一台软启动器去启动多台电动机。

无旁路型：晶闸管处于全导通状态，电动机工作于全压方式，忽略电压谐波分量，经常用于短时重复工作的电动机。

节能型：当电动机负荷较轻时，软启动器自动降低施加于电动机定子上的电压，减少电动机电流励磁分量，提高电动机功率因数。

五、软启动器保护功能

（1）过载保护功能：软启动器引进了电流控制环，因而随时跟踪检测电机电流的变化状况。通过增加过载电流的设定和反时限控制模式，实现了过载保护功能，使电机过载时，关断晶闸管并发出报警信号。

（2）缺相保护功能：工作时，软启动器随时检测三相线电流的变化，一旦发生断流，即可做出缺相保护反应。

（3）过热保护功能：通过软启动器内部热继电器检测晶闸管散热器的温度，一旦散热器温度超过允许值后自动关断晶闸管，并发出报警信号。

（4）其他功能：通过电子电路的组合，还可在系统中实现其他联锁保护。

5.5　绕线式电动机的启动电路

鼠笼式三相异步电动机采用降压启动虽然使启动电流减小，同时也使启动转矩减小。在需要重载启动的场合，比如起重吊车、卷扬机等不仅要限制启动电流，还需有足够大的启动转矩，在这种情况下不能采用鼠笼式电动机，需要采用启动性能较好的绕线式异步电动机。通常绕线式异步电动机降压启动的方法有转子绕组回路串接电阻启动和转子绕组回路串接频敏变阻器启动两种方法。转子绕组回路串接电阻启动要想获得良好的启动特性，一般需要较多的启动级数，所用所用电器多，控制线路复杂，设备投资大，维修不方便，同时由于逐级切除电阻，故会产生一定的机械冲击力。在工况企业中广泛采用频敏变阻器代替启动电阻，来控制绕线式转子异步电动机的启动。

一、频敏变阻器

频敏变阻器实质上是一个铁芯损耗非常大的三相电抗器。它的铁芯由 40 mm 左右厚的 E 形钢板或铁板叠成，它有铁芯及线圈两部分，并制成开启式，采用星形接法，如图 5-14（a）所示。转子一相的等效电路如图 5-14（b）所示，图中 R_2 为绕组的直流电阻，R 为频敏变阻器的涡流损耗的等效电阻，X 为电抗，R 与 X 并联。为了使单台频敏变阻器的体积、重量不要过大，因此当电动机容量大到一定程度时，就由多组频敏变阻器连接使用，连接的种类有单组、二组串联、二串联二并联等。

频敏变阻器在启动完成后应短接切除，如电动机本身有短路装置则可直接利用。如没有短路装置时，可用外装刀开关短路。若需遥控可将刀开关改成相应的控制接触器。

频敏变阻器的工作原理如下：三相绕组通入电流后，由于铁芯是用厚钢板制成，交变磁通在铁芯中产生很大涡流，从而产生很大的铁芯损耗。频率越高，涡流越大，铁芯损耗也越大。交变磁通在铁芯中的损耗可等效地看做电流在电阻中的损耗，因此频率变化时相当于等效电阻的阻值在变化。在电动机刚启动的瞬间，转子电流的频率最高（等于电源的频率），频敏变阻器的等效阻抗最大，限制了电动机的启动电流。随着电动机转速的升高，转子电流的频率逐渐下降，频敏变阻器的等效阻值也逐渐减少，从而使电动机转速平稳地上升到额定转速。

频敏变阻器的优点：启动性能好，无电流和机械冲击，结构简单，价格低廉，使用维护方便，但功率因素较低，启动转矩小，不宜用于重载启动的场合。

使用频敏变阻器时应注意以下问题：

（1）启动电动机时，启动电流过大或者启动太快时，可换接线圈接头，因匝数增多，启动电流和启动转矩便会同时减小。

（2）当启动转速过低，切除频敏变阻器冲击电流过大时，则可换接到匝数较少的接线端子上，启动电流和启动转矩就会同时增大。

（3）频敏变阻器在使用一段时间后，再检查线圈对金属外壳的绝缘情况。

（4）如果频敏变阻器线圈损坏，则可用 B 级电磁线按原线圈匝数和线径重新绕制。

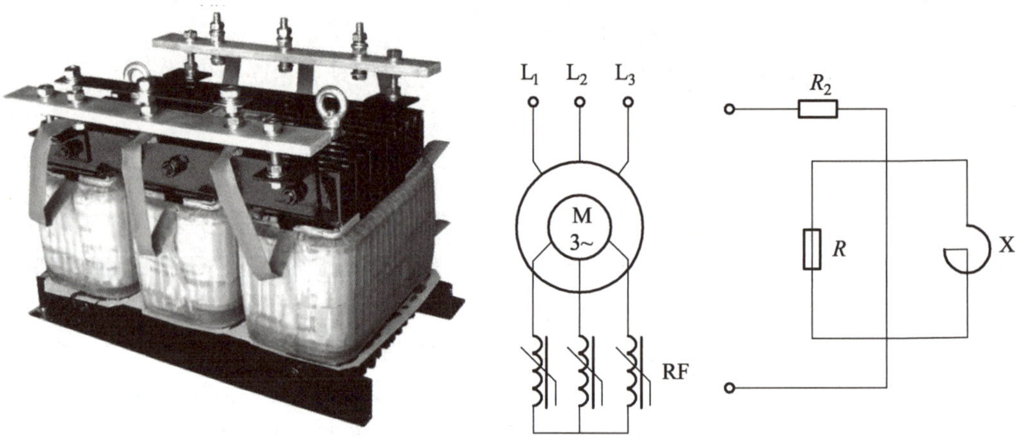

（a）外形　　（b）等效电路图

图 5-14　频敏变阻器外形及等效电路

二、绕线转子电动机单向运行转子串电阻频敏变阻器启动控制线路

绕线转子电动机单向运行转子串电阻频敏变阻器启动控制线路如图 5-15 所示。

其工作原理如下所述。合上电源总开关 QS，按下启动按钮 SB_2，通电延时时间继电器 KT 得电吸合，其瞬时触点闭合，使接触器 KM_1 得电吸合。KM_1 主触点闭合，电动机定子绕组接入电源，转子串接频敏变阻器启动。当转速上升接近额定转速时，时间继电器延时时间到，其延时断开的触点断开，延时闭合的触点闭合，使接触器 KM_2

绕线式异步电动机转子串频敏电阻控制电路

得电吸合，将频敏变阻器短接，电动机进入正常运行状态。KM_2的辅助动断触点断开，使 KT 失电释放。

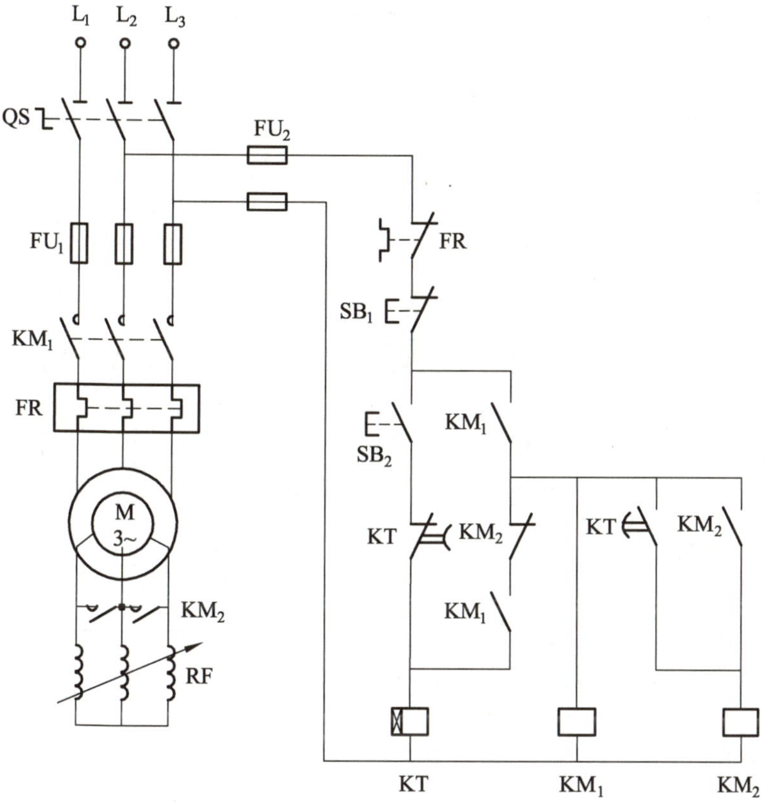

图 5-15　绕线转子电动机单向运行转子串电阻频敏变阻器启动控制线路

在操作时，按下 SB_2 时间需要稍微长一些，待 KM_1 辅助自锁触点闭合后再松开。

该电路 KM_1 得电需在 KT、KM_2 触点工作正常条件下进行，若发生 KM_2 触点粘连、KT 触点粘连、KT 线圈断线等故障，KM_1 将无法得电，从而避免了电动机直接启动和转子长期串接频敏变阻器的不正常现象的发生。

三、应用频敏变阻器启动电动机控制线路

在较大容量的绕线式异步电动机中，可用电动机转子绕组串频敏变阻器进行启动。它是利用频敏变阻器的阻抗随着转子电流频率的变化而显著变化的特点来工作的。应用频敏变阻器启动电动机控制线路如图 5-16 所示。

电动机的工作原理如下：启动时，按下启动按钮 SB_2（3-5），交流接触器 KM_1 线圈得电吸合，其辅助触点 KM（3-5）闭合自锁，KM_1 三相主触点闭合，电动机转子电路串入频敏变阻器 RF 启动。与此同时，得电延时继电器 KT 线圈也得电吸合且开始延时，当 KT 达到整定时间后，其得电延时闭合的常开触点 KT（5-9）闭合，中间继电器 KA 线圈得电吸合，其常开触点 KA（5-7）闭合，接通了交流接触器 KM2 线圈回路电源，KM2 线圈得电吸合，KM2 辅助常闭触点 KM_2（5-11）断开，切断了得电延时时间继电器 KT 线圈回路电源，KT 线圈断电释放而退出运行，同时 KM_2 三相主触点闭合，将频敏变阻器短接起来，启动过程结束。

KT 的作用是在启动时，利用 KA 常闭辅助触点将热继电器 FR 的发热元件短接，以免因启动时间过长而造成热继电器误动作。启动结束后，KA 线圈得电动作，其常闭触点断开，解除对热继电器 FR 热元件的短接，热继电器 FR 投入运行。

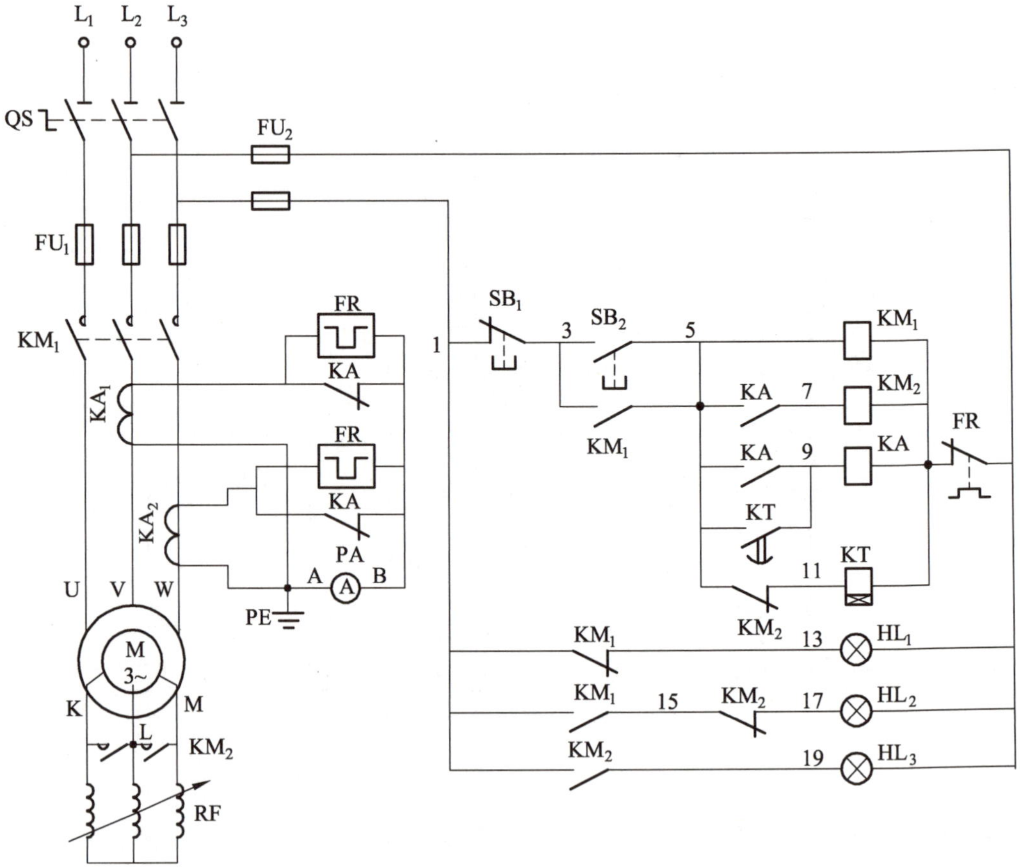

图 5-16　应用频敏变阻器启动电动机控制线路

项目实施

完成延时继电器控制的星形-三角形降压启动控制电路的设计、安装和通电调试。

1. 项目所需元器件清单（见表 5-1）

表 5-1　项目所需元器件清单

序号	代号	名称	型号	规格	数量	备注
1						
2						
3						
4						
5						
6						

2. 完成项目设计原理图和安装图

3. 记录项目实施步骤（见表 5-2）

表 5-2　项目实施记录表

项目实施步骤	实施内容	计划时间（min）	备注
① 查看元器件			
② 固定元器件			
③ 安装主电路			
④ 安装控制电路			
⑤ 接线检查			
⑥ 控制电路测试			

4. 评分标准（见表 5-3）

表 5-3　评分标准

考核项目	考核内容	分值	考核要求及评分标准	得分
电器的安装	元器件的安装	10 分	元器件安装到位 10 分	
布线	主电路的连接 控制电路的连接	20 分	电动机的连接、主电路的连接正确 10 分； 控制电路的连接正确 10 分	
通电试验	电路的安装 电路的运行 电路运行结果分析	40 分	能说明电路安装原理 10 分； 电路调试运行正确 10 分； 能分析运行结果 10 分； 按规定时间完成每超 5 min 扣 5 分； 按实验室 6S 管理进行整理、整顿 10 分	
实训报告	完成情况	30 分	实训报告完整、正确 30 分	

能力测试

一、单选题

（1）直接启动时，电动机的启动电流一般为额定电流的（　　）。

A. 2-3 倍　　B. 3-5 倍　　C. 5-7 倍　　D. 7-10 倍

（2）一台额定功率为 2.5 kW 的电动机，可采用的启动方式为（　　）。

A. 直接启动　　B. 定子串电阻降压启动

C. 自耦变压器降压启动　　D. 星形-三角形降压启动

（3）一台采用△联结、额定功率为 8 kW 的车床主轴电动机，可采用的启动方式为（　　）。

A. 直接启动　　B. 定子串电阻降压启动

C. 自耦变压器降压启动　　D. 星形-三角形降压启动

（4）不管电动机是星接或三角接都可使用的启动方法是（　　）。

A. 星形-三角形降压启动　　B. 变频启动法

C. 绕线转子异步电动机启动法　　D. 自耦减压启动控制柜减压启动法

（5）交流笼式电动机的启动方法有星形-三角形启动、自耦变压器减压启动、定子串电阻减压启动等。从启动性能来讲，最好的是（　　）。

A. 星形-三角形启动　　B. 自耦变压器减压启动

C. 定子串电阻启动　　D. 软启动

二、判断题

（1）接触器控制的定子串电阻降压启动电路中，必须按下按钮才能将电路从降压启动状态切换到全压运行状态。（　　）

（2）自耦变压器降压启动适用于电动机容量大且需要频繁启动的场合。（　　）

（3）星形-三角形降压启动只适合电动机空载或者轻载启动的场合。（　　）

（4）通过时间继电器可使电动机在降压启动后自动切换为全压启动。（　　）

（5）相绕线式异步电动机，可在转子回路中串入频敏变阻器进行启动，其频敏变阻器的特点是它的电阻值随着转速的上升而自动地、平滑地减小，使电动机能平稳启动。（　　）

三、简答题

（1）为什么要进行降压启动？

（2）降压启动分为哪几类？

（3）设计时间继电器自动控制的定子绕组串接电阻降压启动控制电路图，说明电路的工作原理。

（4）试述三相异步电动机采用降压启动的原因及实现降压启动的方法。

（5）软启动与传统降压启动不同之处在哪里？

项目 6　电动机的制动控制电路设计

项目导读

许多生产机械，如万能铣床、卧式镗床、起重机械、搬运机械等，都要求能迅速停车或者精确定位。这就要求对电动机进行制动，强迫它迅速停车。制动停车的方式有两大类，即机械制动和电气制动。机械制动采用机械抱闸、液压或者气压制动；电气制动常用的是反接制动和能耗制动，其使电动机停车时产生一个与转子原来的实际旋转方向相反的电磁力矩（制动力矩）来进行制动。本项目主要介绍电气制动控制电路的设计和维护。

项目目标

（1）了解速度继电器的工作原理。

（2）掌握反接制动控制电路基本原理及设计方法。

（3）掌握能耗制控制动电路基本原理及设计方法。

技能目标

（1）能正确分析反接制动控制电路的动作过程。

（2）能正确分析能耗制动控制电路的动作过程。

（3）能选择合适的低压电器元件对三相异步制动电路进行装配、接线、调试和检修。

相关知识

6.1　速度继电器的认识

速度继电器又称为转速继电器、反接制动继电器，主要用于三相异步电动机反接制动的控制电路中。例如在反接制动过程中，正在电动运行状态的电动机，将其任意两条电源线交换，电动机的旋转磁场发生反转，转速迅速降低。为了在电动机转速降低到一定程度时及时切断电动机电源，防止电动机反向启动，就要用速度继电器检测电动机的减速过程，一般在转速降低到 100 r/min 左右时，其触头动作，切断电动机的反接制动电源，制动过程结束。

一、速度继电器外形结构及符号

速度继电器主要结构组成有转子、定子和触点三部分，如图 6-1 所示。转子是一个圆柱形永久磁铁，定子是一个笼型空心圆环。定子由硅钢片叠成，并装有笼型绕组。速度继电器的电气符号如图 6-2 所示，其文字符号为 KS。

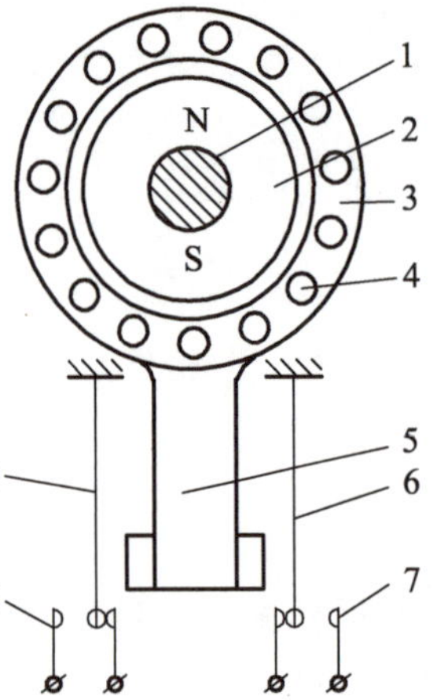

1—转轴；2—转子；3—定子；4—绕组；5—摆锤；
6，9—簧片（动触点）；7，8—静触点

图 6-1　速度继电器的动作原理

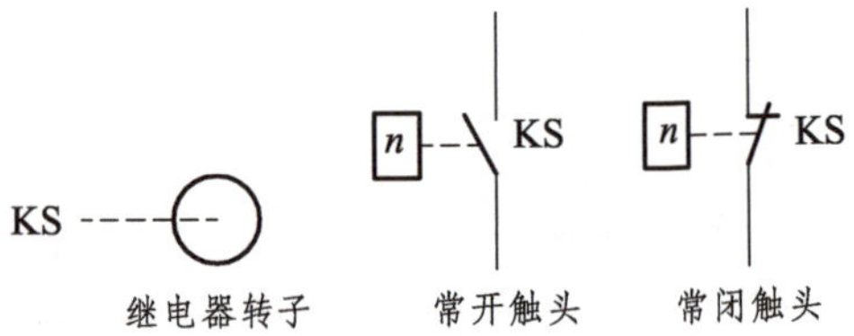

6-2　速度继电器的电气符号

二、速度继电器的动作原理

在图 6-1 中速度继电器转轴与电动机的轴相连接，而定子空套在转子上。当电动机转动时，速度继电器的转子（永久磁铁）随之转动，在空间产生旋转磁场，切割定子绕组，而在其中感应出电流。此电流又在旋转的转子磁场作用下产生转矩，使定子随转子转动方向而旋转，和定子装在一起的摆锤推动动触头动作，使动断触点断开，动合触点闭合。当电动机转速低于某一值时，速度继电器触头在弹簧作用下恢复到原来状态。一般速度继电器触头的动作转速为 140 r/min，触头的复位转速为 100 r/min。

速度继电器有正向旋转动作触头和反向旋转动作触头，电动机正向运转时，可使正向常开触头闭合，常闭触头断开，同时接通或断开与它们相连的电路；当电动机反向运转时，速度继电器的反向动作触头动作，情况与正向时相同。常用的速度继电器有 JY1 和 JFZ0 系列。它们都具有两对常开、常闭触头，触头额定电压为 380 V，额定电流为 2 A。

三、速度继电器的型号含义

常用的速度继电器有 JY1 型和 JFZ0 型，其型号含义如下：

JFZ①-②

J—继电器，F—反接，Z—制动。

第一单元：设计序号。

第二单元：速度等级。

6.2　反接制动控制电路

速度继电器可用于单向运转电动机的反接制动，也可用于双向运转电动机的反接制动，下面分别给以介绍。

一、单向运转电动机的反接制动

单向运转电动机的电源反接制动控制电路如图 6-3 所示，图中 KM_1 是运转接触器，KM_2 是反接制动接触器，KS 是速度继电器，*R* 是反接制动限流电阻，可以防止制动过程中电流过大。

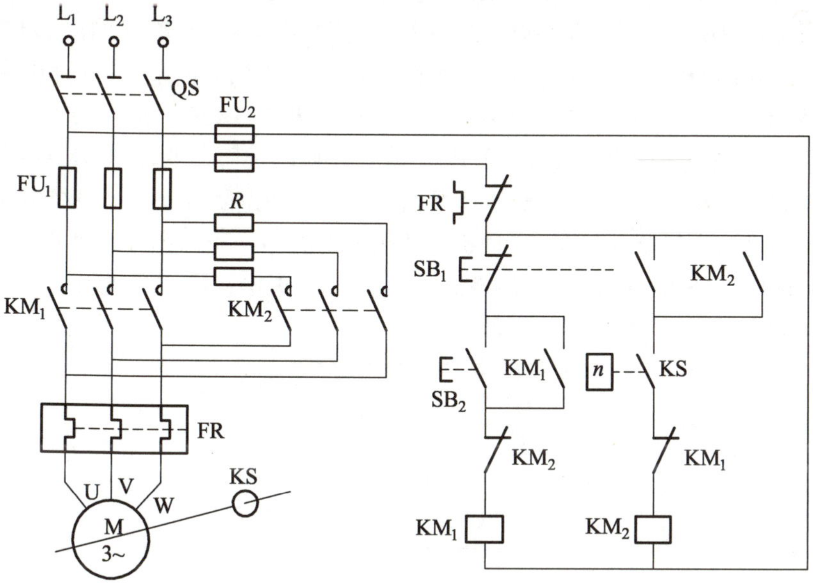

图 6-3　三相异步电动机单向运转反接制动控制线路

单向运转电动机电源反接制动方式的具体操作与动作顺序如下，首先合上电源开关 QS，之后如果准备启动电动机，则按下启动按钮 SB_2，交流接触器 KM_1 线圈通电，接触器 KM_1 的常开辅助触点闭合自锁；使接触器保持在吸合状态；KM_1 的常闭辅助触点串连在交流接触器 KM_2 的线圈回路中实现互锁；KM_1 主触点闭合，电动机 M 得电启动运转。当电动机转速达到较高数值时，速度继电器 KS 的常开触点闭合，成为反接制动接触器 KM_2 线圈通电的条件之一。

电动机停机制动时，按下停止按钮 SB_1，接触器 KM_1 的线圈断电，常开辅助触点断开，KM_1 的自锁解除，主触点断开，电动机 M 的单向运转工作电源被切断；KM_1 的常闭辅助触点闭合，成为反接制动接触器 KM_2 线圈通电的另一个条件；按下停止按钮 SB_1 时，该按钮的常开触点闭合，由图 6-3 可见，反接制动接触器 KM_2 线圈的电源已经接通，KM_2 的主触点闭合，经限流电阻 *R* 将电动机接入一个与电动状态相序相反的电源，电动机开始反接制动，转速迅速降低，当电动机转速降低至 100 r/min 左右时，速度继电器 KS 的常开触点断开，接触器 KM_2 线圈断电释放，制动过程结束。

二、双向运转的电动机的反接制动

双向运转电动机电源反接制动控制电路的主电路如图 6-4 所示，二次控制电路如图 6-5 所示。双向运转电动机的电源反接制动控制电路，正向运转时的启动过程分析如下：

按压正转启动按钮 SB_2→接触器线圈 KM_1 得电→常开辅助触点 KM_{1-1} 闭合自锁，常开辅助触点 KM_{1-3} 闭合，常闭触点 KM_{1-2} 断开，与接触器 KM_2 互锁，KM_1 主触点闭合，定子绕组串入电阻，按正相序降压启动。当转速达到 140 r/min→速度继电器 KS 常开触点 KS_{-1} 闭合，线圈 KM_3 得电动作，KM_3 主触点闭合→短接限流电阻 R→电动机 M 进入全压状态，同时常闭辅助触点 KM_{3-1} 和 KM_{3-2} 断开。

三相异步电动机的反接制动电路

双向运转电动机正向运转时的停机制动过程分析如下：

按压复合按钮 SB_1，SB_1 常闭触点断开→KM_1 线圈断电→KM_{1-1} 断开，KM_1 自锁解除，KM_1 主触点断开，KM_{1-3} 断开→KM_3 释放→KM_3 主触点断开→定子绕组断开正相序电源，转子因惯性继续高速旋转，SB_1 的常开触点闭合→KA_3 线圈得电吸合→KA_{3-2} 断开→KM_3 释放，保证制动时限流电阻接入，KA_{3-3} 闭合→KA_1 线圈因 KS_{-1} 已先期闭合而得电动作→KA_{1-2} 闭合，使 KA_3 维持吸合动作状态，KA_{1-1} 闭合，KM_2 线圈得电动作，主触点闭合，定子绕组串入限流电阻 R 接入反相序电源进入反接制动状态，电动机转速迅速下降→电动机转速使速度继电器 KS 转速低于 100 r/min 时，KS 触点 KS_{-1} 断开→KA_1、KM_2 相继失电释放，反接制动结束，电动机自由停机至转速为零。

图 6-3、6-4 和图 6-5 电路中使用的电器元件如表 6-1 所示。

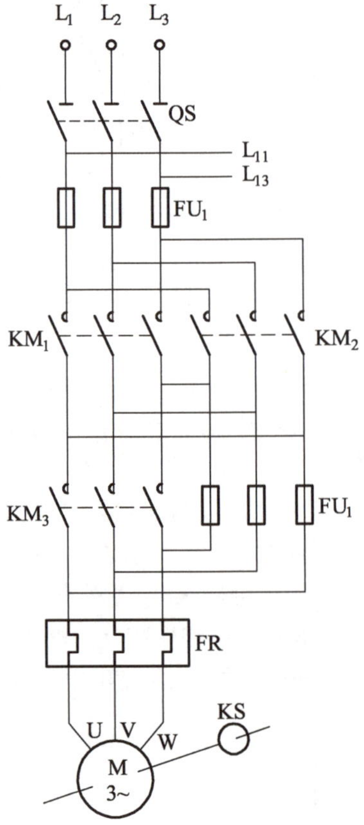

图 6-4　双向运转电动机电源反接制动控制主电路

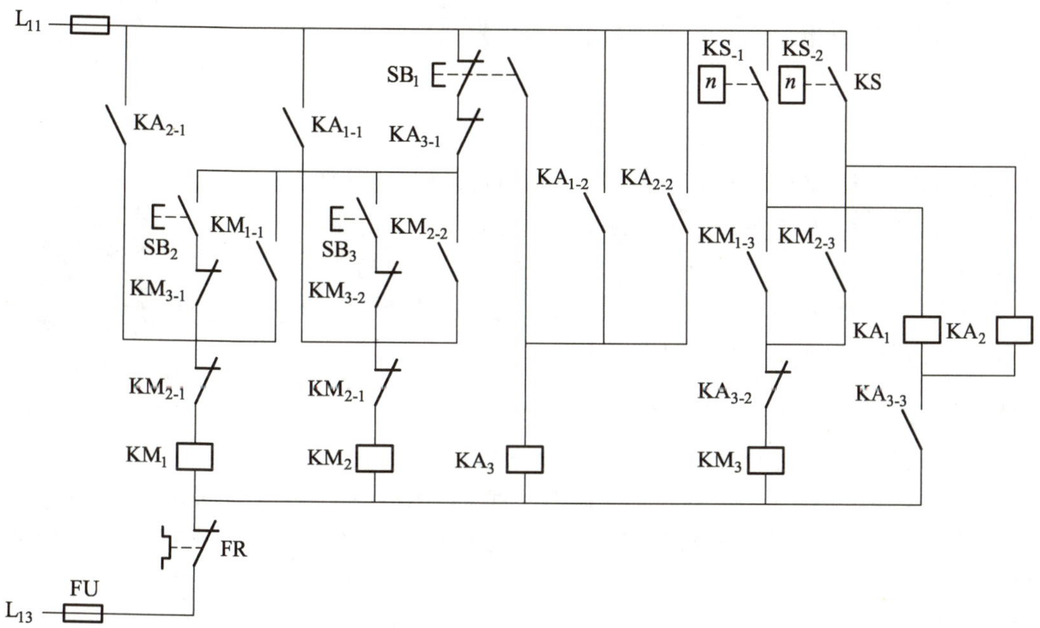

图 6-5　双向运转电动机电源反接制动控制电路

表 6-1　双向运转电动机电源反接制动控制电路电器元件表

符号	名称	电路功能
SB_1	复合按钮	停机及制动按钮
SB_2	按钮	正转启动按钮
SB_3	按钮	反转启动按钮
KS	速度继电器	检测电动机正转或反转的转速，低于 100 r/min 时，控制结束制动过程
KM_1	交流接触器	① 正转运行接触器② 反转运行时的反接制动接触器
KM_2	交流接触器	① 反转运行接触器② 正转运行时的反接制动接触器
KM_3	交流接触器	电动机启动时转速达到 140 r/min，KM_3 动作短接限流电阻 R
KA_1	中间继电器	电动机正转运行停机时，触点 KA_{1-1} 接通 KM_2 线圈电源，使反接制动开始
KA_2	中间继电器	电动机反转运行停机时，触点 KA_{2-1} 接通 KM_1 线圈电源，使反接制动开始
KA_3	中间继电器	电动机停机时，经 KA_1 或 KA_2 触点接通 KM_2 或 KM_1 线圈电源，启动反接制动
R	限流电阻	启动及反接制动时的限流电阻
FU_1	熔断器	电动机短路保护
FU	熔断器	二次电路熔断器
FR	热继电器	电动机过载保护

电动机反向运转的启动、以及停机时的反接制动过程与上述分析相似，区别有三：一是正向运转启动使用按钮 SB_2，反向运转启动使用按钮 SB_3；二是正向运转启动时给电动机接通正相序电源的是接触器 KM_1，而反向运转启动时给电动机接通反相序电源的是接触器 KM_2；三是正向运转的停机制动由速度继电器的 KS_{-1} 触点和中间继电器 KA_1 参与控制，而反向运转

的停机制动由速度继电器的 KS_{-2} 触点和中间继电器 KA_2 参与控制。

6.3 能耗制动控制电路

能耗制动是将运转的电动机脱离三相交流电源的同时，给定子绕组加一直流电源，以产生一个静止磁场，利用转子感应电流与静止磁场的作用，产生反向电磁力矩而制动的。能耗制动时制动力矩大小与转速有关，转速越高，制动力矩越大，随转速的降低制动力矩也下降，当转速为零时，制动力矩消失。

三相异步电动机的能耗制动电路

1. 时间原则控制的能耗制动控制线路

时间原则控制的能耗制动控制线路如图 6-6 所示。

图 6-6 中主电路在进行能耗制动时所需的直流电源由四个二极管组成单相桥式整流电路通过接触器 KM_2 引入，交流电源与直流电源的切换由 KM_1 和 KM_2 来完成，制动时间由时间继电器 KT 决定。

线路动作原理为：

启动：$SB_2^{\pm}$ —— $KM_{1自}^{+}$ ┬ M^{+}（起动）
└ KM_2^{-}（互锁）

能耗制动：$SB_1^{\pm}$ ┬ KM_1 —— M^{-}（自由停车）
├ $KM_{2自}^{+}$ —— M^{+}（能耗制动）
└ $KT_{自}^{+}$ $\xrightarrow{\Delta t}$ KM_2^{-} —— M^{-}（制动结束）

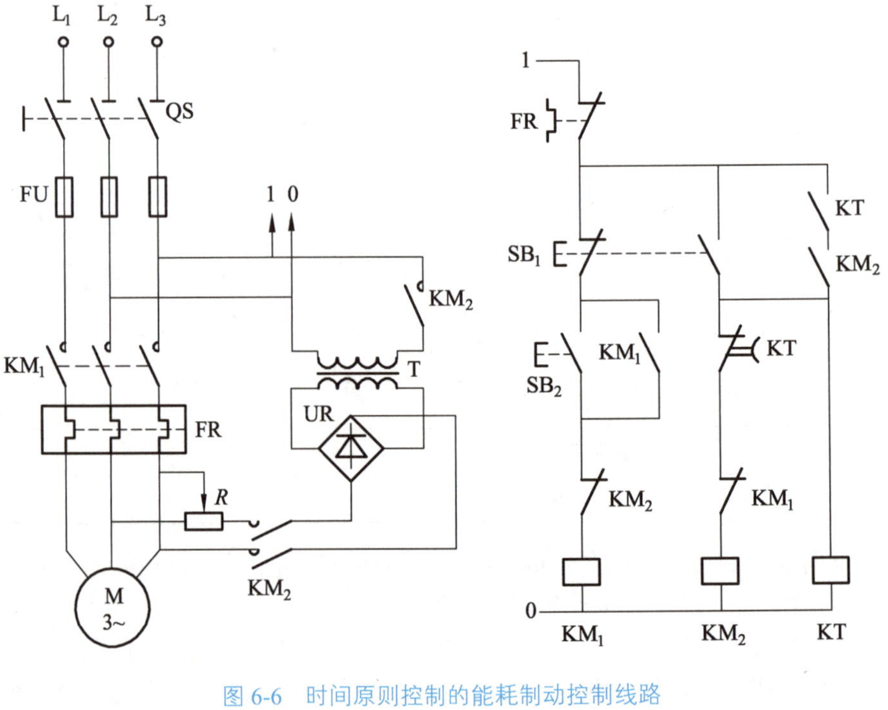

图 6-6 时间原则控制的能耗制动控制线路

2. 速度原则控制的能耗制动控制线路

图 6-7 所示为速度原则控制的能耗制动控制线路，速度继电器 KS 安装在电动机的输出轴上，其常开触点 KS 取代了时间继电器 KT 延时断开的常闭触点。电动机转动时，速度较高，速度继电器 KS 的常开触点闭合，为接触器 KM_2 线圈通电做好准备。按下停止按钮 SB_1，KM_1 线圈断电释放，电动机脱落三相电源做惯性运动，接触器 KM_2 线圈通电吸合并自锁，直流电源被接入定子绕组，电动机进入能耗制动状态。当电动机转子的惯性转速接近于零时，KS 常开触点复位，KM_2 线圈断电释放，能耗制动结束。

能耗制动的优点是制动准确、平稳、能量消耗小。缺点是需要一套整流设备，故适用于要求制动平稳、准确和启动频繁的容量较大的电动机。

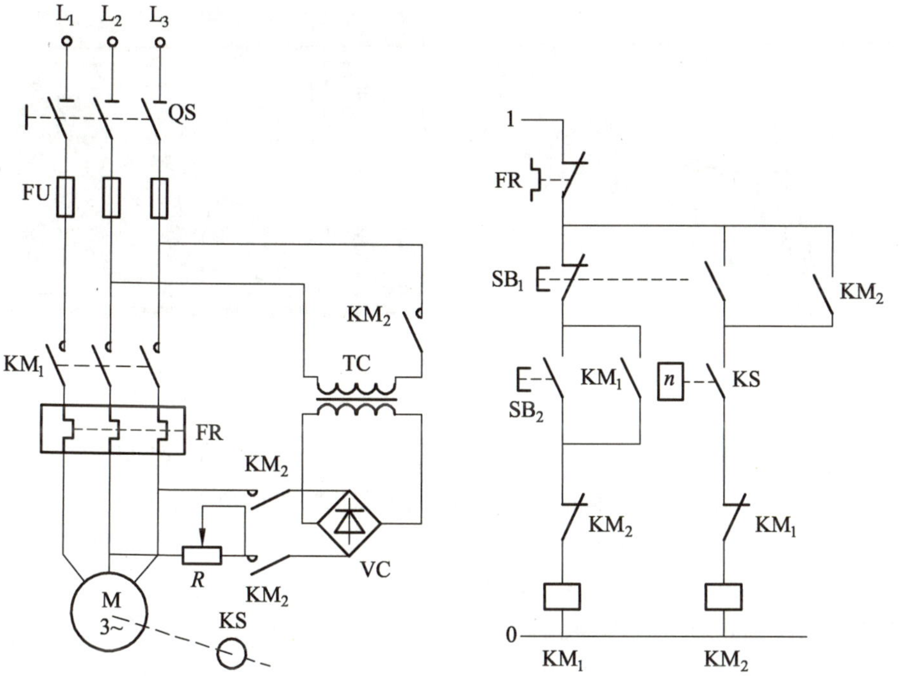

图 6-7　速度原则控制的能耗制动控制线路

6.4　直流电机的控制电路

直流电动机较交流电动机而言，结构复杂，成本较高，电刷、换向器容易损坏。但是，直流电动机可以在大范围内平滑地调速，可以频繁启动，制动与反转，有较强的过载能力，便于自动化控制，所以目前工业生产者中得到广泛的应用，如高精度的机床、造纸机、电动自行车等均使用直流电动机。如图 6-8（a）、（b）、（c）、（d）所示设备都用到直流电动机。除此之外，在自动控制系统、电子仪器设备、家用电器、电子玩具等方面也广泛应用直流电动机。目前在调速范围大、快速性高、控制性能优异的场合，直流电动机仍占较大的比重。

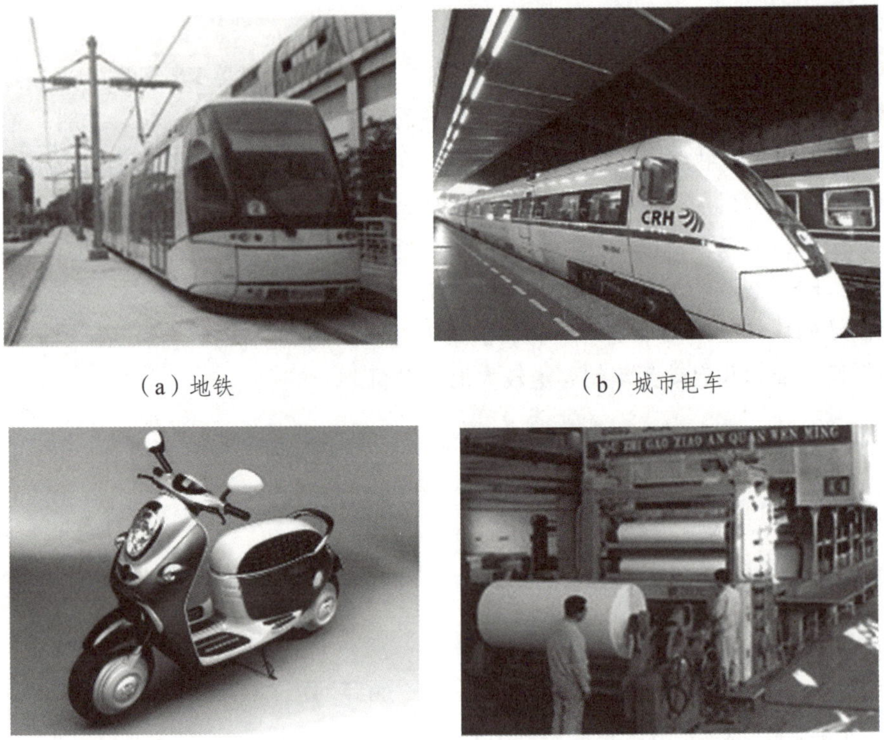

（a）地铁　（b）城市电车

（c）电动自行车　（d）造纸机

图 6-8　直流电动机的应用

直流电动机按励磁方式不同分为他励、并励、串励和复励四种。控制系统中可根据不同的要求选择不同的直流电动机。同时为了满足不同机床各种运动的要求，必须对拖动的直流电动机的运行状态进行控制。四种直流电动机的控制电路基本相同，本项目主要就他励直流电动机的启动、正反转、制动和调速控制电路进行介绍。

由于直流电动机启动时，启动电流很大（可达额定电流的 10～20 倍），除小容量直流电动机外，一般不允许全压直接启动。而是将启动电流限制在电枢额定电流的 1.5～2.5 倍，常用于限制启动电流的方法有降低电枢电压启动和在电枢回路中串联启动电阻启动。

一、直流电动机电枢串二级电阻按时间原则启动的控制电路

在图 6-9 中，KM_1 为起动接触器，KM_2、KM_3 为短接起动电阻接触器，KT_1、KT_2 为断电延时型时间继电器，R_1、R_2 为启动电阻。

直流电动机的启动控制

电路工作情况如下。

（1）合上电源开关 QS_1 和控制开关 QS_2，KT_1、KT_2 时间继电器线圈得电，KT_1、KT_2 动断触点瞬时断开，切断 KM_2、KM_3 电路。保证起动时串入启动电阻 R_1、R_2。

（2）启动。按下起动按钮 SB_1，KM_1 通电并自锁，主触点闭合，接通电动机电枢电路，电枢串入二级电阻起动；接触器常闭触头 KM_1 断开，KM_1 自锁触点闭合，准备短路启动电阻及自锁。

（3）短路电阻 R_1、R_2。随着电动机转速的上升，时间延续，KT_1 动断触点首先延时闭合，另外，KM_1 自锁触点已闭合，使 KM_2 线圈得电，KM_2 主触点闭合，切除启动电阻 R_1。

随着电动机转速继续上升，时间不断延续，KT_2 动断触点延时闭合，使接触器 KM_3 通电吸合并将启动电阻 R_2 切除。电动机在全电压下运转，起动过程结束。

（4）停机。按下停止按钮 SB_2，线圈 KM_1 断电释放，然后 KM_2、KM_3 线圈也断电释放，电动机停机。KT_1、KT_2 线圈得电，KT_1、KT_2 动断触点瞬时分断，为下次启动做准备。

在图 6-9 中的制动电路中实现了先给励磁加电压而后给电枢绕组加电压，其目的保证启动时产生足够的反电动势以减小启动电流，保证有足够的启动转矩加速启动过程，避免空载飞车。

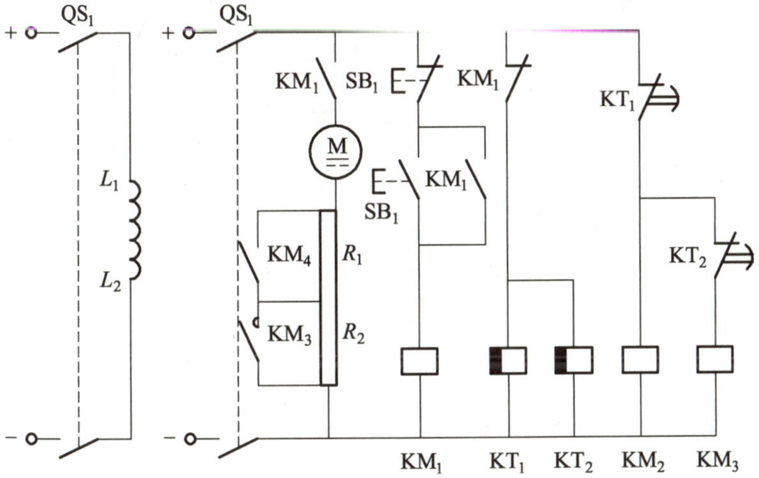

图 6-9　直流电动机电枢串二级电阻按时间原则启动的控制电路

二、直流电动机的正反转控制电路

直流电动机的转动方向是由电枢电流和励磁电流的磁场相互作用来确定的。因此改变改变直流电动机的旋转方向有两种方法：其一是改变励磁电流的方向；其二是改变电枢电流方向。由于励磁绕组的电磁惯性大，在改变励磁电流方向的过程中会出现零磁场点，电动机容易出现飞车现象，所以在一般情况下直流电动机的反转都采用改变电枢电流的方法来实现。

直流电动机的
正反转控制

在图 6-10 中，KM_1、KM_2 为正、反转接触器，KM_3、KM_4 为短接电枢电阻接触器，KT_1、KT_2 为时间继电器，KA_1 为过电流继电器，KA_2 为欠电流继电器，R_1、R_7 为起动电阻，R 为放电电阻。电路工作原理与图 6-9 基本相同，仅增加反向工作接触器 KM_2 实现工作台的自动换向控制。通过两对主触点 KM_1、KM_2 的通断即可改变电枢绕组的电压极性。串电阻降压启动的工作过程不在赘述。

（1）合上电源开关 QS_1、QS_2 后，KT_1、KT_2 线圈得电，KT_1、KT_2 动断触点瞬时断开，KM_3、KM_4 线圈断电；欠流继电器 KA_2 通电，KA_2 动合触点闭合。以上两个动作为串电阻降压启动做准备。

（2）正转启动：按下复合按钮 SB_2，KM_1 线圈得电，KM_1 主触点闭合，电动机降压启动；KM_1 自锁触点闭合，自锁；KM_1 联锁触点分断，联锁；KM1 动断触点分断，KT_1、KT_2 线圈断电，电动机进入串电阻启动控制过程。随着转速的上升，KT_1、KT_2 先后延时闭合，电动机额定运行。

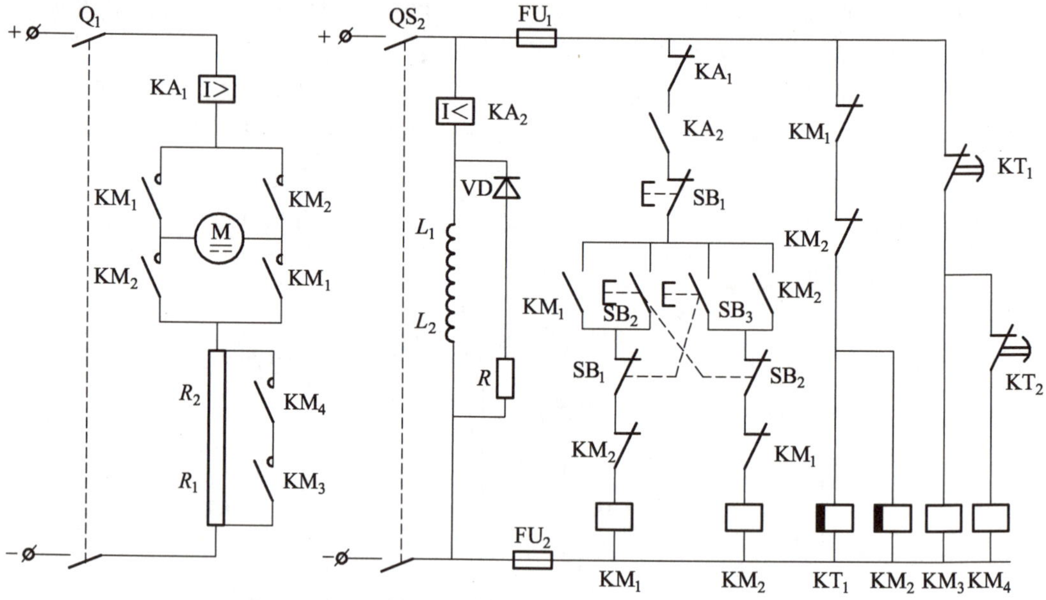

图 6-10　直流电动机正反转启动的控制电路（替换的图）

（3）停机：按下停止按钮 SB_1，KM_1 线圈断电释放，电动机自然停机，KT_1、KT_2 线圈得电，KT_1、KT_2 动断触点瞬时分断，为反转启动做准备。

（4）反转启动：按下复合按钮 SB_3，KM_2 得电，KM_2 主触点闭合，电动机反转降压启动；KM_2 联锁触点分断，联锁；KM_2 联锁动断触点分断，KT_1、KT_2 线圈断电，电动机进入串电阻启动控制过程。随着转速的上升，KT_1、KT_2 先后延时闭合，电动机反转额定运行。

（5）停止运行：按下停止按钮 SB_1，KM_2（KM_1）线圈断电释放，电动机自然停机；KT_1、KT_2 线圈得电，KM_3、KM_4 线圈断电释放，为串电阻启动做准备。

三、直流电动机的制动控制电路

直流电动机的电气制动有能耗制动、反接制动和再生制动三种。为了准确、迅速停车，一般只采用能耗制动和反接制动。这里主要介绍能耗制动电路。直流电动机的能耗制动方法是在维持电动机励磁不变的情况下，将正在接通电源具有较高转速的电动机电枢绕组从电源上断开，使电动机变为发电机，并与外加电阻连接成闭合回路。利用此电路产生的电流及转矩使电动机快速停车的方法。因此在制动过程中，将拖动系统的动能转化为电能并以热形式消耗在电枢电路的电阻上，所以这种方法称为能耗制动。

直流电动机的制动控制电路

1. 他励直流电动机控制的能耗制动原理

能耗制动是把正处于电动机状态的他励直流电动机的电枢从电网上切除，并接到一个外加的制动电阻上构成闭合回路，其控制电路如图 6-11 所示。KM 动合触点闭合，KM 动断触点分断时，电动机启动运转，此时电磁转矩 M 与转速 n 方向相同。制动时，保持磁通大小，方向均不变，接触器 KM 线圈断电释放，KM 动合触点断开，切断电枢电源；此时励磁电流方向不变，电动机惯性运行，转向不变，电枢绕组与 KM 动断触点及电阻 Rz 构成回路。由电磁感应定律可知，电路中产生感应电流 Iz，其方向与原电流 I 相反，由此产生的电磁力矩 M′与原转矩 M 相反。所以转矩 M′随着转速的不断减少，感应电流也随之减少，当转速为零时，I′=0，M′=0，制动结束。

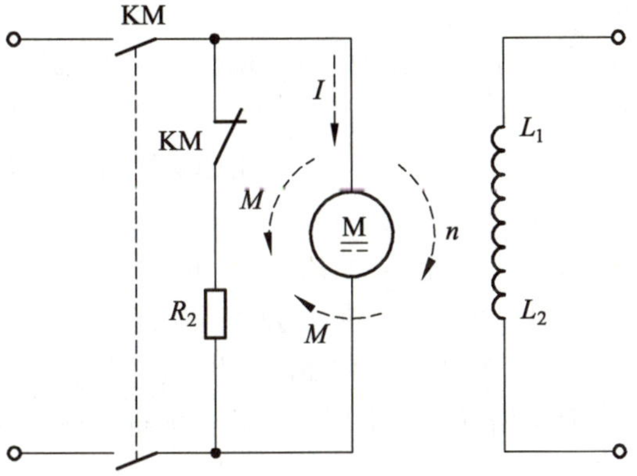

图 6-11 他励电动机能耗制动原理图(新增加的图)

2. 单向运行能耗制动电路

如图 6-12 所示的他励直流电动机的能耗制动电路，其中，KM_1 为电源接触器，KM_2、KM_3 为起动接触器，KM_4 为制动接触器，KA_1 为过电流继电器，KA_2 为欠电流继电器，KA_3 为电压继电器，KT_1、KT_2 为时间继电器。

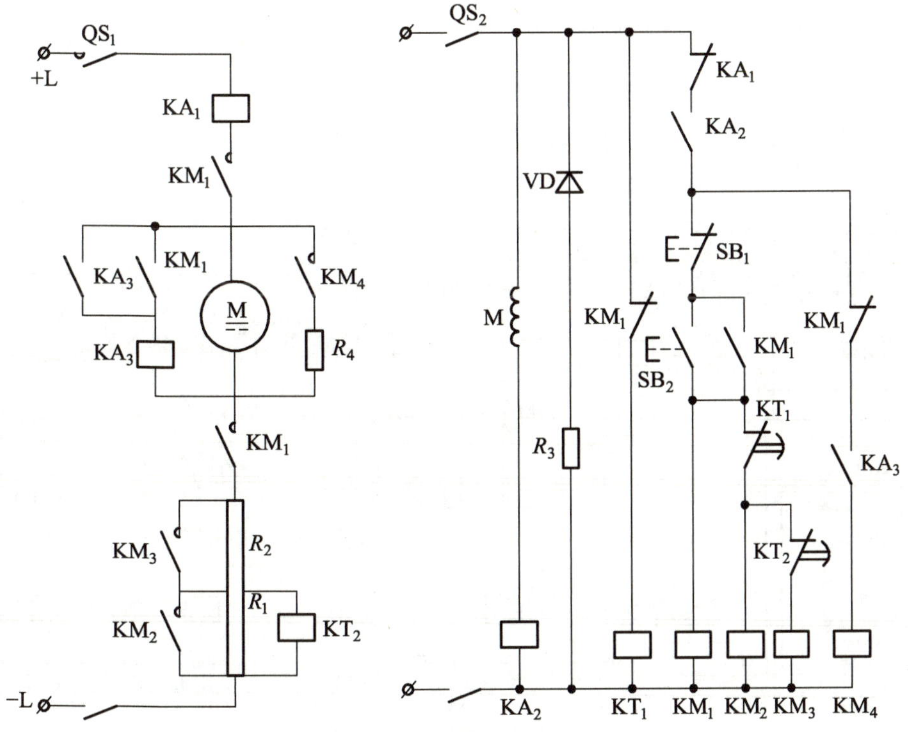

图 6-12 直流电动机单向旋转能耗制动电路

电路工作情况如下：

（1）启动：合上电源开关 QS_1、QS_2，KT_1 通电，其常闭触点断开，切断 KM_2、KM_3 电路。保证起动时串入电阻 R_1、R_2。按下起动按钮 SB_2，KM_1 通电并自锁，主触点闭合，接通电动机电枢电路，电枢串入二级电阻起动，同时 KT_1 断电，为 KM_2、KM_3 通电短接电枢回路电阻做准备。在电动机起动的同时，并接在 R_1 电阻两端的 KT_2 通电，其常闭触点打开，使 KM_3 不能通电，确保 R_2 串入电枢。

经一段时间延时后，KT_1 延时闭合触点闭合，KM_2 通电，短接电阻 R_1，随着电动机转速升高，电枢电流减小，为保持一定的加速转矩，起动过程中将串接电阻逐级切除，就在 R_1 被短接的同时，KT_2 线圈断电，经一定延时，KT_2 常闭触点闭合，KM_3 通电，短接 R_2，电动机在全电压下运转，起动过程结束。

电动机保护环节：过电流继电器 KA_1 实现过载保护和短路保护；欠电流继电器 KA_2 实现欠磁场保护；电阻 R_3 与二极管 VD 构成电动机励磁绕组断开电源时的放电回路，避免发生过电压。

（2）停机：停车时，按下停止按钮 SB_1，KM_1 断电，切断电枢直流电源。此时电动机因惯性仍以较高速度旋转，电枢两端仍有一定电压，并联在电枢两端的 KA_3 经自锁触点仍保持通电，使 KM_4 通电，将电阻 R_4 并接在电枢两端，电动机实现能耗制动，转速急剧下降，电枢电动势也随之下降，当降至一定值时，KA_3 释放，KM_4 断电，电动机能耗制动结束。

3. 直流电动机控制的反接制动电路

在图 6-13 中，KM_1、KM_2 为正、反转接触器，KM_3、KM_4 为启动接触器，KM_5 为反接制动接触器，KA_1 为过电流继电器，KA_2 为欠电流继电器，KA_3、KA_4 为反接制动电压继电器，KT_1、KT_2 为时间继电器，R_1、R_2 为启动电阻，R_3 为放电电阻，R_4 为制动电阻，SQ_1 为正转变反转行程开关，SQ_2 为反转变正转行程开关。

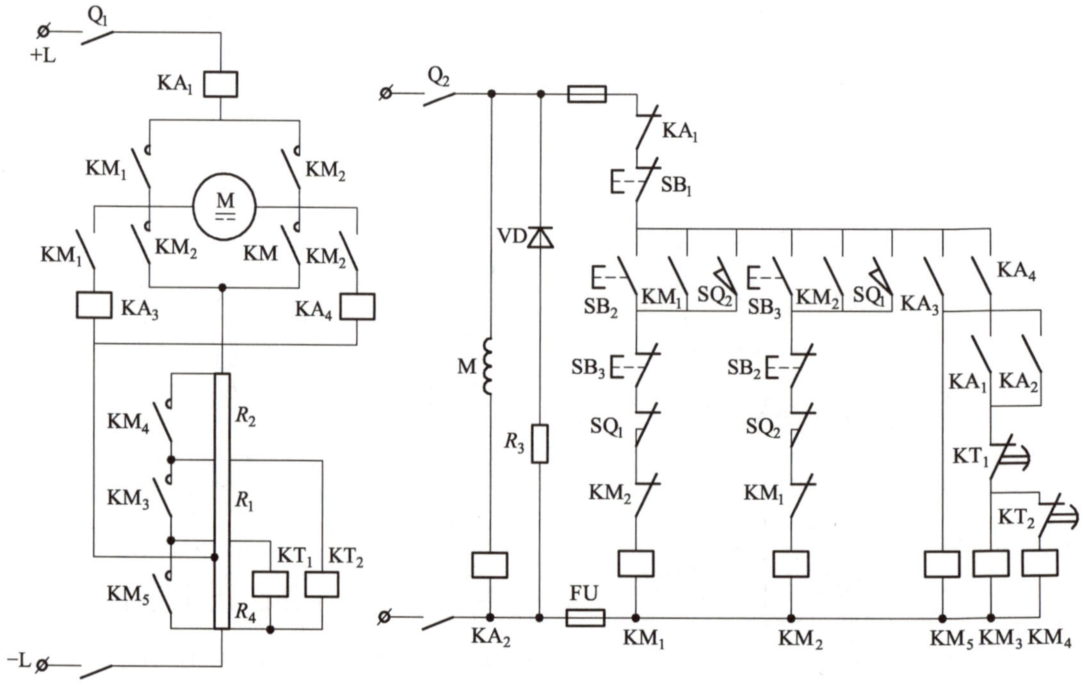

图 6-13　直流电动机控制的可逆旋转反接制动控制电路

该电路采用时间原则两级启动，能正、反转运行，并能通过行程开关 SQ_1、SQ_2 实现自动换向。在换向过程中，电路能实现反接制动，以加快换向过程。下面以电动机正向转反向为例说明电路工作情况。电动机正向运转，拖动运动部件，当撞块压下行程开关 SQ_1 时，KM_1、KM_3 ~ KM_5、KA_3 断电，KM_2 通电，使电动机电枢接上反向电源，同时 KA_4 通电，反接时的电枢电路如图 6-14 所示。

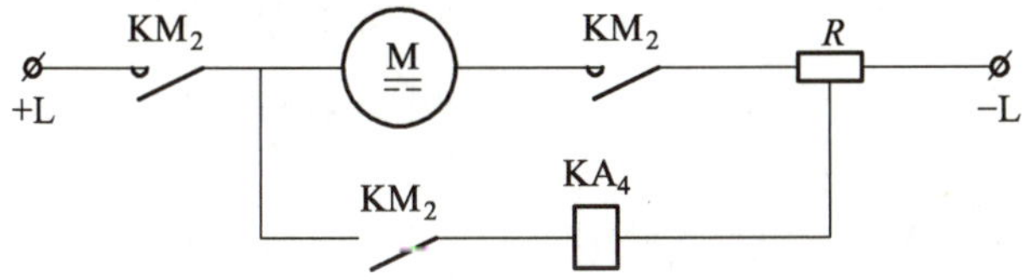

图 6-14　反接时的电枢电路

由于机械惯性存在，电动机转速 n 与电动势 E_m 的大小和方向来不及变化，且电动势 E_m 的方向与电压降 IR 方向相反，此时反接电压继电器 KA_4 的线圈电压很小，不足以使 KA_4 通电，使 KM_3 ~ KM_5 线圈处于断电状态，电动机电枢串入全部电阻进行反接制动。随着电动机转速下降，E_m 逐渐减小，反接继电器 KA_4 上电压逐渐增加。当 $n≈0$ 时，Em≈0，加至 KA4 线圈两端电压使它吸合，使 KM_5 通电，短接反接制动电阻 R_4 电动机串入 R_1、R_2 进行反向启动，直至反向正常运转。

当反向运转拖动运动部件，撞块压下行程开关 SQ_2 时，则由 KA_3 控制实现反转—制动—正向启动过程。

项目实施

电动机反接制动电路和能耗制动电路的设计。

1. 简述速度继电器的工作原理

2. 分析图 6-14 可逆行制动电路的动作过程

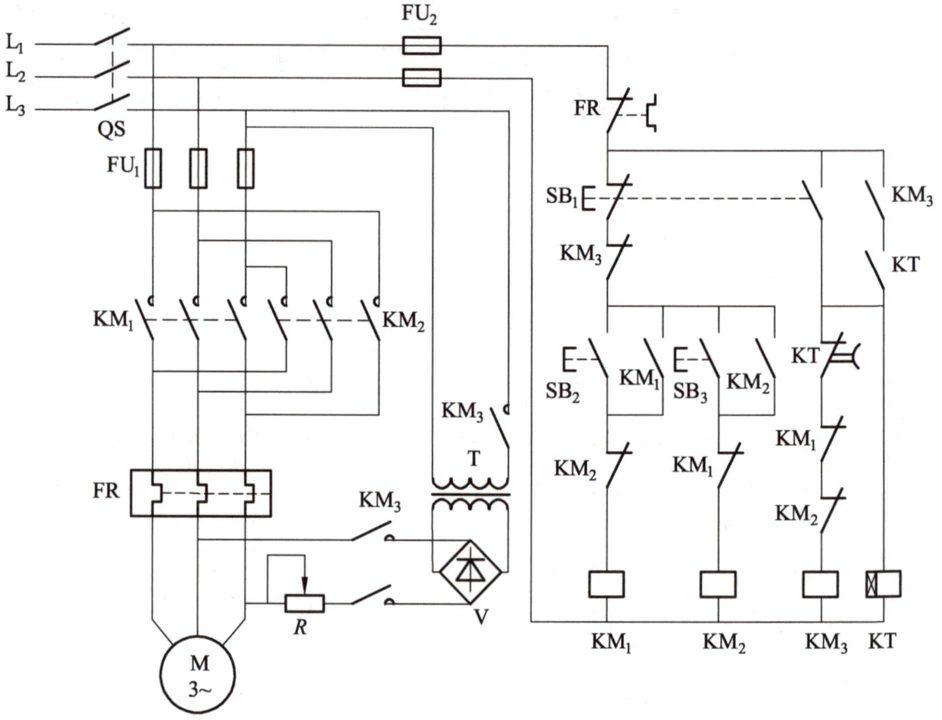

图 6-14　逆行制动电路

3. 分析图 6-15 速度原则控制的能耗制动电路的动作过程

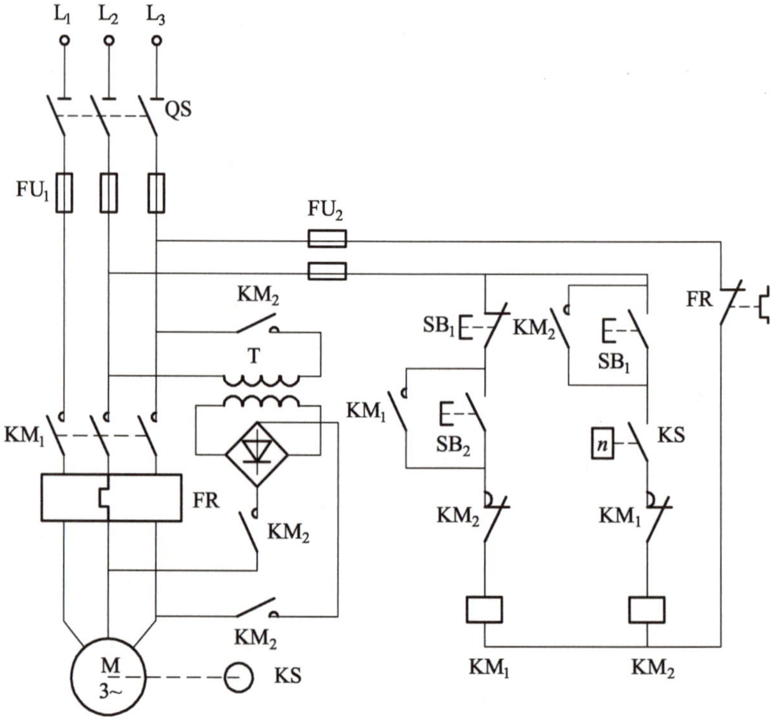

图 6-15　能耗制动电路

能力测试

1. 在实验室完成三相异步电动机单向启动反接制动控制电路图的安装与调试（见图6-16）。其中元器件的安装为 10 分，控制线路的布线为 10 分，通电试车 30 分（第一次通电不成功扣 10 分；第二次通电不成功扣 20 分；第三次通电不成功扣 30 分），安全操作和 6S 操作共 20 分（未经允许擅自通电扣 10 分，未遵守实验室 6S 管理扣 10 分）。

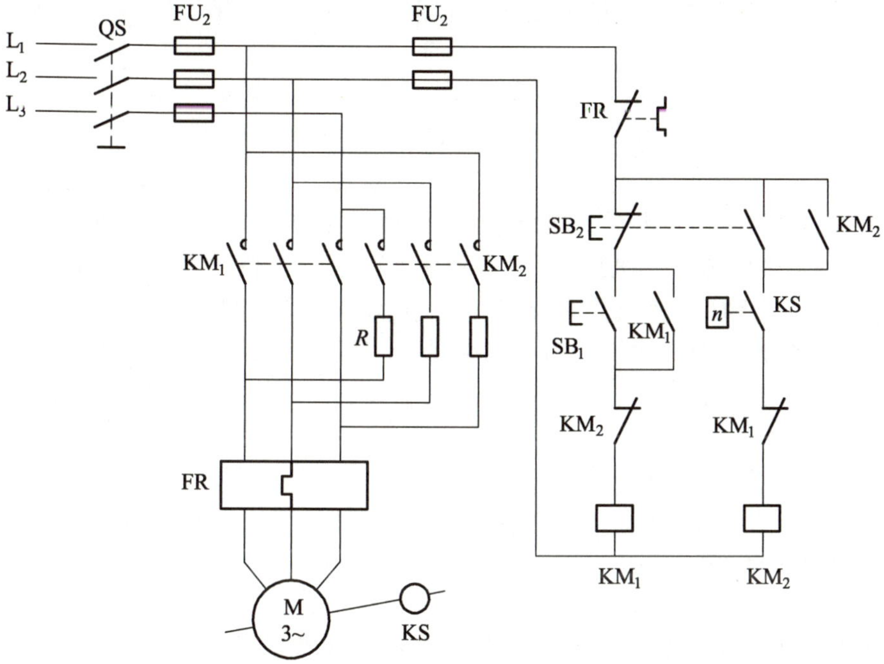

图 6-16　三相异步电动机单向启动反接制动控制电路

2. 在上述项目的安装调试过程中你出现哪些问题？如何解决的？反接制动电路为什么要在零速时切断电源？反接制动和能耗制动电路相比各有什么特点？

项目 7　电动机的调速控制电路

项目导读

在机床控制电路或者运动单元控制电路中经常需要改变电机的转速，在由三相异步电动机作为原动机的电力系统中，被拖动的生产机械为适应工艺过程的要求，往往需要改变电动机的运行速度。由电动机的速度公式 $n=(1-s)n_0=(1-s)60f_1/p$，可知三相异步电动机调速方法主要有改变磁极对数 p，即变极调速，改变电源频率 f 即变频调速等。

项目目标

（1）学习和掌握变极调速的原理。

（2）掌握变极调速的三角形、星形和双星形三种接法，变极调速控制线路的结构和接线。

（3）能够正确分析各控制电路的工作原理，会在实际应用中检测、维修和设计相应的控制线路。

（4）了解变频器的原理、分类、变频器多段速参数设置。

（5）会在实际应用中进行变频控制线路的设计，检测、维修。

技能目标

（1）知道变极调速常用的三角形、星形和双星形控制电路特点。

（2）能够安装和调试变极调速的控制线路。

（3）能够进行控制线路的故障检测和排除故障。

（4）能够进行多段速控制电路设计、安装和电路功能调试。

（5）能排除变频器的多段速控制电路常见的故障。

相关知识

7.1　变极调速控制电路

1. 变极调速的原理

变极调速是通过改变定子空间磁极对数的方式改变同步转速，从而达到调速的目的。在恒定频率情况下，电动机的同步转速与磁极对数成反比，磁极对数增加一倍，同步转速就下降一半，从而引起异步电动机转子转速的下降。显然，这种调速方法只能一级一级地改变转速，而不能平滑地调速。采用变极调速方法的电动机称作多速电机，由于调速时其转速呈跳跃性变化，因而只用在对调速性能要求不高的场合，如铣床、镗床、磨床等机床上。

变极调速 1　　　　变极调速 2

变极调速控制电路的电动机定子绕组的接线方式通常采用并联和串联，如图 7-1 所示为并联方式，图 7-2 所示为串联方式。

2. 双速电机的结构原理

双速电动机定子绕组的结构及接线方式如图 7-3 所示。其中，图 7-3 所示为定子绕组结构示意图，改变接线方法可获得两种接法：图 7-3 左边为三角形接法（绕组串联），磁极对数为 2 对极，同步转速为 1500 r/min，是一种低速接法；图 7-3 右边为双星形接法（绕组并联），磁极对数为 1 对极，同步转速为 3000 r/min，是一种高速接法。

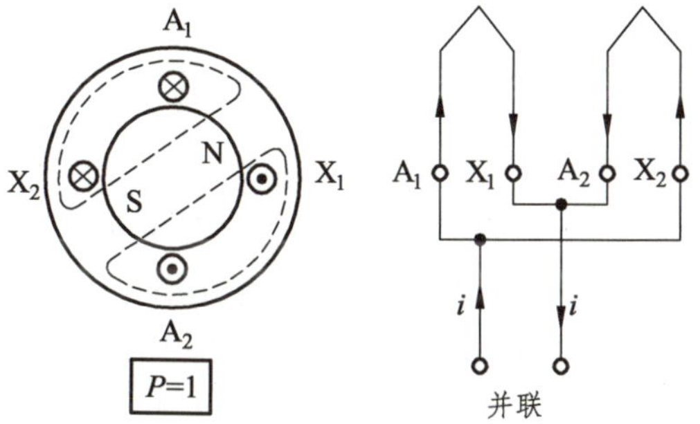

图 7-1　定子绕组并联接线方式

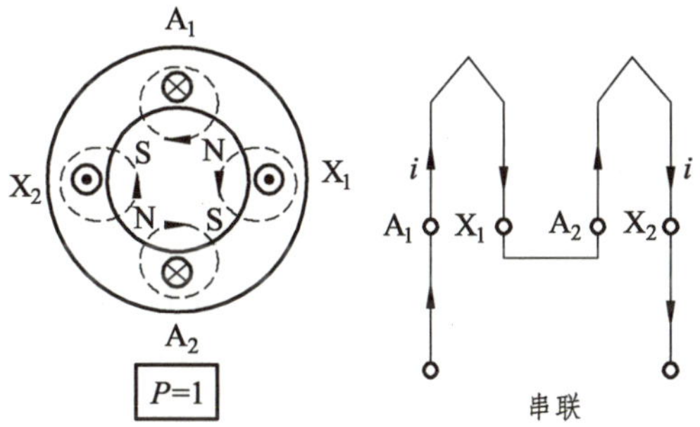

图 7-2　定子绕组串联接线方式

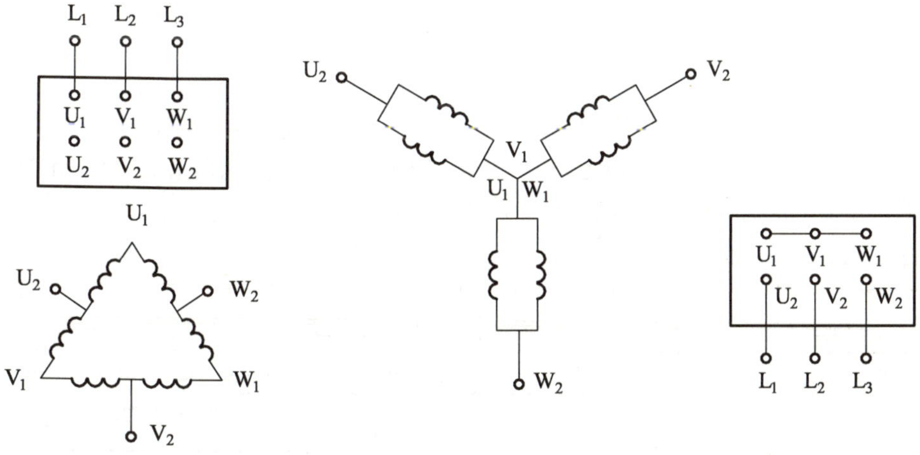

图 7-3　双速电动机定子绕组的结构及接线方式

3. 按钮控制的双速异步电动机变极调速控制电路设计

按钮控制的双速异步电动机变极调速控制电路如图 7-4 所示。

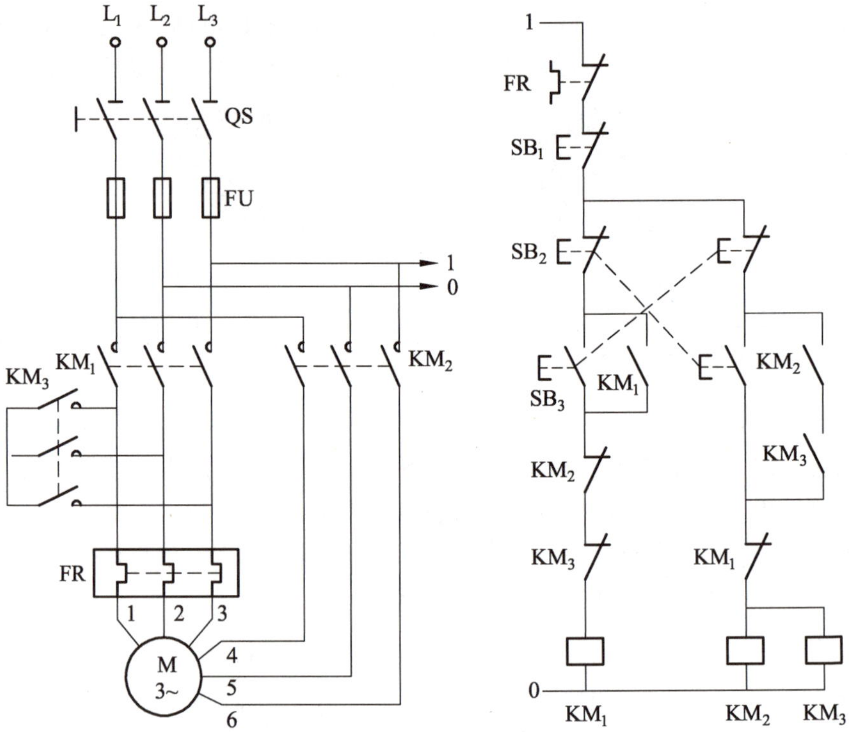

图 7-4　按钮控制的双速异步电动机变极调速控制电路

用按钮控制的双速电动机高、低速控制电路，如图 7-4 所示，其控制电路主要由两个复合按钮和三个接触器组成，SB_2为高速启动按钮，SB_3为低速启动按钮。在主电路中电机绕组接成三角形，从三个顶角处引出 U_1、V_1、W_1与接触器 KM_1主触点连接，即图 7-4 中的 1、2、3 与接触器 KM_1主触点连接；在三相绕组的中间抽头引出 U_2、V_2、W_2与接触器 KM_2主触点连接，即图 7-4 中的 4、5、6 与接触器 KM_2主触点连接；在 U_1、V_1、W_1三者之间又与接触器 KM_3主触点连接。它们的控制电路由复合按钮 SB_2、SB_3和接触器 KM_1、KM_2的辅助常闭触点实现复合电气联锁。

线路动作原理分析：

低速运行：合上 QS，当按下 SB_3复合按钮时，SB_3接通 KM_1线圈并自锁，主回路 KM_1主触点闭合，同时 SB_3断开接触器 KM_2和 KM_3线圈（互锁），接触器 KM_2和 KM_3主回路的主触点断开，电动机定子绕组连接成三角形接法，磁极对数为 2 对极，同步转速为 1500 r/min；电机低速运行，动作过程具体如下：

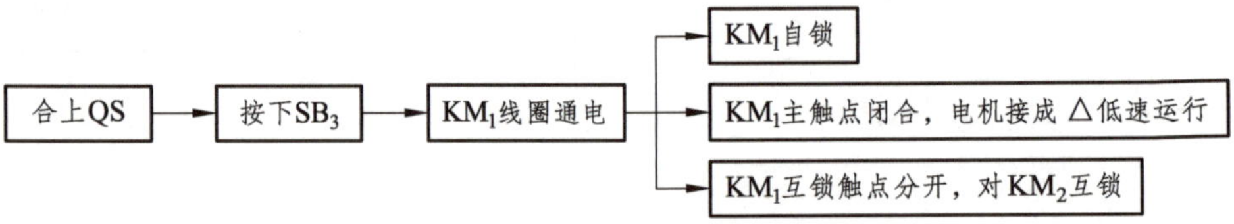

高速运行：合上 QS，而当按下 SB_2复合按钮时，接触器 KM_2和 KM_3线圈得电并自锁，主回路 KM_2和 KM_3主触点闭合，同时接触器 KM_1线圈失电（互锁），主回路 KM_1主触点断开，电动机定子绕组连接成双星形接法，磁极对数为 1 对极，同步转速为 3000 r/min，电动机高速

运行，动作过程具体如下：

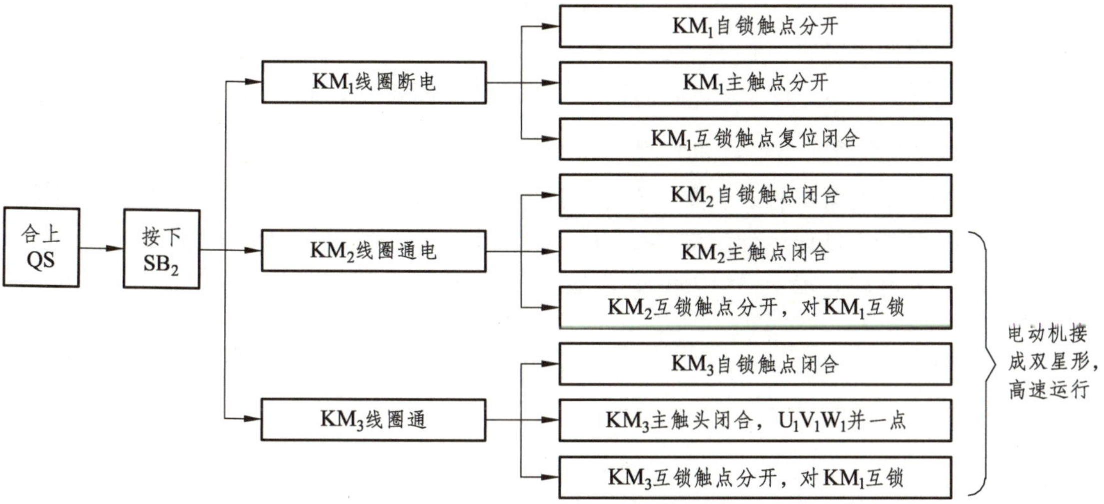

4. 时间继电器控制的双速异步电动机变极调速控制电路设计

时间继电器控制的双速异步电动机变极调速控制电路如图 7-5 所示。

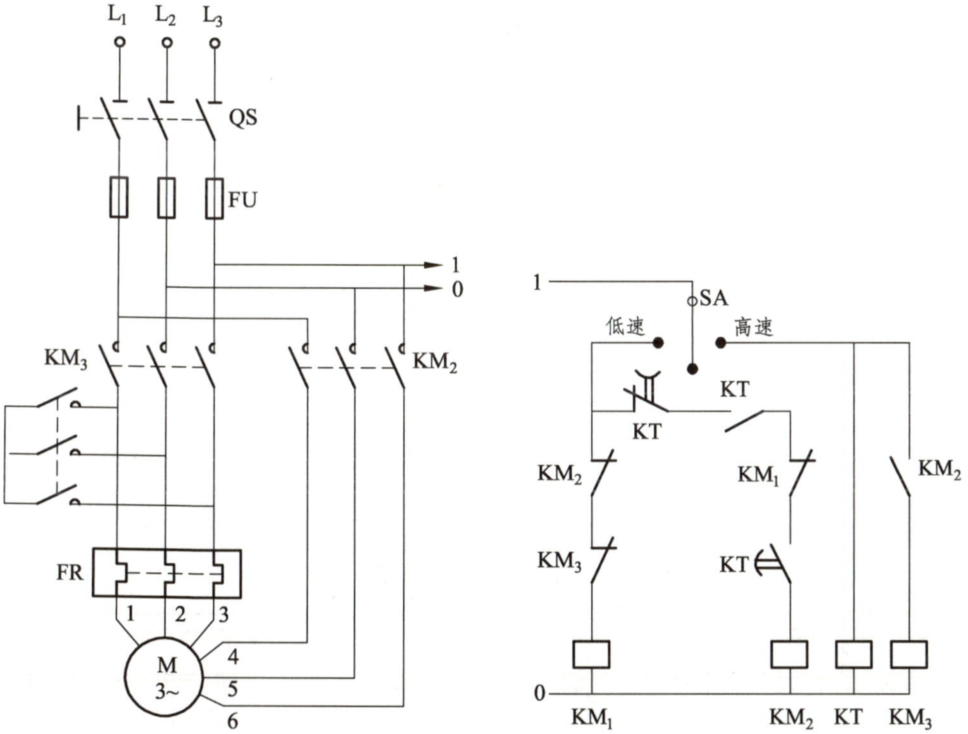

图 7-5 时间继电器控制的双速异步电动机变极调速控制电路

电路原理分析：

（1）SA 打到中间位置，中间位置所有接触器和时间继电器都不接通，电动机控制电路不起作用，电动机处于停止状态。

（2）SA 打到低速位置接通 KM_1 线圈电路，互锁断开 KM_2、KM_3 线圈电路，其触点动作的结果是电动机定子绕组接成三角形，以低速运转。

（3）SA 打到高速位置接通 KT 线圈，KT 触头闭合接通 KM_1 线圈电路，电动机定子绕组接成三角形，以低速启动，延时时间到，KM_1 线圈失电，KM_2、KM_3 线圈通电，电动机定子绕组接成双星形，高速运转。该电路的特点是高速运转必须由低速运转过渡。

5. 三速三相交流异步电动机调速线路

三速笼型异步电动机的定子槽安装有两套绕组，分别是三角形绕组和星形绕组，其结构如图 7-6（a）所示。低速运行按图 7-6（b）所示接线，定子绕组为三角形接法。中速运行按图 7-6（c）所示接线，定子绕组为星形接法。高速运行按图 7-6（d）所示接线，定子绕组为双星形接法。

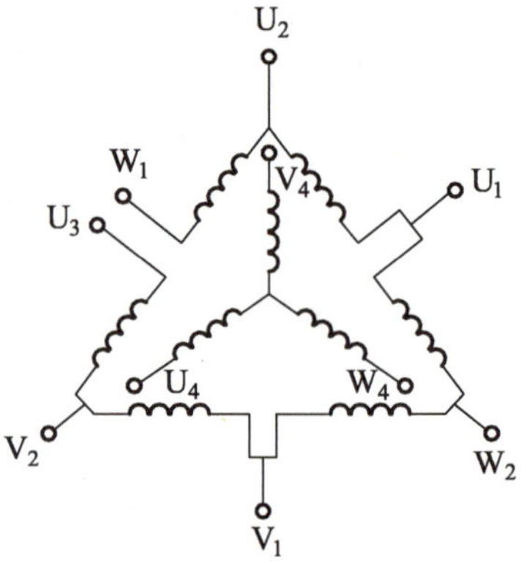

（a）

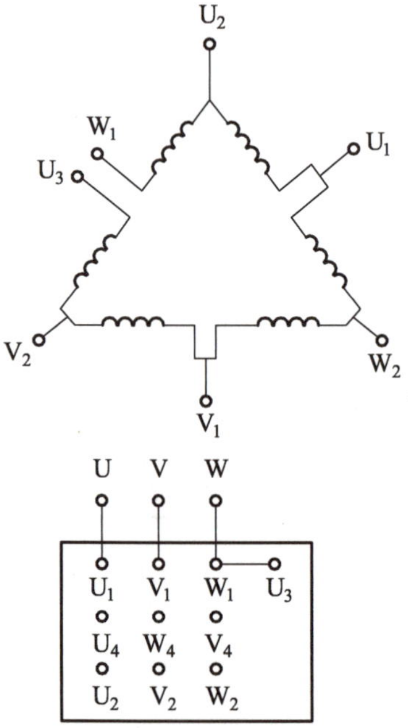

（b）

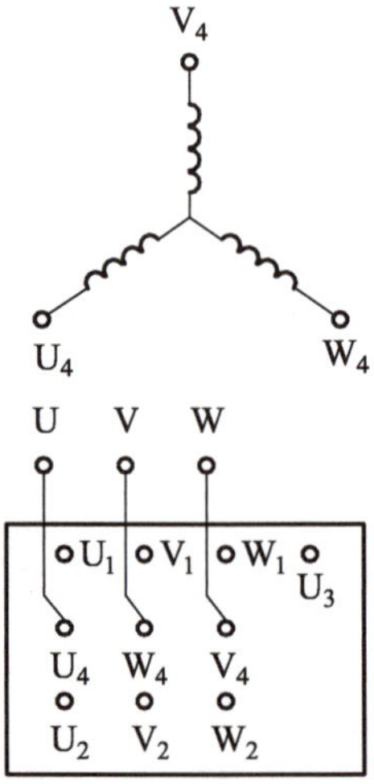

（c）

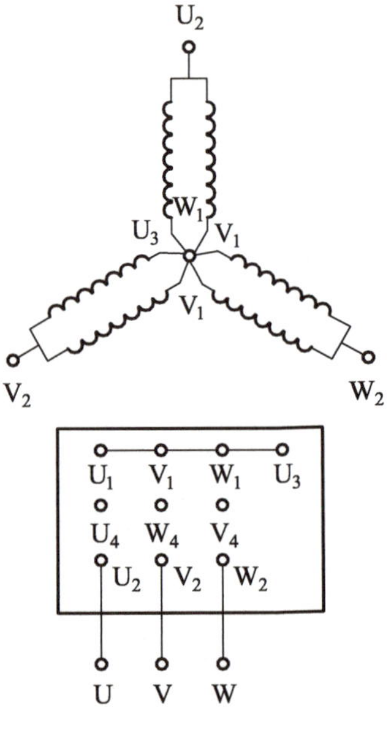

（d）

图 7-6　三速笼型异步电动机的定子绕组接线图

线路动作原理为：

图 7-7 所示为三速笼型电动机控制线路，图中 SB_1，SB_2，SB_3 分别为低速、中速、高速按钮，KM_1，KM_2，KM_3 分别为低速、中速、高速接触器。

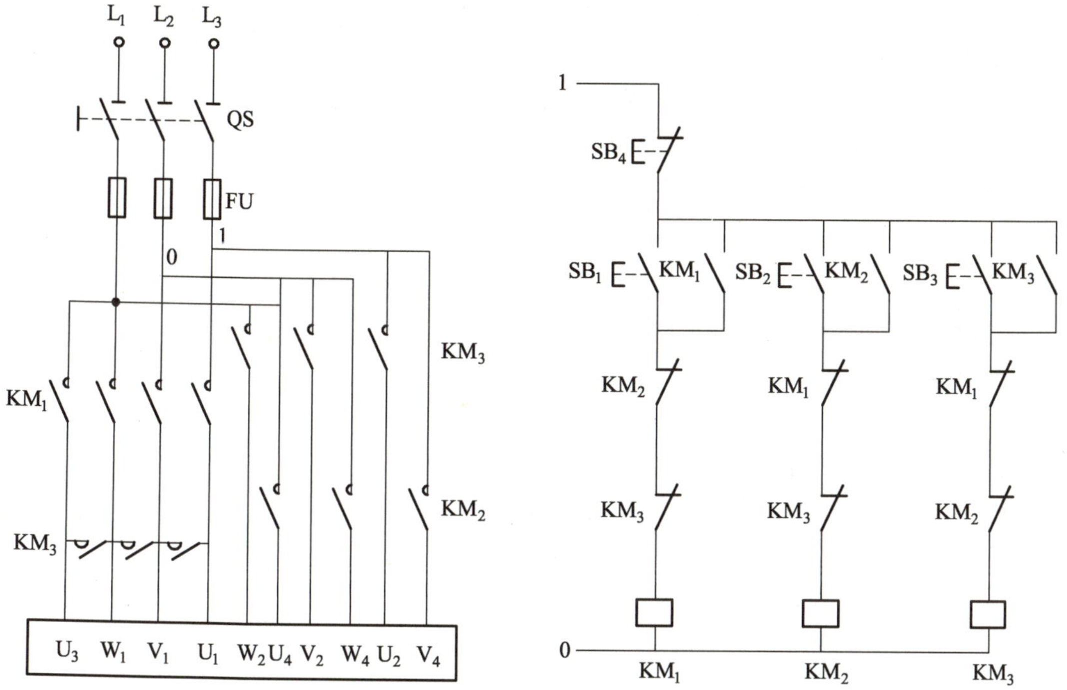

图 7-7　三速笼型电动机控制线路

按下任何一个速度启动控制按钮（SB_1，SB_2，SB_3），对应的接触器线圈得电，其自锁和互锁触点动作，完成对本线圈的自锁和对另外接触器线圈的互锁，主电路对应的主触点闭合，实现对电动机定子绕组对应的接法，使电动机工作在选定的转速下。显然，这套线路中从任何一种速度要转换到另一种速度时，必须先按下停止按钮，因为 3 个接触器之间是电气互锁的。

7.2　变频调速控制电路

变频调速 1　　　　变频调速 2

在自动化控制中，由于生产工艺的需求，常常需要控制电动机以不同的速度来运行，即要求在一个生产过程要有不同的多段速度要求。例如某化工厂的工业离心机在运行过程中，具体要求是：按下启动按钮，电动机以 30 Hz 的速度运行；6 s 后转为 40 Hz 的速度运行；再过 10 s 后转为 50 Hz 的速度运行；10 s 后停止运行。运行中若按停止按钮，电动机立即停止。使用变频器可以方便的实现多段速的控制运行。

要实现电动机的多段速控制可以使用变频调速技术，变频调速的功能是将电网电压提供的恒压恒频交流电变换为变压变频的交流电，它是通过平滑改变异步电动机的供电频率f来调节异步电动机的同步转速 n_0，从而实现异步电动机的无级调速。这种调速方法由于调节同步转速 n_0，故可以由高速到低速保持有限的转差率，效率高，调速范围大，精度高，是交流电动机一种比较理想的调速方法。由于电动机每极气隙主磁通要受到电源频率的影响，所以实际调速控制方式中要保持定子电压与其频率为常数这一基本原则。

变频调速技术日趋成熟，故把实现交流电动机调速装置做成产品即变频器。变频器是解决交流电动机调速和启动的最好控制设备，也是目前发展最为迅速的技术之一，它的特点是输出电压、电流，频率连续可调，启动电流从零开始，节约电能。

1. 变频器的分类

按变频器的变频原理来分，它可分为：交-交变频器和交-直-交变频器。

交-交变频器和交-直-交变频器的结构如图 7-8 所示。

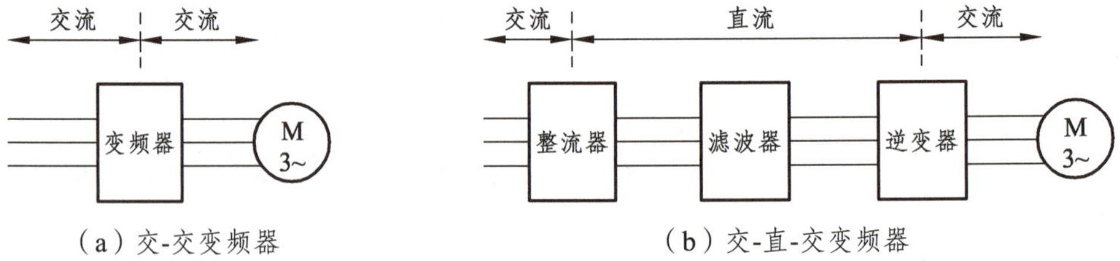

图 7-8　变频器的方框图

1）交-交变频器

如图 7-8（a）所示，交-交变频电路是不通过中间直流环节，而把电网固定频率的交流电直接变换成不同频率的交流电的变频电路。因为是直接变换，没有中间环节，所以比一般的变频器效率要高。

2）交-直-交变频器

交-直-交变频器也称为间接变频器，如图 7-8（b）所示，它先将电网交流电转换为直流电，经过中间滤波环节之后，再进行逆变才能转换为变频变压的交流电。

交-直-交电压型变频器不仅被广泛地应用于电力拖动调速系统中，而且也普遍用于高精度稳频稳压电源和不停电电源。这种变频器由整流器和逆变器两部分组成，如果在逆变器的直流侧并联有大电容，用来缓冲无功功率，称为交-直-交电压型变频器。交-直-交电压型变频器如图 7-9 所示。

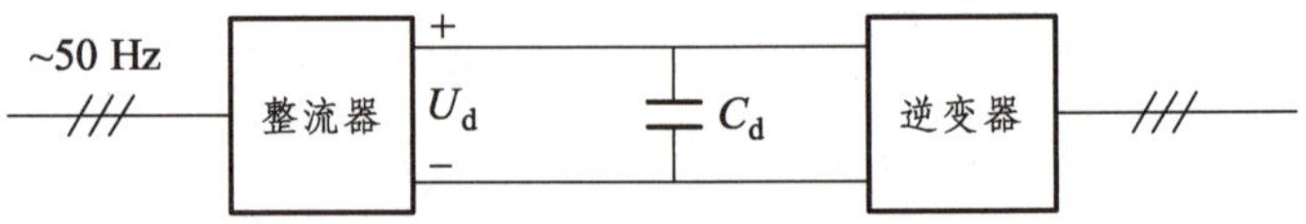

图 7-9　交-直-交电压型变频器的构成

电压型变频，由于再生制动时必须接入附加电路，电路复杂，如果在逆变器的直流侧串联有大电感，称为电流型变频器。交-直-交电流型变频器如图 7-10 所示，电流型变频器可以弥补上述不足，而且主电路结构简单、安全可靠。

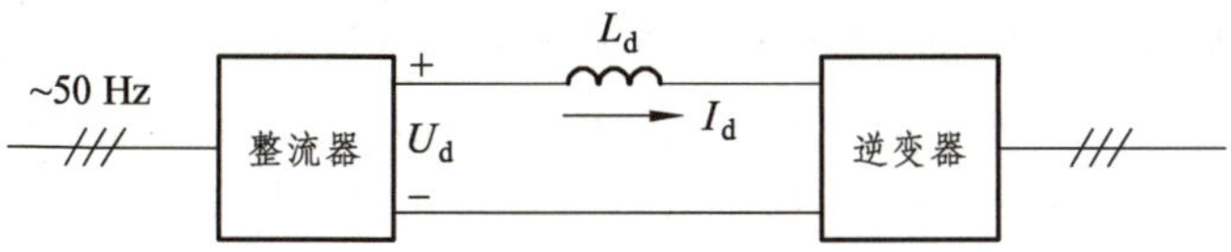

图 7-10　交-直-交电流型变频器的构成

2. 变频器和电动机的连接

近年来变频调速技术发展很快，目前主要采用图 7-11、图 7-12 所示的变频调速电路。如图 7-12 所示，R、S、T 是三相交流电源输入端，U、V、W 是变频器三相交流电输出端。

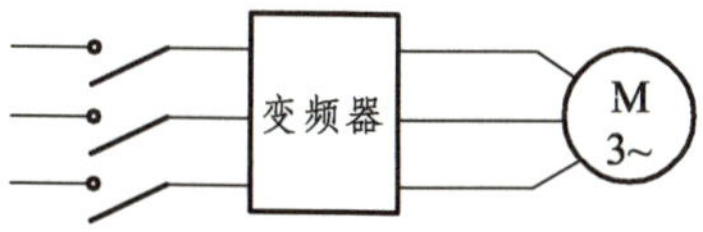

图 7-11　变频器连接框图

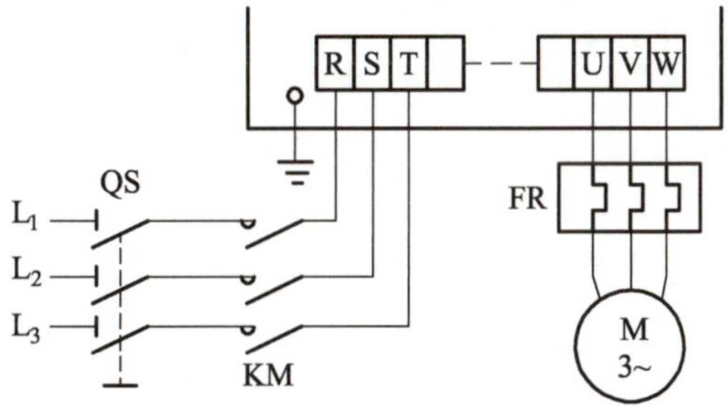

图 7-12　变频器接线图

项目实施

完成工业离心机的三段速变频控制电路的安装与调试。

1. 设计思路

本项目任务对工业离心机进行速度控制，要求实现离心机电动机三速运行。离心机三种转速按顺序执行，运行时按停止按钮随时停机，属于顺序控制。电动机转速可用 PLC 控制变频器来实现。三种转速可用变频器多段速度参数 Pr.4、Pr.5、Pr.6 来预置，由 PLC 分别给 RH、RM、RL 端子开关信号来选择速度，如表 7-1 所示。

表 7-1　变频器 7 段速度与速度参数及 RH、RM、RL 组合的关系

速度	参数	速度端子状态		
		RH	RM	RL
速度 1	Pr.4	1	0	0
速度 2	Pr.5	0	1	0
速度 3	Pr.6	0	0	1
速度 4	Pr.24	0	1	1
速度 5	Pr.25	1	0	1
速度 6	Pr.26	1	1	0
速度 7	Pr.27	1	1	1
备注	“1”表示外接开关接通，“0”表示外接开关断开			

用变频器进行调速，可将变频器的调速参数预先内部设定，再用变频器的调速输入端子进行选择切换，用 PLC 进行控制时，PLC 的输出端子控制变频器的调速输入端子，通过运行 PLC 程序实现控制。用 PLC 控制时，只需用 PLC 的输出端子控制变频器的 RH、RM、RL 调速输入端子，通过运行 PLC 程序即可实现控制，如表 7-2 所示。

表 7-2　变频器多段调速的 PLC 控制项目 I/O 分配表

输入端（I）		输出端（O）	
外接元件	输入端子	外接元件	输出端子
启动按钮 SB_1	X0	变频器 STF 端子	Y0
停止按钮 SB_2	X1	变频器 RH 端子	Y1
		变频器 RM 端子	Y2
		变频器 RL 端子	Y3

2. 完成电气控制电路设计和安装（见图 7-13）

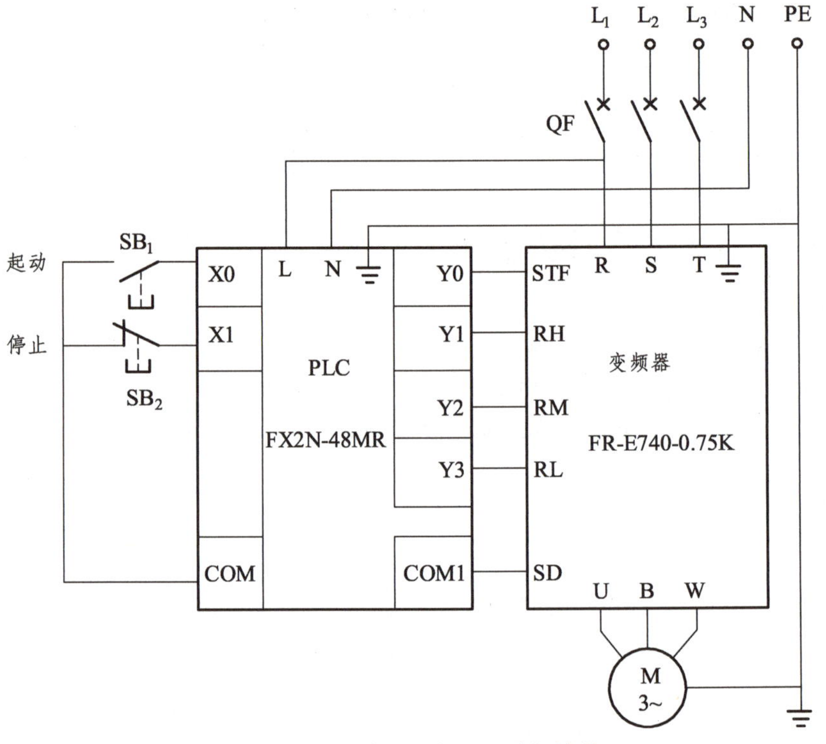

图 7-13　PLC 和变频器控制电动机接线图

3. 项目器材（见表 7-3）

表 7-3　项目器材

序号	符号	器材名称	型号、规格、参数	单位	数量	备注
1	PLC	可编程控制器	FX2N-48MR	台	1	
2	FR-E740	变频器	三菱 FR-E740-0.75K	台	1	
3	M	交流电动机	Y-112M-4380V	台	1	

续表

序号	符号	器材名称	型号、规格、参数	单位	数量	备注
4	QF	空气断路器	DZ47-D25/3P	个	1	
5	SB_1	按钮开关	LA39-11	个	1	动合
6	SB_2	按钮开关	LA39-11	个	1	动断
7		计算机	装有 GX Developer 软件	台	1	
8		连接导线		条	若干	

4. 程序编写（见图 7-14）

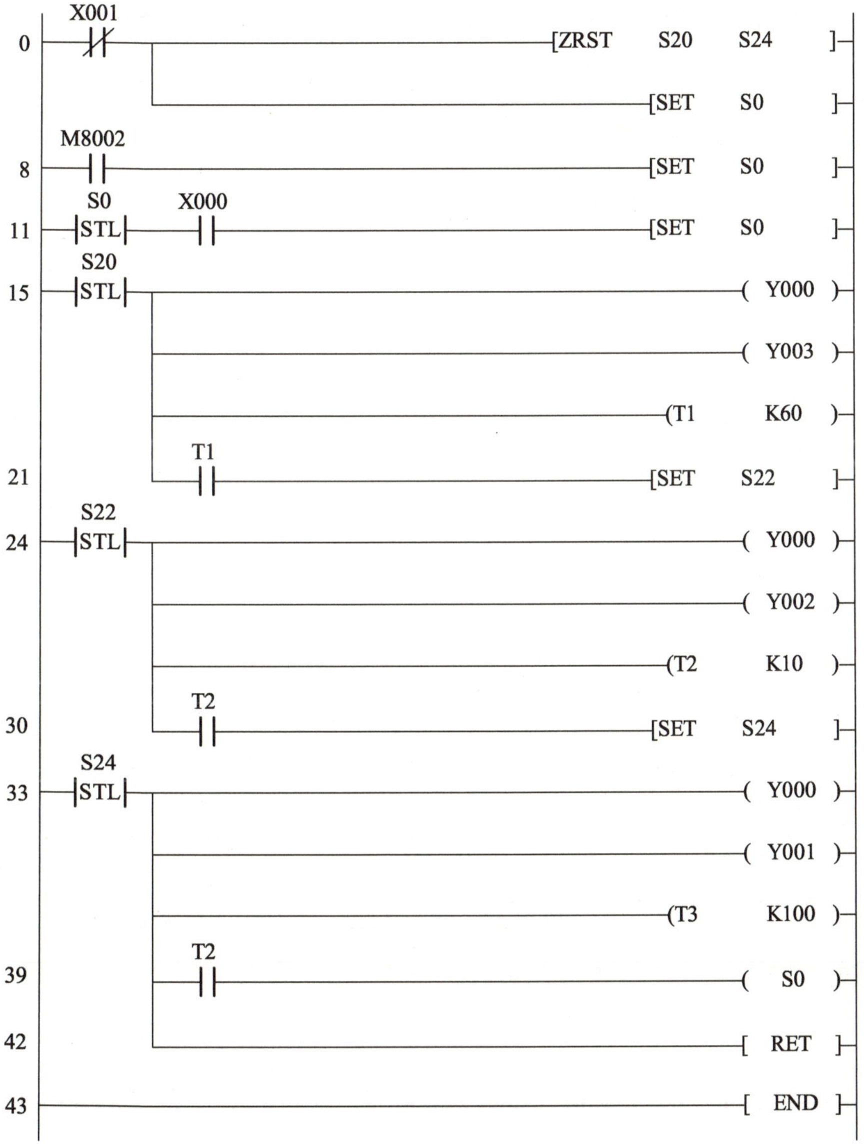

图 7-14 PLC 控制程序

5. 程序调试

（1）设置变频器参数：

上限频率 Pr1=60 Hz；下限频率 Pr2=10 Hz；基准频率 Pr3=50 Hz；操作模式选择 Pr79=3；多段速度设定 Pr4=50 Hz；多段速度设定 Pr5=40 Hz；多段速度设定 Pr6=30 Hz。

（2）输入程序并传送到 PLC，然后运行调试，看是否符合要求，否则要检查接线、变频器参数及 PLC 程序，直至按要求运行。

能力测试

（1）变极调速的原理是什么？双速和三速电动机的调速原理是什么？

（2）设计双速电动机控制线路要求分别用两个按钮操作电动机的高速启动和低速启动，用一个总停按钮控制电动机的停止。

（3）变频技术主要有哪几种类型？各有什么特点？

（4）项目功能扩展，要求正反转调速控制设计。

项目 8　控制电机驱动电路设计

项目导读

在自动控制系统中用于检测、放大、执行和计算的这类旋转电动机称为控制电机。控制电机是在普通电机理论的基础上发展起来的特殊用途的电机。控制电机和普通电动机内部都按照基本电磁定律运行，本质上都是完成能量的转换与传递的过程。但是由于控制电机和普通电动机的使用场合不同，控制目的不同，所以特性要求和性能评价指标有较大差别。普通电动机侧重于启动和运行时的性能指标，而控制电机主要承担信号的传递和转换，对控制电机的要求主要体现在可靠运行、快速响应和高精确度等方面。控制电机的种类较多，本项目主要介绍步进电动机和伺服电动机这两种常用的控制电机。步进电动机和伺服电动机实物如图 8-1 所示。

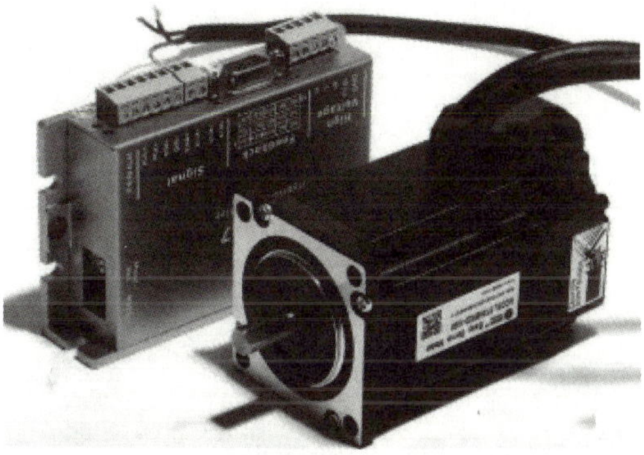

图 8-1　步进电动机和伺服电动机

知识目标

（1）学习和掌握三相步进电动机的工作原理。

（2）学习和掌握三相步进电动机与驱动器及控制器的连接与参数设置。

（3）学习和掌握伺服电动机的工作原理。

（4）学习和掌握伺服电动机与伺服驱动器及控制器的连接与参数设置。

技能目标

（1）能进行三相步进电动机与驱动器及控制器的参数设置、安装、接线和调试。

（2）能进行伺服电动机与伺服驱动器及控制器的参数设置、安装、接线和调试。
（3）能排除三相步进驱动系统的常见故障。
（4）能排除伺服驱动系统的常见故障。

项目分析

8.1　步进电动机的控制电路

一、步进电动机的作用

步进电机是一种用电脉冲信号进行控制，并将电脉冲信号转换成相应的角位移（或线位移）的一种控制电机。

步进电机的作用及运行方式

步进电机与普通电机不同，普通电动机是连续旋转的，步进电机则是一步一步转动的，每输入一个电脉冲信号，电机就转过一个角度或者移动一段直线距离。它可以看成是一种特殊运行方式的同步电机，可作为数字控制系统中的执行元件，将输入的脉冲电信号变换为阶跃性的角位移或直线位移。如图 8-2 所示，因为每输入一个脉冲信号，电动机就转动一个角度或前进一步，所以这种电动机叫做步进电动机。又因为它输入的既不是正弦交流电，也不是恒定直流电，而是脉冲电流，所以又称它为脉冲电动机。

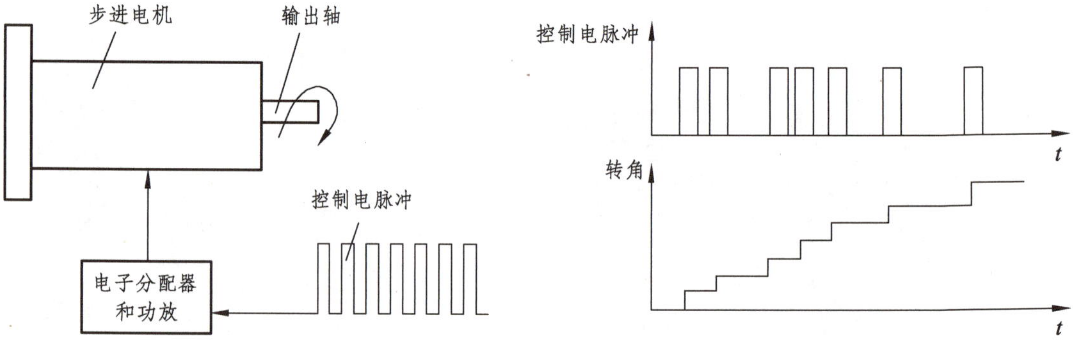

图 8-2　步进电动机的运行特点

步进电动机受脉冲信号控制，它的直线位移量或角位移量与电脉冲数成正比，所以电动机的直线速度或转速也和脉冲频率成正比，通过改变脉冲频率的高低就可以在一定的范围内调节电动机的转速，并能快速启动、制动和反转。步进电动机是受脉冲信号控制的，所以步进电机不需要变换，就能直接将数字信号转换成角位移或线位移，每转一圈都有固定的步数，在不失步的情况下运行，其步距误差不会长期积累，因而具有精度高、惯性小的特点，既可用作驱动电动机，又可用作伺服电动机，作为数字控制系统开环或闭环的执行元件。

二、步进电动机的分类

步进电动机种类繁多，按其运动形式可以分为旋转式步进电动机和直线步进电动机两类；按其工作原理可以分为反应式、永磁式和混合式三类。这里我们介绍三相反应式步进电动机的工作原理。

三、步进电动机的结构

步进电机是将电脉冲信号转变为角位移或配合以直线运动执行机构或齿轮箱装置，更可以实现更加复杂、精密的线性运动控制要求。如图 8-3 所示，是步进电动机的结构图，步进电机一般由前后端盖、轴承、中心轴、转子铁芯、定子铁芯、定子组件、波纹垫圈、螺钉等部分构成。

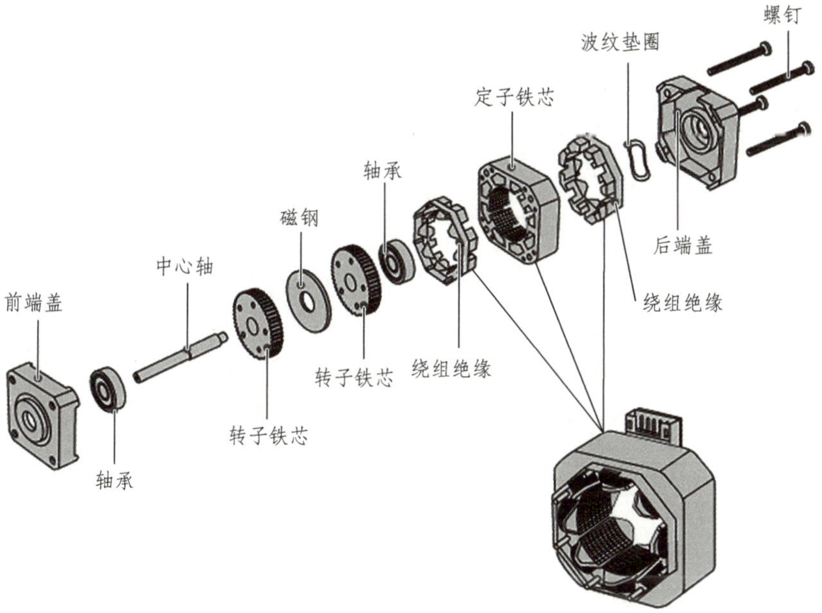

图 8-3　步进电机的结构

四、三相反应式步进电动机的原理

反应式步进电动机也称为磁阻式步进电动机。传统的交直流电动机依靠定子、转子绕组电流所产生的磁场间的相互作用形成转矩与转速，而反应式步进电动机与传统电动机工作原理不同，它遵循磁通总是沿磁阻最小的路径闭合的原理，凸极转子交轴磁阻与直轴磁阻之差所产生的反应转矩（或磁阻转矩），该转矩为磁阻性质的转矩，在该转矩的作用下推动电动机旋转。

反应式步进电动机一般在定子上嵌有几组控制绕组，每组绕组为一相，但至少要有三相以上，否则不能形成启动力矩。定子的磁极数通常为相数 m 的 2 倍，每个磁极上都装有控制绕组，绕组形式为集中绕组，在定子磁极的极弧上开有小齿。转子由软磁材料制成，转子沿圆周上也有均匀分布的小齿，它与定子极弧上的小齿有相同的分度数且齿形相似。定子磁极的中心线即齿的中心线或槽的中心线。下面以三相反应式步进电动机为例，说明其工作原理。如图 8-4 所示，三相反应式步进电动机的定子上有 6 个磁极，分别是 A、A′、B、B′、C、C′，称为控制绕组，每两个相对的极组成一相。转子由 4 个均匀分布的齿组成，齿上没有绕组。

当 A 相控制绕组通电、B 相 C 相控制绕组断电时，因磁通要沿着磁阻最小的路径闭合，在磁力作用下，将使对应的转子齿和定子极 A－A′ 对齐，如图 8-5（a）所示；当 B 相控制绕组通电、A 相 C 相断电时，转子将在空间逆时针转过 30°，使另一对转子齿与定子极 B－B′ 对齐，如图 8-5（b）所示；当 C 相控制绕组通电、A 相 B 相断电时，转子又在空间逆时针转过 30°，使另一对转子齿和定子极 C－C′对齐，如图 8-5（c）所示。如此循环往复，按 A-B-C-A 顺序通电，步进电机便按逆时针方向转动。若按 A-C-B-A 的顺序通电，则电动机将顺时针转动。改变三相绕组通电的顺序就改变了电动机的转向。步进电动机的转速则取决于控制绕组与电源接通或断开的变化频率。

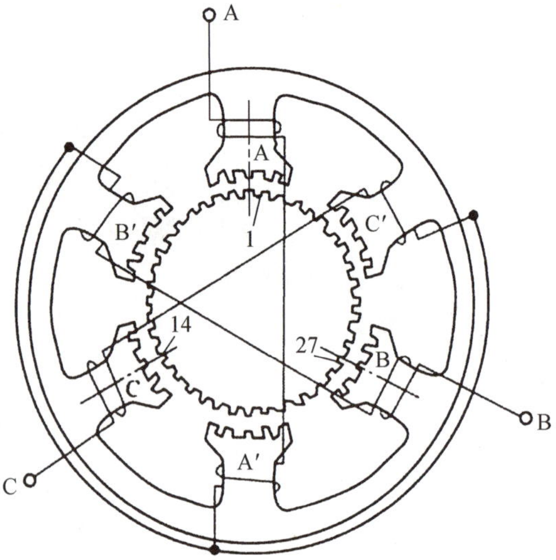

图 8-4　三相反应式步进电动机结构图

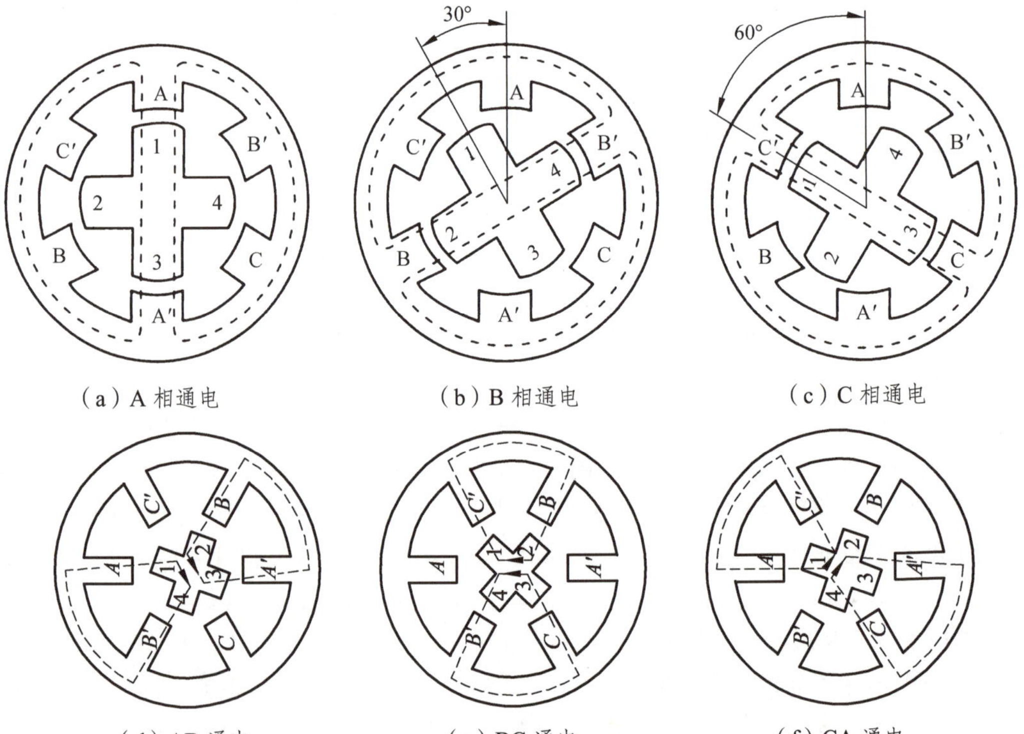

（a）A 相通电　（b）B 相通电　（c）C 相通电

（d）AB 通电　（e）BC 通电　（f）CA 通电

图 8-5　三相反应式步进电机的工作原理图

五、步进电动机的运行方式

步进电动机运行方式，是指其控制绕组的通电方式。常用的运行方式有单拍运行方式、双拍运行方式、单双拍运行方式。

步进电动机的控制绕组每改变一次通电方式，称为一拍，而每一拍步进电动机转子转过的机械角度称为步距角。选用不同的运行方式，可使步进电动机具有不同的工作性能，即使同一台步进电动机，如果运行方式不同，则其步距角也不相同。下面以三相步进电动机为例，说明其运行方式。

1. 三相单拍运行方式

“三相”即三相步进电机，具有三相控制绕组；“单”是指每次只有一相控制绕组通电，其余两相断电；“三拍”是指经过三次切换控制绕组的通电状态为一个循环，第四次换接重复第一次的情况。如图 8-5 所示，通电顺序为 A-B-C-A，称为“三相单三拍”运行方式，此时，三相反应式步进电机的步距角是 30°。

2. 三相双拍运行方式

在单三拍运行方式下，转子磁极因“失磁”而不能保持自行“锁定”的平衡位置，即失去了“自锁”能力，易出现失步现象；控制绕组断电和通电的过程会使得转子经历启动加速、减速的过程，在平衡点附近容易产生振荡现象，故运行的稳定性差。因此在实际中应用较少。因此，常采用“双三拍”或单、双六拍的控制方式，“双”是指每次有两相控制绕组通电。如图 8-5 所示，通电顺序为 AB-BC-CA-AB，称为“三相双三拍”运行方式。此时，三相反应式步进电机的步距角也是 30°。

3. 单双拍运行方式

这种方式，单相控制绕组和两相控制绕组交叉通电。例如，A-AB-B-BC-C-CA-A 的通电方式为“单双六拍”方式。这种方式，有时是单个控制绕组通电，有时又为两个控制绕组通电，且定子三相控制绕组需经过 6 次切换通电状态才能完成一个循环。如图 8-5 所示，三相单双拍运行时，三相反应式步进电机的步距角是 15°。

六、步进电动机的主要性能指标

1. 步距角

步距角定义为每输入一个电脉冲信号转子转过的角度。它是实际的机械角度，其大小直接影响步进电动机的启动和运行频率。外形尺寸相同的电动机，步距角小的往往启动及运行频率较高，但转速和输出功率不一定高。步距角的计算公式如下：

$$\theta=\frac{360°}{mZ_{\mathrm{r}}C} \tag{8-1}$$

式（8-1）中，C 为通电状态系数，采用单拍或双拍通电方式时值为 1，采用单双拍通电方式时值为 2；Z_{r} 为转子齿数；m 为控制绕组的相数。

例如，对于转子齿数 $Z_r=30$ 的步进电机，三相三拍运行时步距角是 $\theta=\dfrac{360°}{3\times 30°}=4°$，三相六拍运行时步距角是 $\theta = \dfrac{360°}{3 \times 30° \times 2} = 4°$。

两相混合式步进电机步距角一般为 1.8°、0.9°，五相混合式步进电机步距角一般为 0.72°、0.36°。也有一些高性能的步进电机通过细分后步距角更小。例如具有 16 挡细分能力的步进驱动器，其步距角通过拨码可以选择 1.8°、0.9°、0.45°、0.36°、0.225°、0.18°、0.1125°、0.09°、0.072°、0.056 25°、0.045°、0.036°、0.028 125°、0.018°、0.0144°、0.014°。

2. 静态步距角误差

静态步距角误差是指实际的步距角与理论的步距角之间的差值，通常用理论步距角的百分数或绝对值来衡量。静态步距角误差小，表示步进电动机精度高。

3. 最大静转矩（保持扭矩）

最大静转矩是指步进电动机在规定的通电相数下，步距特性上的转矩最大值。通常技术数据中所规定的最大静转矩是指每相绕组通额定电流时所得的值。一般来说，最大静转矩较大的电动机，可以带动较大的负载。

4. 启动频率和起动矩频特性

启动频率是指在空载情况下，已励磁电机直接启动而不丢步的最高脉冲频率。它是步进电动机的一项重要指标。在一定负载惯量下，启动频率随负载转矩变化的特性称为起动矩频特性。

5. 运行频率和运行矩频特性

运行频率是指在空载情况下，已励磁电机运行而不丢步的最高脉冲频率。当电动机带着一定负载运行时，运行频率与负载转矩大小有关，两者的关系称为运行矩频特性。

6. 额定电流（相电流）

额定电流是指电动机静止时每相绕组允许的最大电流。当电动机运行时，每相绕组中是脉冲电流，电流表指示的读数是脉冲电流的平均值，而非额定值。

7. 额定电压

额定电压是指驱动电源提供的直流电压，一般不等于加在绕组两端的电压。

七、步进电动机与驱动器的连接

步进电动机需要专用驱动装置（驱动器）供电，驱动器和步进电动机是一个有机的整体，步进电动机的运行性能是电动机及其驱动器二者配合所反映的综合效果。步进电机驱动器的作用是接收来自控制器（例如 PLC）输出的特定数量和频率的脉冲信号、接收来自控制器（例如 PLC）输出的电机旋转方向的信号，并驱动步进电动机运行。步进电动机驱动器把直流电压通过脉宽调制技术变为三相阶梯式正弦波形电流，阶梯式正弦波形电流按固定时序分别流过三路绕组，其每个阶梯对应电机转动一步。通过改变驱动器输出正弦电流的频率可以调整电动机转速。

步进电动机及驱动器的使用方法

通常，每台步进电机都有与其配套的步进驱动器。图 8-6 所示是三相步进电机 Kinco 3S57Q-04056 与驱动器 Kinco 3CM880 的外观。按照图 8-7 所示，将步进电动机的三个相绕组的6根引出线，按头尾相连的原则连接成三角形，然后与步进驱动器的U、V、W端子连接即可。接线时需要注意，不同品牌型号的步进电机的接线有所不同，请参考产品使用手册进行接线。

图 8-6 三相步进电机 Kinco 3S57Q-04056 和驱动器 Kinco 3CM880 的外观

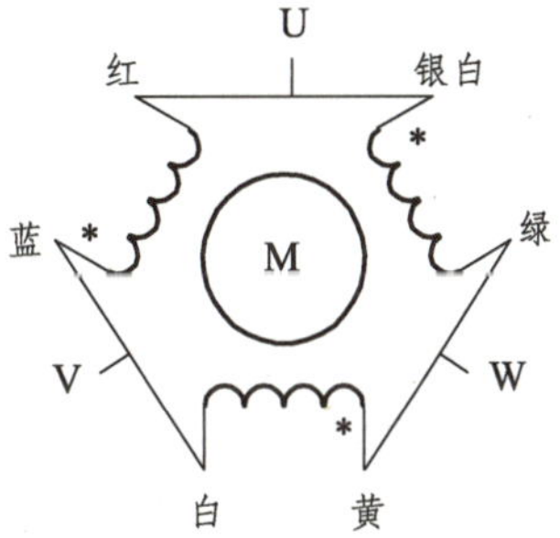

图 8-7 三相步进电机Kinco 3S57Q-04056 与驱动器 Kinco 3CM880 的连接

八、步进驱动器参数设置

步进电动机与驱动器连接好后，还需要根据步进电动机的性能参数设置驱动器的参数。

1. 步进电动机的参数

步进电机 Kinco 3S57Q-04056 的参数如表 8-1 所示。

表 8-1 步进电机 3S57Q-04056 的部分技术参数

参数名称	步距角	相电流/A	保持扭矩/（N·m）	阻尼扭矩/（N·m）	电机惯量/（kg·cm²）
参数值	1.2°	5.6	0.9	0.04	0.3

2. 步进驱动器的参数设置

如表 8-2 所示，步进驱动器在使用前，需要查阅《Kinco 步进产品选型目录》中的电动机相关参数。

表 8-2 步进电机驱动器 3CM880 的部分规格参数

参数名称	输入电压/VDC	相电流/A	细分范围/（p/r）	输入信号	控制方式
参数值	24～70	2.4～8	400～25 600（共 15 挡）	PLS DIR FREE	① 脉冲+方向（PLS+DIR）; ② 双脉冲（CW/CCW）

输出相电流大小可以通过拨码开关调整和设定；输入电流 8 mA（5 VDC），12 mA（24 VDC），为了限流，输入脉冲进入步进驱动器时需要连接限流电阻。

步进驱动器各端口详细定义如表 8-3 所示。

表 8-3　步进电机驱动器 3CM880 接口功能明细

标记符号	功能	注释
RUN	电源指示灯	绿色：电源指示灯
ERR	报警指示灯	红色：报警指示灯
PLS+	步进脉冲信号（控制步进电动机的旋转角度或运行距离）	当共阳极接法时，连接直流电源（5～24 V）； 当共阴极接法时，连接 PLC 脉冲输出端子（串联限流电阻）
PLS-		当共阳极接法时，连接 PLC 脉冲输出端子（串联限流电阻）； 当共阴极接法时，连接 0 V
DIR+	步进方向信号（控制步进电动机的旋转方向）	当共阳极接法时，连接直流电源（5～24 V）； 当共阴极接法时，连接 PLC 脉冲输出端子（串联限流电阻）
DIR-		当共阳极接法时，连接 PLC 脉冲输出端子（串联限流电阻）； 当共阴极接法时，连接 0 V
FREE+	脱机信号（当 FREE-信号为 ON 时，步进驱动器将关断步进电机的电源）	当共阳极接法时，连接直流电源（5～24 V）； 当共阴极接法时，连接 PLC 脉冲输出端子（串联限流电阻）
FREE-		当共阳极接法时，连接 PLC 脉冲输出端子（串联限流电阻）； 当共阴极接法时，连接 0 V
+V	电源正极	24～70 VDC
−V	电源负极	
U 相	电机接线	红色
		橙色
V 相		蓝色
		白色
W 相		黄色
		绿色
SW1-SW4	电机细分数设置拨码	ON：1
		OFF：0
SW5	电流半流设置	ON：使能电流半流
		OFF：禁止电流半流
SW6-SW8	电机电流设置拨码	ON：1
		OFF：0

在步进驱动器的侧面设置有 SW1-SW8 八位拨码开关，如图 8-8 所示，可以用来设定驱动器的参数，包括电机细分设置、电流半流设置和电机电流设置。

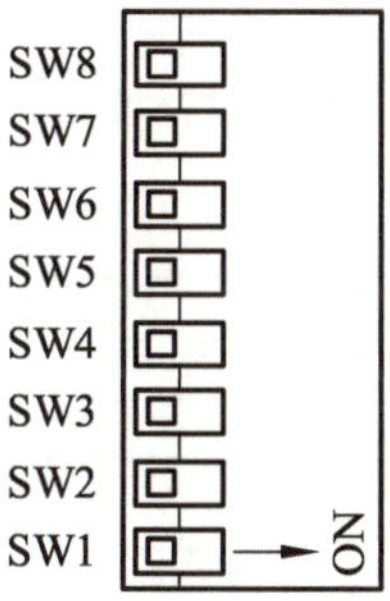

图 8-8　拨码开关正视图

表 8-3 中，SW1-SW4 是电机细分数设置拨码，所有品牌的步进电动机驱动器都提供拨码开关，允许用户通过拨码开关改变电机的细分数来调整步进电机的步距角，这样做不但可以提高步进电动机的分辨率，而且可以减少或消除低频振动，使电机运行更加平稳均匀。步进电动机驱动器细分的原理是将全步进驱动时的步距角各相的电流以阶梯状 n 步逐渐增加，使吸引转子的力慢慢改变，每次转子在该力的平衡点静止，全步距角作 n 个细分，可使转子运行效果光滑，因此，在低速运转时，此法是降低振动的有效手段。表 8-4 所示是拨码开关细分设置，使用 SW1-SW4 的组合，3CM880 驱动器最高可提供 25 600 p/r 的驱动细分功能，步距角的范围从 0.014 062 5° ~ 0.9°。

表 8-4　拨码开关细分设置表（单位 p/r）

SW1	SW2	SW3	SW4=ON	SW4=OFF
ON	ON	ON	400	4000
OFF	ON	ON	500	5000
ON	OFF	ON	600	6000
OFF	OFF	ON	800	10 000
ON	ON	OFF	1000	12 800
OFF	ON	OFF	1200	20 000
ON	OFF	OFF	2000	25 600
OFF	OFF	OFF	3000	NA

SW5 为 ON 时使能自动半流，电机停转 1.5 s 后相电流减少到设置值的一半，为 OFF 时禁止自动半流。SW6 为 ON，SW8 为 ON，其余拨码开关为 OFF 时，电动机进入试运行模式。

SW6-SW8，是电机电流设置拨码，通过拨码开关，设置步进电动机的电流值。表 8-5 所示是电流设置表，根据表 8-1 中步进电动机的相电流值为 5.6 A，在表 8-5 中应选择 5.7 A 电流对应的拨码开关组合。

表 8-5　输出电流设置表（单位 A）

SW6	SW7	SW8	输出电流
ON	ON	ON	5.7
OFF	ON	ON	5.1
ON	OFF	ON	4.5

续表

SW6	SW7	SW8	输出电流
OFF	OFF	ON	4
ON	ON	OFF	3.4
OFF	ON	OFF	2.8
ON	OFF	OFF	2.3
OFF	OFF	OFF	1.7

例 8-1：请使用 3S57Q-04056 步进电动机和驱动器 3CM880 控制直线运动位移 1200 mm，直线运动组件的同步轮齿距为 5 mm，共 12 个齿，要求精度不低于 0.01 mm，请设置拨码开关，计算需要的步进电机脉冲数。

分析：

（1）细分设置。

由表 8-1 可知，步进电动机步距角为 1.2°，相电流 5.6A。在无细分的条件下 300 个脉冲电机转 1 圈，通过驱动器设置细分精度最高可以达到 10 000 个脉冲电机转 1 圈。为了达到不低于 0.01 mm 的运动精度，可将驱动器细分设置为 10 000 p/r，电机驱动电流可以设为 5.6 A，不使用电流半流。

由表 8-4、表 8-5 可得，拨码开关设置如表 8-6 所示。

表 8-6　拨码开关设置

SW1	SW2	SW3	SW4	SW5	SW6	SW7	SW8
OFF	OFF	ON	OFF	OFF	ON	ON	ON

（2）步进电机脉冲数计算。

由于直线运动组件的同步轮齿距为 5 mm，共 12 个齿，驱动器细分设置为 10 000 p/r，所以电机旋转 1 圈，产生的直线位移是 60 mm，因此步进电机每步（秒冲）位移：

$$\frac{60\ \text{mm/r}}{10\,000\ \text{p/r}} = 0.006\ \text{mm/p}$$

移动 1200 mm，需要输出给步进电动机的脉冲数：

$$\frac{1200\ \text{mm}}{0.006\ \text{mm/p}} = 2000\,000\text{p}$$

九、步进电动机、步进驱动器、控制器的接线

三相步进电动机、步进驱动器、控制器按照图 8-9 所示，使用共阳极接法进行连接。按照表 9-3 所述，在共阳极接法下，控制器 PLC 公共端 Vcc 使用的是 DC 24 V 电压，步进驱动器的 PLS-、DIR-、FREE-端子分别与控制器（例如 PLC）的端子（例如 Q0.0、Q0.1、Q0.2）连接时，需要使用阻值为 2 kΩ 的限流电阻 R_1。控制器使用这 3 个端子给步进电机驱动器提供脉冲信号、方向信号、脱机信号，就可以控制三相步进电机的运行。

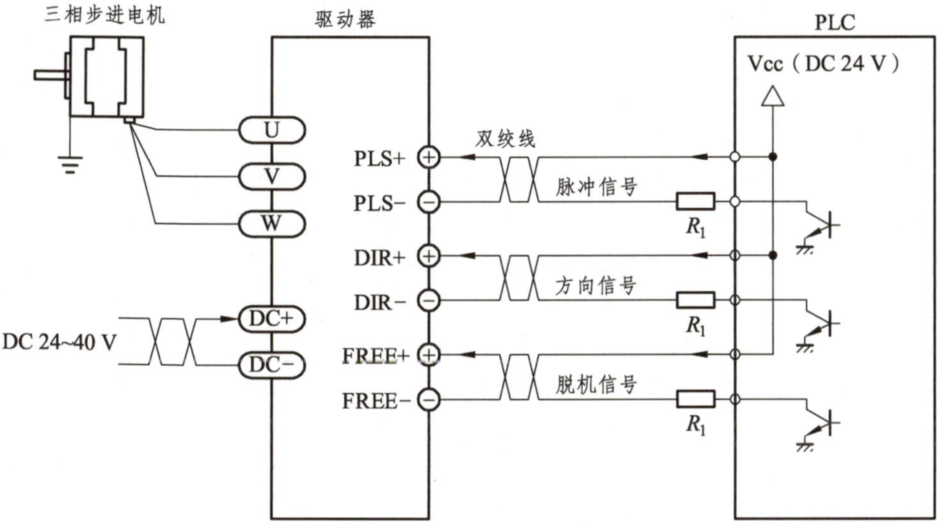

图 8-9　步进电机、步进驱动器、控制器的接线图

十、步进电动机的特点

1. 优点

步进电机的优点是控制性能好，通过改变脉冲频率的高低就可以在很大范围内调节步进电机的转速（或线速度），并能快速启动、制动和反转。若用同一频率的脉冲电源控制几台步进电机时，它们可以同步运行。步进电机每转一圈都有固定的步数，在不丢步的情况下运行，其步距误差不会长期积累，转过一圈时，累积误差为零。这些特点使它完全适用于数字控制的开环系统中作为伺服元件，并使整个系统大为简化，且运行可靠。当给控制系统增加了速度和位置检测装置后，它也可以用于闭环系统中。

2. 缺点

步进电机的主要缺点是效率较低，并且需要配上适当的驱动电源供给电脉冲信号。一般来说，它带负载惯量的能力不强，在使用时既要注意负载转矩的大小，又要注意负载转动惯量的大小，只有当两者选取在合适的范围时，步进电机才能获得满意的运行性能。

由于以上这些特点，步进电机日益广泛地应用于数字控制系统中，例如数控机床、绘图机、自动记录仪表、数/模转换装置 3C 行业、加工制造业等。

8.2　伺服电动机的控制电路

一、伺服电动机的作用

伺服电动机也可以叫做执行电动机，是自动控制系统中的执行元件，其工作原理是将接收到的电信号转换成电动机轴上的角速度输出或者角位移输出。自从伺服电机推出以来，伺服电机已经在许多行业中被广泛应用，从遥控玩具、机器人、到各种工业设备、医疗设备、航空设备都被广泛使用。

伺服电动机是伺服系统的一部分，通常在使用中需要与伺服机构系统的其他设备一起配合工作。“伺服机构系统”是指使用闭环控制方式实现一个机械系统的位置、速度或加速度的控制。伺服的概念应该从控制任务的层面去理解，伺服的任务就是要求执行机构能够快速、平滑、精确地执行上位控制装置的指令要求。

图 8-10 所示为一般工业用伺服系统组成框图，一个伺服系统的构成通常包含负载（被控对象）、执行器、控制器（运动控制器）等几部分，机械手臂、机械工作平台等负载通常作为被控对象。执行器的功能在于主要提供被控对象的动力，执行器包含了伺服电机与 PWM 放大器，特别设计应用于伺服系统的电机称之为伺服电机（servo motor），通常内含位置反馈装置，如光电编码器（optical encoder）、旋转变压器（resolver）。目前常见的伺服电机包括直流伺服电机、永磁交流伺服电机、感应交流伺服电机等。其中又以永磁交流伺服电机占绝大多数。控制器的功能在于提供整个伺服系统的闭路控制，如扭矩控制、速度控制、位置控制等。目前一般工业用伺服驱动器（servo drive）通常包含了控制器与功率放大器。

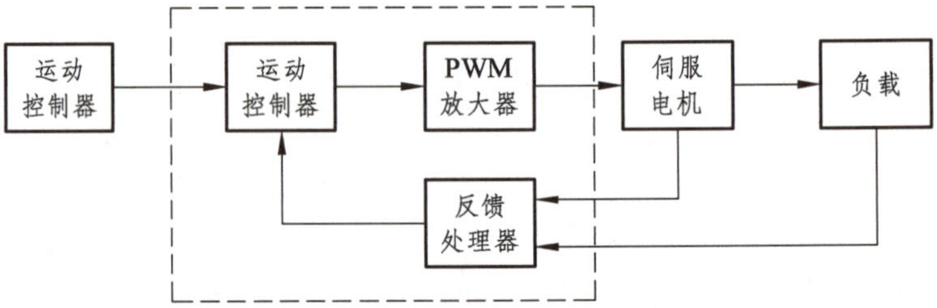

图 8-10　典型伺服系统组成框图

二、伺服电动机的分类

伺服电动机在自动控制系统中作为执行元件，这种电动机具有一种服从控制信号的要求而动作的特性，在有控制信号时就动作，没有信号时就立即停止，伺服电动机又分为直流伺服电动机和交流伺服电动机。伺服电动机的工作状态与普通电动机有很大的区别，它的启动、制动和反转十分频繁，具有惯量小，响应速度快的优点。伺服电动机按其使用的电源性质不同，可分为直流伺服电动机和交流伺服电动机两大类。

直流伺服电动机实际上就是一台他励直流电动机，其结构与普通小型直流电动机相同，这里主要介绍交流伺服电动机。

三、交流伺服电动机的结构

两相异步伺服电机的基本结构和工作原理与普通感应电机相似。如图 8-11 所示，从结构上看，电机由定子和转子两大部分构成，定子铁心中嵌放两相交流绕组，它们在空间相差 90°电角度。其中一组绕组为励磁绕组，另一相则为控制绕组。

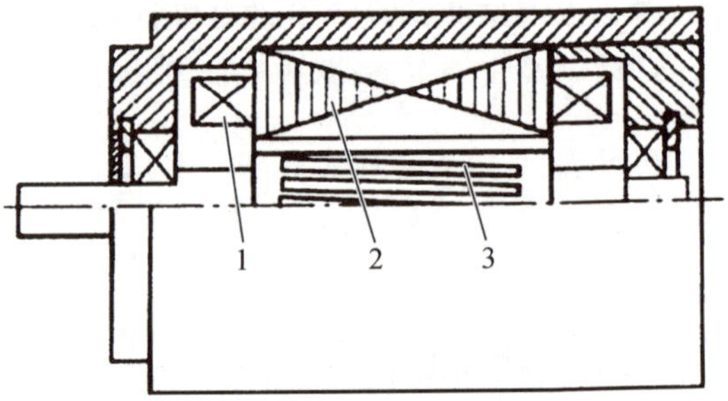

1—定子绕组；2—定子铁心；3—笼形转子。

图 8-11　笼型转子交流异步伺服电机结构示意图

四、交流伺服电动机的工作原理

交流伺服电动机又分为两相伺服电动机和永磁同步伺服电动机两种。

1. 两相伺服电动机的工作原理

交流伺服电动机是两相异步电动机，如图 8-12 所示，其定子槽内嵌有两套在空间相差 90° 电角度的定子绕组，一套是励磁绕组 N_f，另一套是控制绕组 N_k。交流伺服电动机的转子有两种基本结构形式：一种是笼型转子，与三相异步电动机的笼型转子相似，只是外形上细而长，这样可以减小转子的转动惯性；另一种为非磁性空心杯形转子。

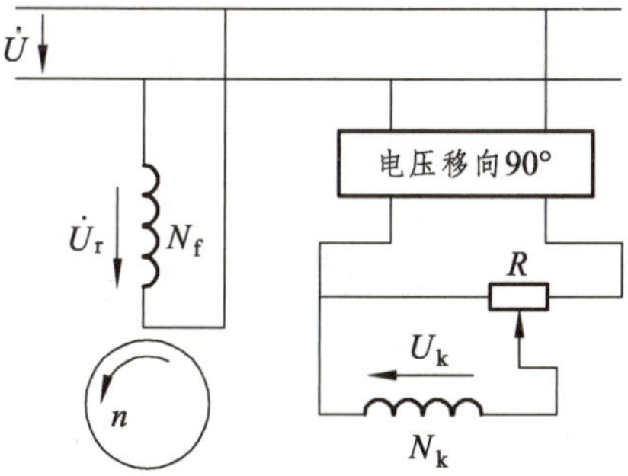

图 8-12　两相伺服电动机的工作原理

两相伺服电动机的工作原理与具有辅助绕组的单相异步电动机相似，当励磁绕组接入单相交流电源 U，控制电压 U_k=0 时，气隙内磁场仅有励磁电流 I_k 产生的脉振磁场，电动机无启动转矩，转子不转；当给控制绕组施加电压 $U_k \neq 0$ 时，则控制绕组内有控制电流 I_k 通过，由于由于控制绕组和励磁绕组在空间上相差 90°电角度，根据旋转磁场理论，则在气隙内建立了一个旋转磁场，电动机就能启动；此时如果控制电压 U_k=0，由单相异步电动机的理论可知，此时的电动机在单相磁场的作用下会继续按原旋转方向转动，只是转速略有下降，但不会停转。这种在控制电压消失后电动机仍然旋转不停的现象称为“自转”。可以以通过增大电动机转子电阻，以制动转子旋转，克服自转现象。因此，通常采取在结构上采用空心杯形转子，在转子电路上适当增大转子电阻的措施消除自转现象。

两相伺服电动机不仅要求具有启动和停止的伺服性，而且还必须具有转速的大小和方向的可控制性。对于两相伺服电动机，若在控制绕组和励磁绕组上加上幅值相等相位相差 90° 的两相对称电压，便可得到圆形旋转磁场。如果励磁绕组接于额定电压进行励磁，控制绕组加以输入信号（控制电压），当改变控制电压的大小和相位，电动机的气隙磁场也就随之改变，产生的可能是圆形磁场或者椭圆磁场、或是脉振磁场，因而伺服电动机的机械特性会发生改变，电机转速也随之改变。

两相伺服电动机的控制方式有三种：幅值控制、相位控制、幅-相控制。

1）幅值控制

这种控制方式下，控制电压和励磁电压相位相差始终保持 90°，通过调节控制电压的幅值来改变电动机的转速，当控制电压 U_k=0 时，电动机停转。

2）相位控制

这种控制方式下，控制电压的幅值保持不变，通过调节控制电压的相位（即调节控制电压与励磁电压之间的相位差）来改变电动机的转速，当相位差为零时，电动机停转。这种控制方式很少采用。

3）幅-相控制（或称为电容控制）

幅-相控制方式是在励磁绕组中串联电容器，同时调节控制电压 U_k 的幅值以及它与励磁电压 U_f 之间的相位差来调节电动机的转速。如图 8-13 所示，励磁绕组和电容器串联后接入电源 U，控制电压 U_k 的相位始终与 U 相同，当调节 U_k 的幅值时，电动机转速会发生变化。此时，由于转子的耦合作用，励磁电流 I_f 也随之发生变化，这又会引起励磁电压 U_f 和 U_k 之间的相位差改变，当控制电压 $U_k=0$ 时，电动机停转。这是一种幅值和相位的复合控制方式，这种控制方式的机械特性和调节特性不如前两种方式，但由于它利用串联电容器来移相，设备简单、成本较低，因此实际中应用较广。

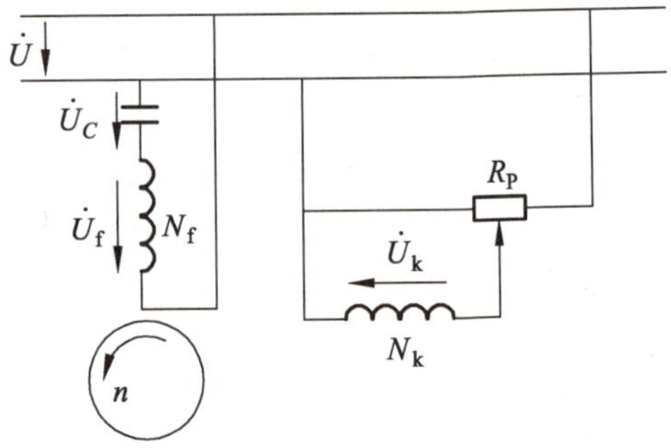

图 8-13　幅-相控制原理

2. 永磁交流伺服系统工作原理

20 世纪 70 年代，小惯量的伺服直流电动机已经实用化。到了 70 年代末期，交流伺服系统开始发展，由于永磁材料价格不断下降，控制又比异步电机简单，容易实现高性能的缘故，所以采用永磁同步电机的交流伺服系统应用更为广泛。现代高性能的伺服系统，大多数采用永磁交流伺服系统。永磁交流伺服系统由永磁同步交流伺服电动机和全数字交流永磁同步伺服驱动器两部分组成。

1）永磁同步交流伺服电动机

永磁同步交流伺服电动机内部的转子是永磁铁，驱动器控制的 U/V/W 三相电形成电磁场，转子在此磁场的作用下转动，同时电机自带的编码器反馈信号给驱动器，驱动器根据反馈值与目标值进行比较，调整转子转动的角度。伺服电机的精度决定于编码器的精度（线数）。

2）交流永磁同步伺服驱动器

交流永磁同步伺服驱动器主要有伺服控制单元、功率驱动单元、通讯接口单元、伺服电动机及相应的反馈检测器件组成，其中伺服控制单元包括位置控制器、速度控制器、转矩和电流控制器等。

伺服驱动器均采用数字信号处理器（DSP）作为控制核心，智能功率模块（IPM）为功率器件的驱动电路，利用了 PWM 脉宽调制技术，通过改变脉冲宽度来改变逆变器输出电压副值的大小以达到调节功率的目的。与步进电机驱动器给步进电机输出三相脉冲序列不同，伺服驱动器输出给伺服电机的是三相正弦波（高次谐波被绕组电感滤除）。

如图 8-14 所示，是交流永磁同步伺服驱动器系统结构框图。伺服系统用作位置控制时，位置指令输入到位置控制器，速度控制器输入端前面的电子开关切换到位置控制器输出端，同样，电流控制器输入端前面的电子开关切换到速度控制器输出端。因此，位置控制模式下的伺服系统是一个三闭环控制系统，位置环、电流环和速度环。这样的系统结构可以有效提高系统的快速性、稳定性和抗干扰能力。在足够高的开环增益下，系统的稳态误差接近为零。

这就是说，在稳态时，伺服电机以指令脉冲和反馈脉冲近似相等时的速度运行。反之，在达到稳态前，系统将在偏差信号作用下驱动电机加速或减速。若指令脉冲突然消失（例如紧急停车时，PLC 立即停止向伺服驱动器发出驱动脉冲），伺服电机仍会运行到反馈脉冲数等于指令脉冲消失前的脉冲数才停止。

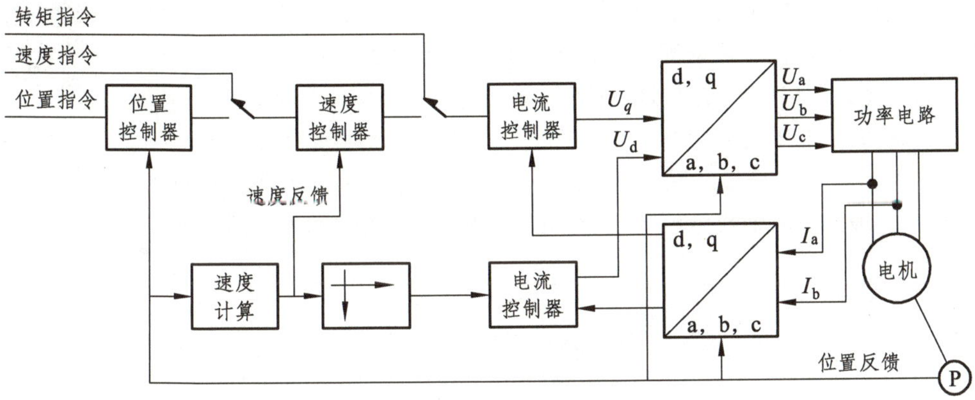

图 8-14　交流永磁同步伺服驱动器系统结构框图

3）伺服驱动器的控制方式

伺服驱动器常见有七种控制运行方式，即位置控制、速度控制、转矩控制、位置/速度控制、位置/转矩、速度/转矩、全闭环控制。位置控制是输入脉冲串来使电机定位运行，电机转速与脉冲串频率相关，电机转动的角度与脉冲个数相关；速度控制有两种，一是通过输入直流-10～+10 V 指令电压调速，二是选用驱动器内设置的内部速度来调速；转矩控制是通过输入直流-10～+10 V 指令电压调节电机的输出转矩。在位置控制模式下需要设置驱动器反馈脉冲电子齿轮倍频参数，并计算相关参数和输入伺服驱动器的脉冲个数，才能准确控制伺服电动机的运动位置。

五、交流伺服电动机的主要性能指标

1. 空载始动电压

在额定励磁电压和空载情况下，使转子在任意位置开始连续转动所需的最小控制电压定义为空载始动电压 U_{so} 通常以额定控制电压的百分比来表示。U_{so} 越小，表示伺服电机的灵敏度越高。一般要求 U_{so} 不大于额定控制电压的 3%～4%，用于精密仪器仪表中的两相交流异步伺服电机，有时要求不大于额定控制电压的 1%。

2. 机械特性非线性度

在额定励磁电压下，将任意控制电压时的实际机械特性与线性机械特性在转矩时的转速偏差与空载转速之比的百分数，定义为机械特性非线性度。

3. 调节特性非线性度

以上特性的非线性度越小，特性曲线越接近直线，系统的动态误差就越小，工作就越准确，电压 U_k 与归算到控制绕组的电源电压 U' 之比称为幅值控制时的有效信号系数 α_e。在额定励磁电压和空载情况下，α_e=0.7 时，实际调节特性与线性调节特性的转速偏差与 α_e=1 时的空载转速时之比的百分数，定义为调节特性非线性度。

以上特性的非线性度越小，特性曲线越接近直线，系统的动态误差就越小，工作就越准确。

六、交流伺服电动机与驱动器的接线

伺服驱动器和电动机的连接

下面以松下 MHMD022P1U 永磁同步交流伺服电机、MADDT1207003 全数字交流永磁同步伺服驱动器为例介绍伺服驱动系统的接线方法。

图 8-15 所示是 MHMD022P1U 交流伺服电动机，该电机为大惯量、额定功率为 200 W、电压规格为 200 V、增量式编码器，脉冲数为 2500 p/r，分辨率为 10 000，输出信号线数为 5 根线。图 8-16 所示是 MADDT1207003 伺服驱动器，最大瞬时输出电流为 10 A，电压规格为单相 200 V，额定电流为 7.5 A。

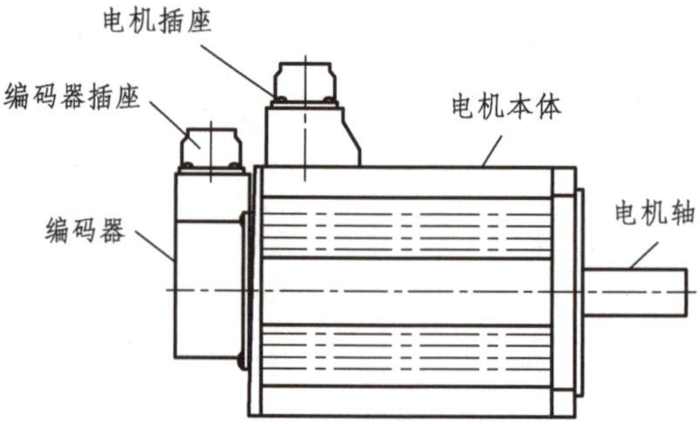

图 8-15　永磁同步交流伺服电动机结构示意图

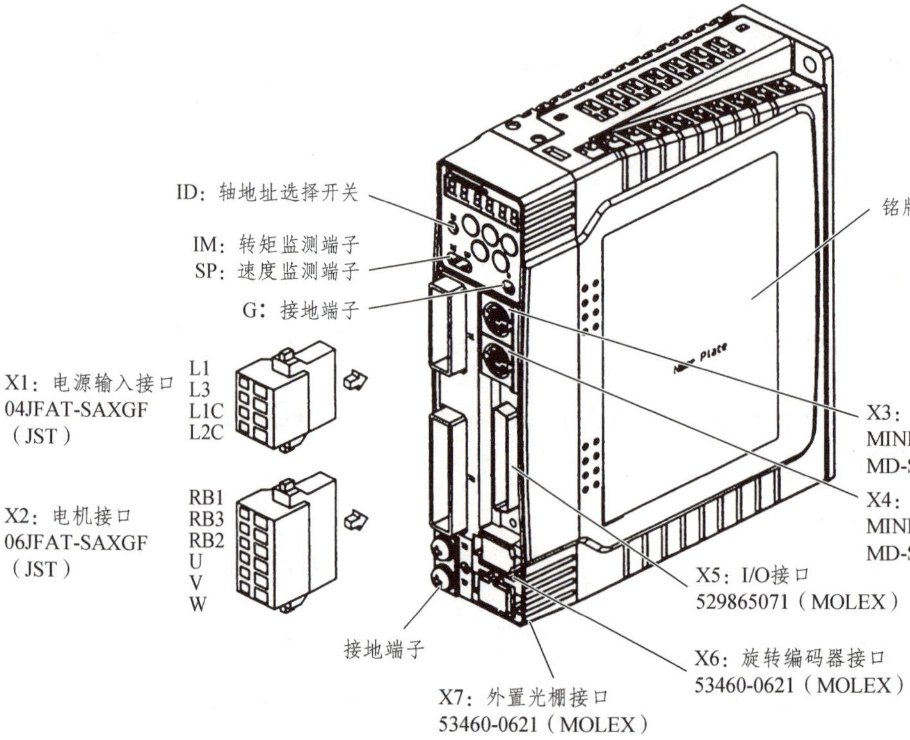

图 8-16　伺服驱动器外观

MADDT1207003 伺服驱动器面板上有多个接线端口，其中：

X1 接口：电源输入接口，AC 220 V 电源连接到 L1、L3 主电源端子，同时连接到控制电源端子 L1C、L2C 上。

X2 接口：电机接口和外置再生放电电阻器接口。U、V、W 端子用于连接电机。必须注意，交流伺服电机的旋转方向不能通过交换三相相序来改变，必须保证驱动器上的 U、V、W、PE 接线端子与电机主回路接线端子按规定的次序对应连接，否则可能造成驱动器的损坏。RB1、RB2、RB3 端子是外接放电电阻，可选用。

X5 接口：I/O 控制信号端口，其部分引脚信号定义与选择的控制模式有关，不同模式下的接线不同。

X6 接口：连接到电机编码器信号接口，连接电缆应选用带有屏蔽层的双绞电缆，屏蔽层应接到电机侧的接地端子上，并且应确保将编码器电缆屏蔽层连接到插头的外壳（FG）上。

七、伺服驱动器参数设置

MADDT1207003 伺服驱动器的参数共有 128 个，Pr00-Pr7F，参数可以通过与 PC 连接后在专门的调试软件上进行设置，也可以在如图 8-17 所示驱动器参数设置面板上进行设置。

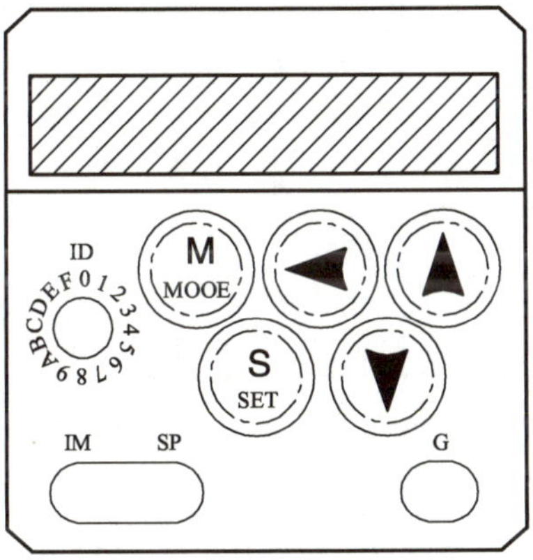

图 8-17　伺服驱动器参数设置面板

伺服驱动器在位置控制模式下，由控制器的一个输出端子（例如 PLC 的 Q0.0）输出脉冲，脉冲的数量将决定伺服电动机的旋转位移，脉冲的频率决定了伺服电机的旋转速度。由控制器的另一个输出端子（例如 PLC 的 Q0.1）决定伺服电动机的旋转方向（例如 Q0.1=1 为正转，Q0.1=0 为反转）。伺服驱动器参数设置如下表 8-7 所示，参数值必须在控制电源断电重启之后才能修改、写入成功。

表 8-7　伺服参数设置表

序号	参数		设置数值	功能和含义
	参数编号	参数名称		
1	Pr01	LED 初始状态	1	LED 屏幕显示电机转速
2	Pr02	控制模式	0	选择控制模式为位置控制
3	Pr04	行程限位禁止输入无效设置	2	选择设置两个行程限位信号（CCWL，X5 接口第 8 引脚；CCWL，X5 接口第 9 引脚）的输入是否有效

续表

序号	参数		设置数值	功能和含义
	参数编号	参数名称		
4	Pr20	惯量比	自动估算设置	设定 Pr21=1 时，实时自动增益调整，此参数由伺服控制器自动估算设置（数值范围 0～10 000）
5	Pr21	实时自动增益设置	1	设定实时自动调整为常规模式，运行时负载惯量的变化情况很小
6	Pr22	实时自动增益的机械刚性选择	1	此参数值设得越大，响应越快（数值范围 0～15）
7	Pr41	指令脉冲旋转方向设置	1	选择指令脉冲类型为：指令脉冲+指令方向
8	Pr42	指令脉冲输入方式	3	
9	Pr48	指令脉冲分倍频第1分子	需经计算得出	如果 Pr48 或 Pr49 设为 0，那么（Pr48 或 Pr49）$\times 2^{\text{Pr4A}}$ 自动设为编码器的分辨率
10	Pr49	指令脉冲分倍频第2分子	0	
11	Pr4A	指令脉冲分倍频比率公式分子倍率	0	设置为 0
12	Pr4B	指令脉冲分倍频比率公式分母	需经计算得出	$F = f \times \dfrac{(\text{Pr48或Pr49}) \times 2^{\text{Pr4A}}}{\text{Pr4B}}$ Pr4B 需要根据等式计算得出

根据伺服驱动器《使用说明书（第四版）AC 伺服电机驱动器 MINAS A4 系列》的参数设置说明，如果编码器分辨率记作 F（单位：脉冲 pulse），而电机每转一圈所需脉冲数是 f（单位：脉冲 pulse），那么指令脉冲分倍频的分子 Pr48 或 Pr49、分子倍率 Pr4A 和分母 Pr4B 必须满足等式：

$$F = f \times \frac{(\text{Pr48或Pr49}) \times 2^{\text{Pr4A}}}{\text{Pr4B}} \tag{8-2}$$

式中，编码器分辨率是编码器反馈脉冲和电子齿轮倍频值的乘积。根据编码器分辨率可以计算出 Pr48 和 Pr4B 的值。

$$\text{分辨率}=\text{编码器反馈脉冲}\times\text{电子齿轮倍频值} \tag{8-3}$$

$$\text{分倍频比率} = \frac{\text{分辨率}}{\text{每转所需指令脉冲数}} \tag{8-4}$$

分辨率，式（8-3）是指电机转一圈对应的脉冲数；分倍频比率，式（8-4）是指分辨率与伺服电机旋转一圈所需指令脉冲的比值；指令脉冲是指从控制器（例如 PLC）输出的脉冲。

例 8-2：松下 MINAS A4 系列 AC 伺服电机驱动器，电机编码器反馈脉冲为 2500 p/r。已知缺省情况下，驱动器反馈脉冲电子齿轮倍频值为 4 倍频。伺服电机旋转一圈，移动距离为 60 mm。现需要控制伺服电动机直线运动位移为 450 mm，参数如何设置？需要控制 PLC 输出多少个脉冲？

分析：

1）参数设置

已知电机编码器反馈脉冲为 2500 p/r 和 4 倍电子齿轮倍频值，由式（8-3）可得电机编码器分辨率：2500 p/r×4=10 000 p/r，即 F=10 000；

由伺服电机旋转一圈，移动 60 mm，为便于计算，可设置指令脉冲为 60 的整数倍，即 6000 p/r，即 f=6000；

已知 F=10 000，Pr4A=0，Pr49=0，f=6000，代入式（8-2）中，

则经过计算可得，应设参数 Pr4B=6000，Pr48=10 000，其余参数参照表 8-7 设置。

2）PLC 输出脉冲数计算

电子齿轮的分倍频比率为：10 000/6000。也就是伺服控制器每接收 6000 个脉冲，伺服电机旋转一圈，即每接收 100 个脉冲，伺服电动机移动 1 mm。

因此，伺服电动机移动 450 mm，则需要控制 PLC 输出的脉冲个数是：

450 mm×100 个/mm=45 000 个

八、交流伺服电动机、伺服驱动器、控制器的接线

选用位置控制模式，接线方式，如图 8-18 所示。AC 220 V 电源连接到 L1、L3 主电源端子；U、V、W 端子用于连接伺服电动机；OPC1 是来自 PLC 的脉冲信号；OPC2 是来自 PLC 的方向控制信号；SRV_ON 是伺服使能信号，与 COM-短接，即进入伺服使能状态；CWL 和 CCWL 两个端子是左右限位输入信号；ALM+是伺服发出的报警信号，发送给 PLC。X6 端子用专用电缆连接伺服电动机，构成闭环结构，保证伺服系统的高精度运行控制。

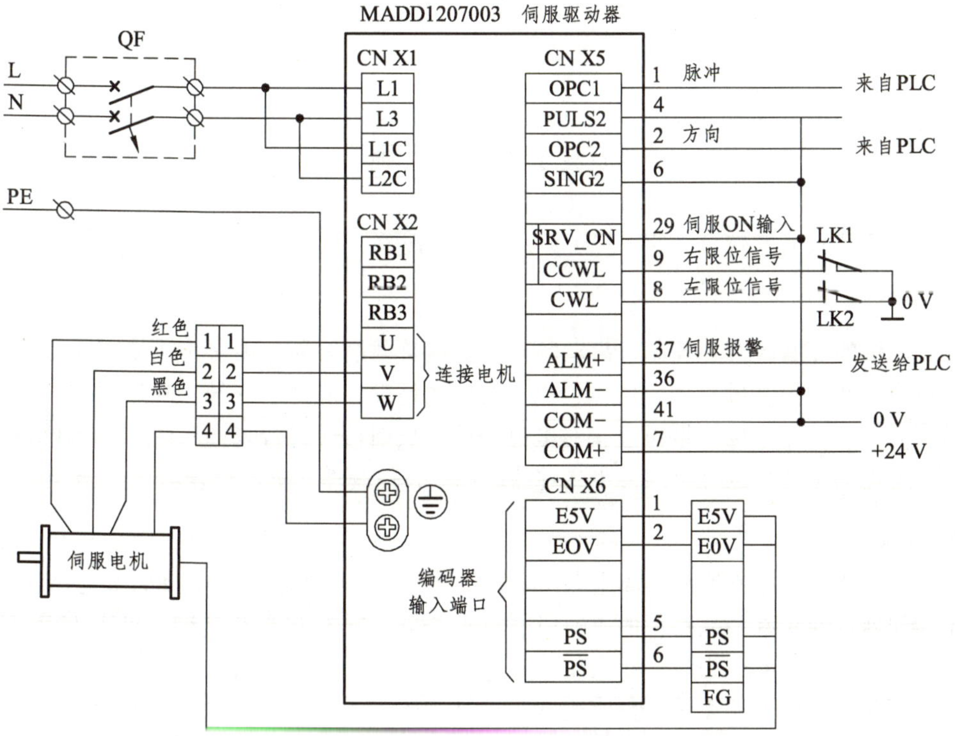

图 8-18　伺服驱动系统电气接线图

九、步进电动机与伺服电动机的性能对比

为了适应数字控制的发展趋势，运动控制系统中大多采用步进电机或全数字式交流伺服电机作为执行电动机。虽然两者在控制方式上相似（脉冲和方向信号），但在使用性能和应用场合上存在着较大的差异。

1. 控制精度不同

步进电动机的步距角经过 16 挡细分之后，可以达到 0.014°；交流伺服电机的控制精度由电机轴后端的旋转编码器保证，对于带 17 位编码器的伺服电动机而言，其脉冲当量为 0.002 746 6°，由此可以看出，伺服电动机的控制精度更高。

2. 低频特性不同

步进电机在低速时易出现低频振动现象。这种由步进电机的工作原理所决定的低频振动现象对于机器的正常运转非常不利。当步进电机工作在低速时，一般应采用阻尼技术来克服低频振动现象，比如在电机上加阻尼器，或驱动器上采用细分技术等。

交流伺服电机运转非常平稳，即使在低速时也不会出现振动现象。交流伺服系统具有共振抑制功能，可弥补机械的刚性不足，并且系统内部具有频率解析机能（FFT），可检测出机械的共振点，便于系统调整。

3. 矩频特性不同

步进电机的输出力矩随转速升高而下降，且在较高转速时会急剧下降，所以其最高工作转速一般在 300 ~ 600 r/min。交流伺服电机为恒力矩输出，即在其额定转速（一般为 2000 或 3000 r/min）以内，都能输出额定转矩，在额定转速以上为恒功率输出。

4. 过载能力不同

步进电机一般不具有过载能力。交流伺服电机具有较强的过载能力，其最大转矩为额定转矩的二到三倍，可用于克服惯性负载在启动瞬间的惯性力矩。步进电机因为没有这种过载能力，在选型时为了克服这种惯性力矩，往往需要选取较大转矩的电机，而机器在正常工作期间又不需要那么大的转矩，便出现了力矩浪费的现象。

5. 运行性能不同

步进电机的控制为开环控制，启动频率过高或负载过大易出现失步或堵转的现象，停止时转速过高易出现过冲的现象，所以为保证其控制精度，应处理好升、降速问题。交流伺服驱动系统为闭环控制，驱动器可直接对电机编码器反馈信号进行采样，内部构成位置环和速度环，一般不会出现步进电机的失步或过冲的现象，控制性能更为可靠。

6. 速度响应性能不同

步进电机从静止加速到工作转速（一般为每分钟几百转）需要 200 ~ 400 ms。交流伺服驱动系统的加速性能较好，从静止加速到额定转速 3000 r/min 仅需几毫秒，可用于要求快速启停的控制场合。

综上所述，交流伺服系统在许多性能方面都优于步进电机。但在一些要求不高的场合也经常用步进电机来做执行电动机。所以，在控制系统的设计过程中要综合考虑控制要求、成

本等多方面的因素，选用适当的控制电机。

项目实施

任务 1：控制三相步进电动机直线运动位移 2400 mm。

1. 任务要求

（1）掌握三相步进电动机的工作原理。

（2）掌握三相步进电动机与步进驱动器、控制器的连接。

（3）会设置步进驱动器的参数、会计算驱动脉冲数。

2. 实训器材

接触器、断路器、按钮、3S57Q-04056 步进电机、步进驱动器 3CM880、PLC、端子排、电工常用工具、万用表、兆欧表、导线、启动电阻、放电电阻、二极管、回路标号管、维修电工装配实训台。

3. 实训步骤

（1）设计 3S57Q-04056 步进电机、步进驱动器 3CM880、PLC 的接线图。

（2）根据所画的接线图进行电路连接。

（3）用万用表，使用“电阻法”检测控制电路是否正确。

（4）计算并设置三相步进电动机驱动器参数。

（5）在教师指导下，通电试车。

4. 项目考核（见表 8-8）

表 8-8　项目考核表

考核项目	考核内容	分值	考核要求及评分标准	得分
参数设置	步进驱动器参数设置	30 分	正确设置参数 30 分	
布线	主电路的连接 控制电路的连接	20 分	电动机的连接、主电路的连接正确 10 分； 控制电路的连接正确 10 分	
通电试验	电路的安装 电路的运行电路运行结果分析	20 分	能说明电路工作原理 5 分； 电路调试运行正确 5 分； 能分析运行结果 5 分； 按实验室 6S 管理进行整理、整顿 5 分	
实训报告	完成情况	30 分	实训报告完整、正确 30 分	

任务 2：控制永磁同步交流伺服电动机直线运动位移 1600 mm。

1. 任务要求

（1）掌握永磁同步交流伺服电动机的工作原理。

（2）掌握永磁同步交流伺服电动机与伺服驱动器、控制器的连接。

（3）会设置伺服驱动器的参数、会计算指令脉冲数。

2. 实训器材

接触器、断路器、按钮、MHMD022P1U 交流伺服电动机、MADDT1207003 伺服驱动器、品牌 PLC、端子排、电工常用工具、万用表、兆欧表、导线、启动电阻、放电电阻、二极管、回路标号管、维修电工装配实训台。

3. 实训步骤

（1）设计 MHMD022P1U 交流伺服电动机、MADDT1207003 伺服驱动器、PLC 的接线图。

（2）根据所画的接线图进行电路连接。

（3）用万用表，使用“电阻法”检测控制电路是否正确。

（4）计算并设置伺服驱动器参数。

（5）在教师指导下，通电试车。

4. 项目考核（见表 8-9）

表 8-9　项目考核表

考核项目	考核内容	分值	考核要求及评分标准	得分
参数设置	伺服驱动器参数设置	30 分	正确设置参数 30 分	
布线	主电路的连接 控制电路的连接	20 分	电动机的连接、主电路的连接正确 10 分； 控制电路的连接正确 10 分	
通电试验	电路的安装 电路的运行电路运行结果分析	20 分	能说明电路工作原理 5 分； 电路调试运行正确 5 分； 能分析运行结果 5 分； 按实验室 6S 管理进行整理、整顿 5 分	
实训报告	完成情况	30 分	实训报告完整、正确 30 分	

能力测试

（1）简述步进电动机的工作原理？

（2）步进电动机的步距角如何计算？

（3）步进电动机和步进驱动器以及控制器是如何接线的？

（4）步进电机驱动器需要设置哪些参数？

（5）两相伺服电动机的工作原理是什么？

（6）永磁同步伺服电动机的工作原理是什么？

（7）永磁同步伺服电动机的指令脉冲数如何计算？

（8）伺服电动机和伺服驱动器以及控制器是如何接线的？

（9）伺服电动机驱动器需要设置哪些参数？

（10）步进电动机与伺服电动机相比较，性能有什么区别？

项目 9　常见机床控制电路

项目导读

生产设备的电气控制系统不仅要求能够实现启动、制动、反向和调速，而且要求应满足生产工艺提出的各种要求，如具有各种保护装置、工作可靠、实现操作自动化等。本项目在了解典型机床电气控制系统比如 C6150 型卧式车床、T68 型镗床、X62W 型铣床控制系统的基本结构和运动情况的基础上，介绍了各控制系统的电气控制特点、电气控制线路分析（主电路分析、控制电路分析、辅助线路及其保护环节分析）及其常见的故障及排除。

项目目标

（1）掌握 C6150 型卧式车床的主要结构、运动形式以及电力拖动控制系统分析；

（2）掌握 X62W 型万能铣床主要结构、运动形式以及电力拖动控制系统分析；

（3）掌握 T68 型镗床主要结构、运动形式以及电力拖动控制系统分析；

技能目标

（1）掌握 C50 卧式车床控制线路的故障判断与处理方法；能对常见的故障点进行分析和排除；

（2）掌握 X62W 型卧式铣床控制线路的故障判断与处理方法；能对常见的故障点进行分析和排除；

（3）掌握 T68 型镗床控制线路的故障判断与处理方法；能对常见的故障点进行分析和排除；

相关知识

9.1　C6150 型卧式车床电气控制线路

机床的种类很多，常用的有车床、铣床、磨床、刨床、镗床等。虽然各种机床的加工工序都不相同，对电动机的驱动控制方式也不一样，不同种类不同型号的机床具有不同的控制电路。但对电气控制电路的基本要求却大同小异，也就是启动要平稳，能可逆运转，能调速和制动，有联锁保护、行程控制保护、短路保护、过载保护，主轴点动调试等功能，因此机床电气控制电路是电动机基本控制电路的综合运用。分析机床电路的一般步骤：① 分析主电路；② 分析控制电路；③ 分析辅助电路；④ 分析连锁与保护环节。

一、C6150 型普通车床的的主要结构

在金属切削机床中，车床占的比例最大，应用也最广泛。它可以用于切削各种工件的外圆、内孔、端面、螺纹和螺杆，能够切削定型表面，并可用钻头、绞刀等工具进行钻孔、镗孔、倒角、割槽及切断等。如图 9-1 所示为 C6150 型卧式普通车床的外形图。它主要由床身、主轴变速箱、挂轮箱、进给箱、溜板与刀架、尾架、光杆和丝杠等部件组成。

C6150 车床的运动

车削的主运动是主轴通过卡盘或顶尖带动工件的旋转运动，它承受车削加工时的主要车削功率、车削加工时，一般不要求反转，但在加工螺纹时，要反转退刀，再纵向进刀继续加工，这就要求主轴具有正、反转的功能。为此，运动从主电动机到床头箱，当接通电磁离合器 YC1 时使主轴正转；当接通电磁离合器 YC2 时，通过传动链使主轴反转。

车床的进给运动是溜板带动刀架的纵向或横向直线运动。其运动方式有手动或机动两种。为了保证螺纹加工的质量，要求工件的旋转速度与刀具的移动速度之间具有严格的比例关系。所以车床株洲变速箱输出轴经挂轮箱传给进给箱，再经过光杆传入溜板箱，以获得纵、横两个方向的进给运动。速度的变换，是通过变速手柄得到正、反转各 17 种转速。

车床的辅助运动有刀架的快速移动及工件的加紧与放松。

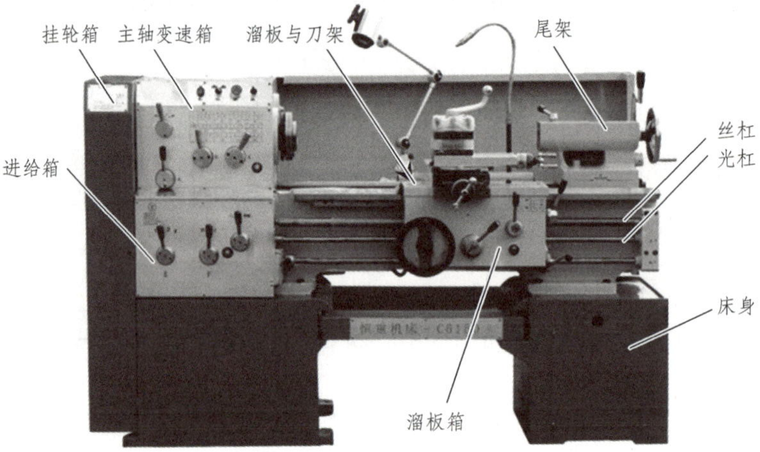

图 9-1　C6150 型卧式普通车床的外形图

二、C6150 型车床的的电路分析

1. C6150 型普通车床主电路分析

C6150 车床电路分析

C6150 型普通车床的主电路，如图 9-2 所示。

主电路由 QF_1 自动开关控制，它具有过载和短路保护功能。

M_1 为主电动机，由 KM_1 和 KM_2 接触器的主触点控制正反转。

M_2 为润滑泵电动机，由 QF_2 自动开关控制，具有短路和过载保护功能。

M_3 为冷却液泵电动机，由 KM_3 接触器控制，由 FR 热继电器作过载保护。

M_4 为快速移动电动机，由 SA_1 三位置自动复位开关控制，由 FU_1 熔断器作短路保护。

2. C6150 型普通车床的控制电路分析

C6150 型普通车床的控制电路，如图 9-3 所示。

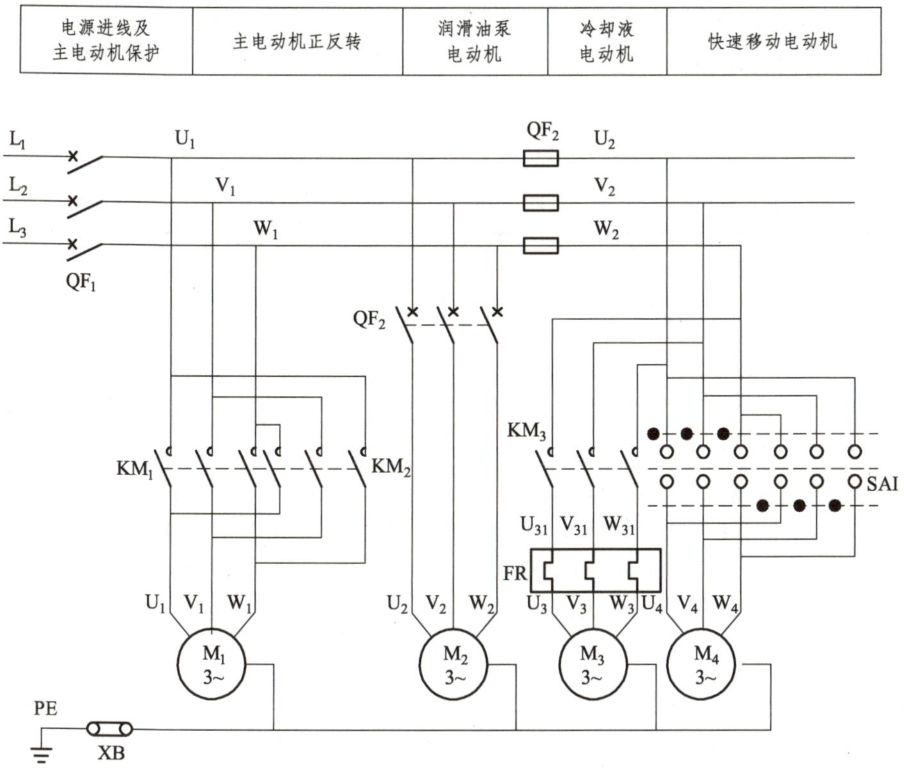

图 9-2　C6150 型普通车床的主电路

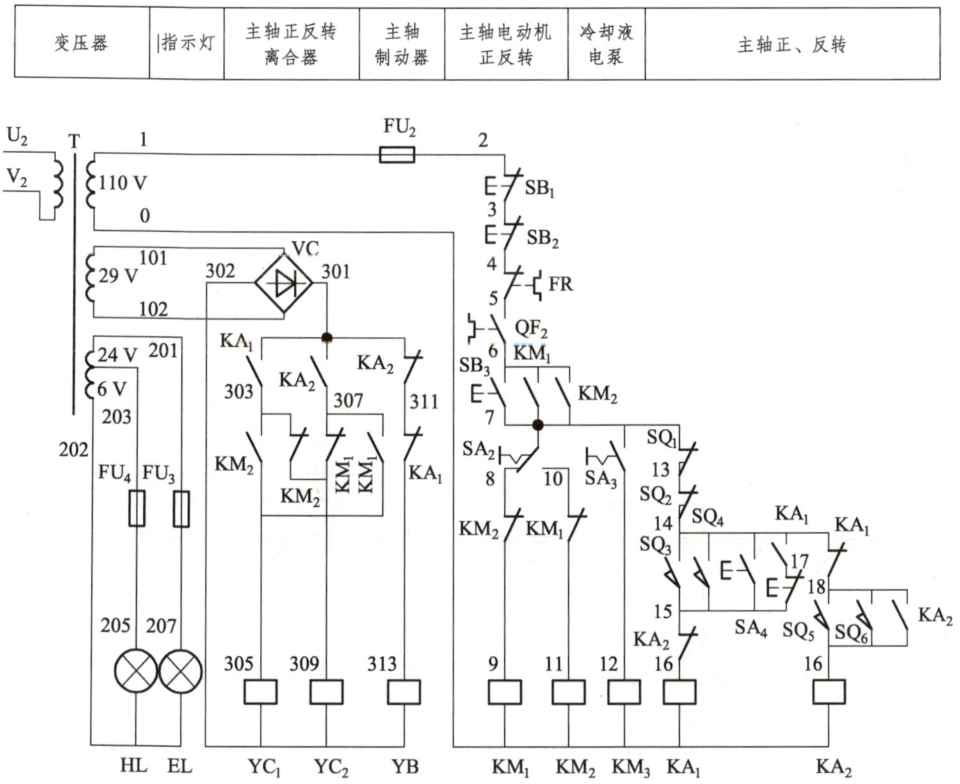

图 9-3　C6150 型普通车床的控制电路

主电动机转向的变换由 SA_2 主令开关来实现，主轴的转向与电动机的转向无关，而是取决于进给箱或者溜板箱操作手柄的位置。手柄的动作使行程开关、继电器及电磁离合器产生相应的动作，使主轴得到正确的转向。主电动机的转向、主轴的转向以及各电气元件之间的关系如表 9-1 所示。

表 9-1 主电动机和主轴转向与各电气元件之间的关系

SA_2 开关的选择	主电动机的转向	操作手柄位置	行程开关	小型通用继电器	电磁离合器	主轴转向
n_2	正转	手柄向右（或向上） 手柄向左（或向下）	SQ_3、SQ_4 压合 SQ_5、SQ_6 压合	KA_1 吸合 KA_2 吸合	YC_2 通电 YC_1 通电	正转 反转
n_1	反转	手柄向右（或向上） 手柄向左（或向下）	SQ_3、SQ_4 压合 SQ_5、SQ_6 压合	KA_1 吸合 KA_2 吸合	YC_1 通电 YC_2 通电	正转 反转

当 SA_2 在主电动机正转 n_2 位置时，按下启动按钮 SB_3，KM1 接触器线圈通电，KM_1 主触点接通，M_1 主电动机正转。同时 KM_1 的辅助触点将 305 和 307 两点接通，而 KM_2 的动触点将 303 和 309 两点接通。此时如操作手柄拉向右面（或上面），SQ_3 或 SQ_4 组合行程开关的触点接通，主轴正转继电器 KA_1 线圈通电，KA_1 动合触点闭合，YC_2 电磁离合器通电，带动主轴正转。若操作手柄向左面（或向下），SQ_5 或 SQ_6 组合行程开关的触点闭合，主轴反转继电器 KA_2 线圈通电，KA_2 动合触点闭合，YC_1 电磁离合器通电，带动主轴反转。

当 SA_2 在电动机反转 n_1 位置时，按下 SB_3 按钮，KM_2 接触器线圈通电，KM_2 主触点接通，M_1 主电动机反转。同时 KM_2 的辅助触点将 303 和 305 两点接通，而 KM_1 的动断触点将 307 和 309 两点接通。此时如把操作手柄向右面（或上面），SQ_3 或 SQ_4 组合行程开关的触点接通，KA_1 继电器线圈通电，KA_1 动合触点闭合，将使 YC_1 电磁离合器通电，带动主轴正转。若把操作手柄向左面（或向下面），SQ_5 或 SQ_6 组合行程开关的触点闭合，KA_2 继电器线圈通电，KA_2 动合触点闭合，YC_2 电磁离合器通电，带动主轴反转。操作者控制主轴的正反转是通过进给箱操作手柄或溜板箱操作手柄控制，如图 9-4 所示。

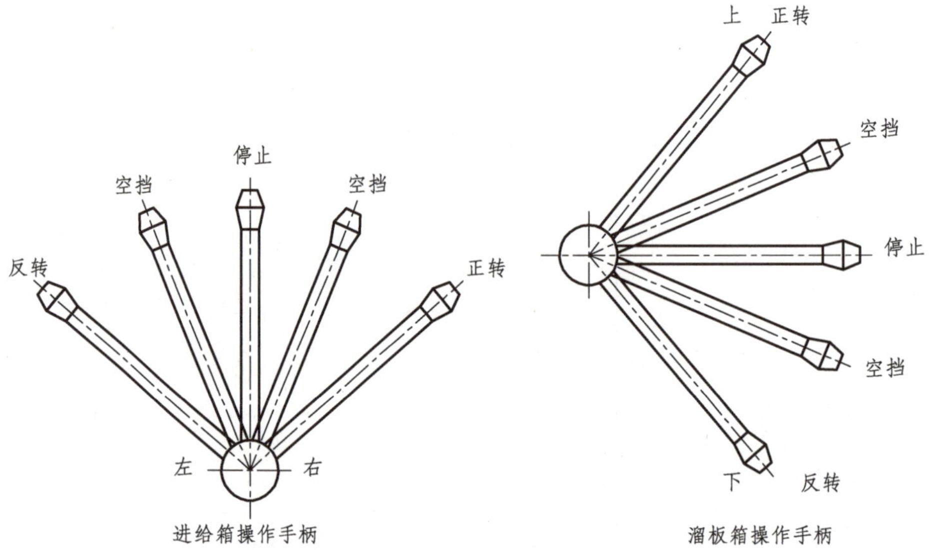

图 9-4 操作手柄示意图

操作手柄有 2 个空挡、正转、停止（制动）和反转 5 个挡位。若需要正转，只需要把手柄向右（或向上）拉，手松拉开后，手柄自动回到右面（或上面）的空挡位置，因 KA_1 继电器吸合后触点自锁，保持主轴正转。若需要反转，只需把向左（或向下）拉，手松开后，手柄自动回到左面（或下面）的空挡位置，因 KA_2 继电器吸合后触点自锁，保持主轴反转。若需要主轴停止（制动），只要把手柄放在中间位置，SQ_1 或 SQ_2 组合行程开关动断触点断开，切断 KA_1 或 KA_2 继电器电源，YC_1 和 YC_2 电磁离合器断电，主轴制动电磁离合器 YB 通电，使主轴制动。

如需要微量转动主轴，可以按 SB_4 点动按钮。

EL 为机床照明灯，HL 为电源指示灯。

三、C6150 型车床常见故障分析与检修

C6150 型车床共有 4 台电动机。主电路故障主要表现在 M_1 与 M_4 正转或反转缺相、正反转均缺相，M_2 与 M_3 缺相等故障。控制电路故障主要表现在电路无法启动，主轴正转或反转无法启动，主轴无制动等。

C6150 车床故障分析及案例演示

1. M_1 正转或反转缺相、正反转均缺相

（1）故障分析。电源缺相，电动机绕组损坏，M_1 和 M_4 接触器的动合触点损坏，连接导线断线或接触不良。

（2）故障检查。正转或反转缺相。万用表交流电压 500 V 挡测量 U_1、V_1、W_1 的线电压，如不正常，再测量 M_1 或 M_2 上电压。如 U_1，V_1，V_1 线电压正常，可拆下 M_1 电动机接线，用万用表电阻挡测量电动机接线是否断线及检查线路中连接导线是否接触不良或断线。正反转均缺相，除检查上述各点外，还需检查 QF_1 自动空气断路器上的电压，以及检查电动机绕线是否断线。检查到故障后更换元件或导线，修理电动机。

2. M_4 正转或反转缺相、正反转均缺相

（1）故障分析。电源缺相，电动机绕组损坏，SA_1 倒顺开关损坏，连接导线断线或接触器不良。

（2）故障检查。正反转均缺相，用万用表交流电压 500 V 挡测量 QF_1、FU_1 上的电压，并用电阻挡 R╳1 测量电动机接线及电动机绕组是否断线。正转或反转缺相，检查 SA_1 开关接触器是否良好，连接导线是否断线。检查到故障后，更换元件及导线，修理电动机。

3. M_2 正转缺相

（1）故障分析。电源缺相，QF_1 或 QF_2 触点损坏，电动机绕组断线，连接导线断线。

（2）故障检查。用万用表交流电压 500 V 挡测量 QF_1 或 QF_2，检查 U_2、V_2、W_2 电压是否正常。用万用表电阻挡测量连接导线是否断线，电动机绕组是否断线。

4. M_3 正转缺相

（1）故障分析。电源缺相，QF_1 或 FU_1 触点损坏或熔芯熔断，KM_3 交流接触器触点或 FR 触点损坏，电动机绕组断线，连接导线断线。

（2）故障检查。用万用表交流 500 V 挡测量 QF_1、FU_1，KM_3，FR 及 U_2，V_2，W_2 上的电

压是否正常。用万用表电阻挡测量连接导线是否断线，电动机绕组是否断线。找出故障予以修复。

5. 控制回路不启动

（1）故障分析。控制变压器 TC 坏，FU_1，FU_2熔芯断，SB_1、SB_2，FR，QF_2触点坏。

（2）故障检查。用万用表交流电压 500 V 挡测量 FU1 及 TC 上的电压，再将万用表量程改为 250 V 挡测量变压器二次绕组电压为 110 V，所以以 2 号线端为基准依次推测 3 号、4 号、5 号、6 号、7 号线端，应均为 110 V 电压。如测到哪号线端无电压，则断开电源检查该处触点应已断开或连线断开。

6. 主轴正转无法工作

（1）故障分析。主轴正转有两种情况，在 n_2 转速下，主轴正转决定于 KM_1 接触器及 M_1 正转，SQ_3、SQ_4行程开关、KA_1 继电器、YC_2 离合器。在 n_1 转速下，主轴正转决定于 KM_2 接触器及 M_1 反转，SQ_3、SQ_4行程开关，KA_1 继电器、YC_2 离合器。n_2 与 n_1 转数下，主轴正转还与变压器二次绕组交流电压是否为 29 V（102、101 号线端），以及 VC 桥式整流器是否正常有关。

（2）故障检查。当 SA_2 主令开关置于 n_2 转速时，接通 9 号与 11 号线端，按下 SB_3，检查 KM_1 接触器是否接通。将操作手柄置于主轴正转位置（右或上），KA_1 应吸合，KA_1 动合触点 301 号、303 号线端接通 YC_2 离合器。KM_1 不吸合，用万用表交流电压 250 V 挡，以 2 号线端为基准，依次测量 11 号与 13 号线端的电压应均为 110 V。KA1 不吸合依次测量 19 号、21 号、23 号、25 号线端也为 110 V 电压。如果 23 号线端无电压，应检查 SQ_3 或 SQ_4 行程开关触点及 23 号连线。YC_2 离合器不吸合，用万用表直流电压 50 V 挡测量 301 与 302 线端及 302 与 303 线端时均为直流 24 V。如为 12 V，则应检查 VC 整流器中二极管是否烧断。如电压正常，应断开电源检查 YC_2 离合器，直流电阻正常值为 33 Ω，低于此值则 YC_2 线圈短路或烧断。当 SA_2 置于 n_1 转速时，9 号、15 号线端接通。按下 SB_3，KM_2 吸合，M_1 主电动机反转，操作手柄置于主轴正转位置，把 SQ_3 或 SQ_4 按到底，KA_1 吸合，接通 YC_1 离合器，主轴正转。检查过程与 n_2 转速基本相同。

7. 主轴反转无法工作

（1）故障分析。主轴反转也有两种情况，在 n_2 转速下，SA_2 接通 11 号、9 号线端，按下 SB_3 使 KM_1 吸合，操作手柄压合 SQ_5 或者 SQ_6，使 KA_2 吸合，YC_1 离合器吸合，主轴反转。在 n_1 转速下，SA_2 接通 9 号，15 号线端，按下 SB_3 使 KM_2 吸合，操作手柄压合 SQ_5 或者 SQ_6，使 KA_2 吸合，YC_2 离合器吸合，主轴反转。离合器直流电源是否为 24 V。n_2 与 n_1 转速主轴均为反转，故障点应在 KA_2 继电器，即从 21 号、29 号以及 31 号线端间。

（2）故障检查。KM_1，KM_2，YC_1、YC_2 不吸合，检查方法见主轴正转无法工作的故障检查。KA_2 不吸合，用万用表交流 250 V 挡，以 2 号线端为基准依次测量 21 号、29 号、31 号线端，各线应均为交流 110 V 电压。如测到哪点无电压，断开电源检查触点与连接导线。

8. 主轴无制动

（1）故障分析。YB 为制动离合器，当操作手柄置于停止位置时，断开 SQ_1 或 SQ_2，使 KA_1 或 KA_2 均断开电源，KA_1 及 KA_2 的动断触点 301 号、311 号和 313 号线端接通，使 YB 离合器吸合。主轴无制动，重点是 KA_1 及 KA_2 动触点有故障。

（2）故障检查。用万用表直流电压 50 V 挡以 302 号线端为基准依次测量 301 号、311 号、313 号线端应为 DC 24 V。如测到哪点无电压，则断开电源，检查此处触点与连接导线，予以修理或更换。

四、C6150 型车床电气控制线路故障检查及排除

1. 实训目的

根据给定的 C6150 型车床电气控制电路故障点分布图，对故障现象和原因进行分析，找出实际具体的故障点。

2. 实训内容与操作步骤

C6150 型车床电气控制电路故障点分布如图 9-5 所示，图中已表明了故障点的编号，如 F1 ~ F16，故障点列表如表 9-2 所示，通过下述的排故操作步骤，分两次完成 2 个故障点的检查及排除工作，列出实际故障点，C6150 型车床元件列表如表 9-3 所示。

C6150 型车床控制线路排除故障操作步骤：

（1）合上隔离开关 QF_1，QF_2。

（2）照明部分。

合上隔离开关 QF_1，指示灯 HL 应亮，照明 EL 应亮，若不亮，查找两条回路：变压器 T 一次侧回路，变压器 T 二次侧灯泡回路，处理图中的 F1，F3，F4，F12 故障点。

（3）主轴制动器控制部分。

合上隔离开关 QF_1，主轴制动器线圈 YB 得电抱闸（用灯泡替代，应亮），若 YB 不得电（灯泡替代，不亮），查找 VC 输出的直流回路处理图中的 F13 故障点。

（4）主轴电动机及冷却液电动机、主轴正反转控制部分

① 主轴电动机 M_1 正转启动。

将 SA_2 位于“正转”位置，SA_2 的 7、8 线端接通，按下 SB_3，KM1 吸合并自锁，主轴电动机 M_1 正转，若 KM_1 不吸合，查找 KM_1 线圈回路，处理图中 F2、F5，F10，F14，F16 故障点。

② 主轴电动机 M_1 反转启动。

将 SA_2 位于“反转”位置，SA_2 的 7、10 线端接通，按下 SB_3，KM_2 吸合并自锁，主轴电动机 M_1 反转，若 KM_2 不吸合，查找 KM_2 线圈回路，处理图中 F6 故障点。

③ 冷却液电动机 M_3 启动。

在 KM_1（KM_2）吸合的基础上，合上开关 SA_3，KM_3 吸合，冷却电动机 M_3 运转，若 KM3 不吸合，则查找 KM_3 线圈回路，处理图中 F7，F11 故障点。

④ 主轴正反转。

在 KM_1 吸合的基础上，压下行程开关 SQ_3（向右），中间继电器 KA_1 吸合并自锁，电磁离合器 YC_1 得电，主轴正转，若 KA_1 不吸合，则查找 KA_1 线圈回路，处理图中的 F8，F15 故障点。

在 KM_1 吸合的基础上，按下按钮 SB_4，中间继电器 KA_1 释放，再压下行程开关 SQ_5（向左），中间继电器 KA_2 吸合，电磁力离合器 YC_2 得电，主轴反转，若 KA_2 不吸合，则查找 KA_2 线圈回路，处理图中的 F9 故障点。

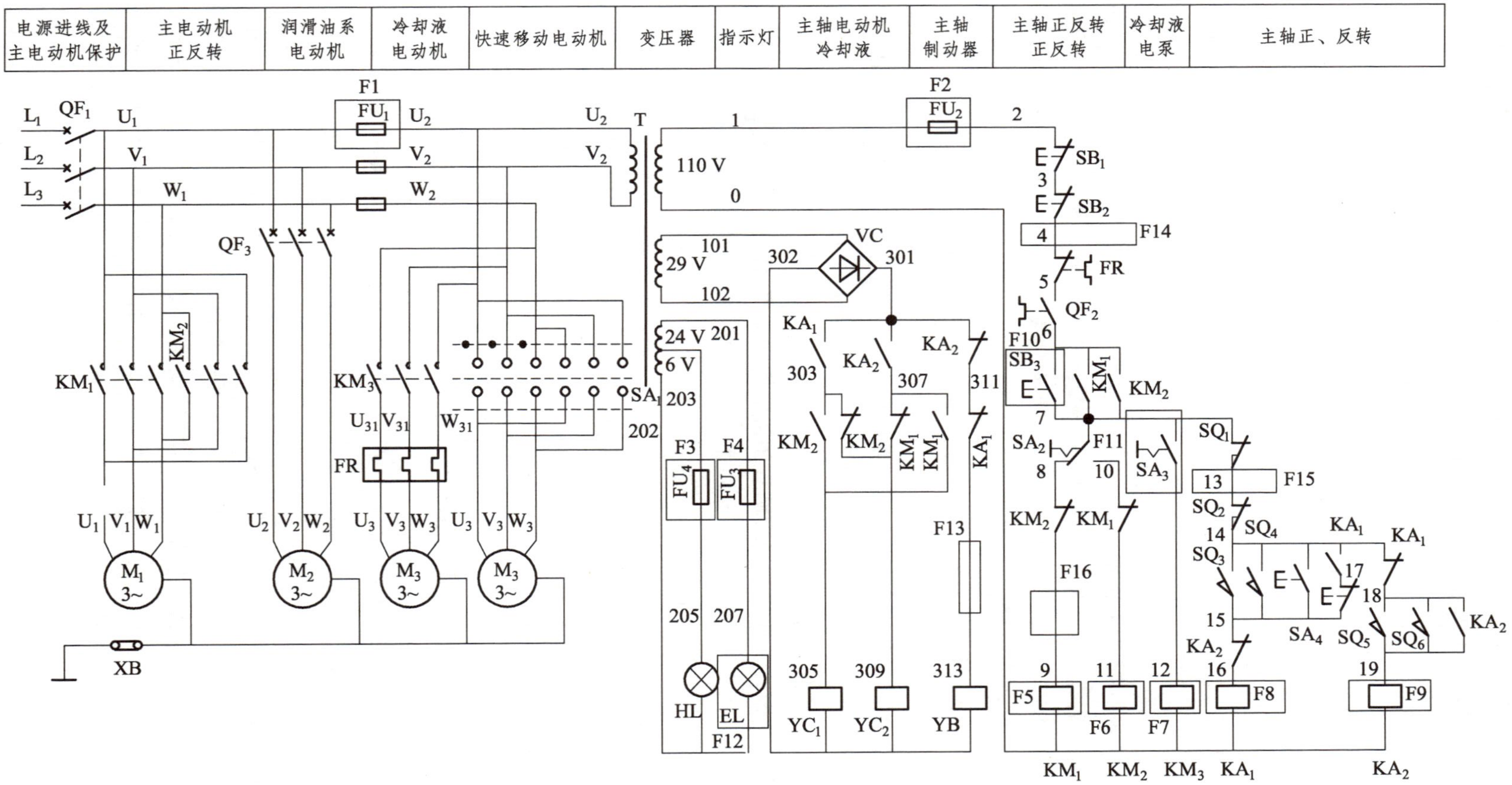

图 9-5　C6150 车床电气控制电路故障点分布图

表 9-2　故障点列表

故障编号	元件号	故障类别	故障编号	元件号	故障类别
F1	FU_1	元件	F9	KA_2	元件
F2	FU_2	元件	F10	SB_3	元件
F3	FU_4	元件	F11	SA_3	元件
F4	FU_3	元件	F12	EL	元件
F5	KM_1	元件	F13	313 号线	线路
F6	KM_2	元件	F14	4 号线	线路
F7	KM_3	元件	F15	13 号线	线路
F8	KA_1	元件	F16	9 号线	线路

表 9-3　C6150 型车床元件列表

序号	元件名称	规格型号	数量	序号	元件名称	规格型号	数量
1	三相三相漏电开关	DZ47LE-3P，C6	1 只	10	按钮	LAY7	5 只
2	四位断路器	DZ47LE-4P	1 只	11	照明指示灯	AD16-22D，24 V，黄色	1 只
3	熔断器	RT14 $\varphi10\times8$，4 A	3 只	12	指示灯	AD16-22D，24 V，红色	1 只
		RT14 $\varphi10\times8$，2 A	3 只	13	十字开关	XD2PA12CR	1 只
4	接触器	CJX1-9/22，380 V	3 只	14	二位旋钮	LAY37，黑色	1 只
5	热继电器	JR36-20	1 只	15	组合开关	YH3-3，红色	1 只
6	中间继电器	JZ7-44，380 V	2 只	16	变压器	BK-50，380 V/110 V，1.5 A 36 V，0.5 A；24 V，0.5 A；6 V，0.5 A	1 只
7	行程开关	YBLX-19/001	6 只	17	电磁铁	指示灯模拟（AD22D，36 V，红色）	1 只
8	桥堆	KBPC35-10	1 只	18	电磁离合器	指示灯模拟（AD22D，36 V，绿色）	2 台
9	电源指示灯	AD16-16D，380 V 红/绿/黄各一只	3 只	19	电动机	JW-6314	4 台

9.2　X62W 型万能铣床电气控制线路

一、X62W 型万能铣床的主要结构及运动形式

X62W 型万能铣床主要由底座、床身、主轴、刀杆、悬梁、工作台、回转盘、横溜板和升降台等几部分组成，它的外形如图 9-6 所示。

X62 万能铣床的结构及主轴电动机的电路分析

箱式的床身固定在底座上，在床身内装有主轴及其变速机构。在床身顶部有水平导轨，上面装有一个或两个刀杆支架的悬梁，刀杆支架用来支承刀杆的一端，刀杆另一端则固定在主轴上，由主轴带动铣刀切削。悬梁可以水平移动，刀杆支架可以在悬梁上水平移动，以便安装不同的刀杆。在床身前面有垂直导轨，升降台可沿着它上、下移动。在升降台上面的水平导轨上，装有可在平行于主轴轴线方向横向位移的溜板。

溜板上部有回转盘，工作台沿回转盘上的导轨做纵向移动。工作台上有 T 形槽用来装工件。这样工件就可以在 3 个坐标轴的 6 个方向上调整位置和进给。

此外，由于回转盘可绕中心转过一个角度（通常是±45°），因此工作台在水平面上除了能在平行于或垂直于主轴轴线方向进给外，还能斜向进给，可以加工螺旋槽，故称为万能铣床。

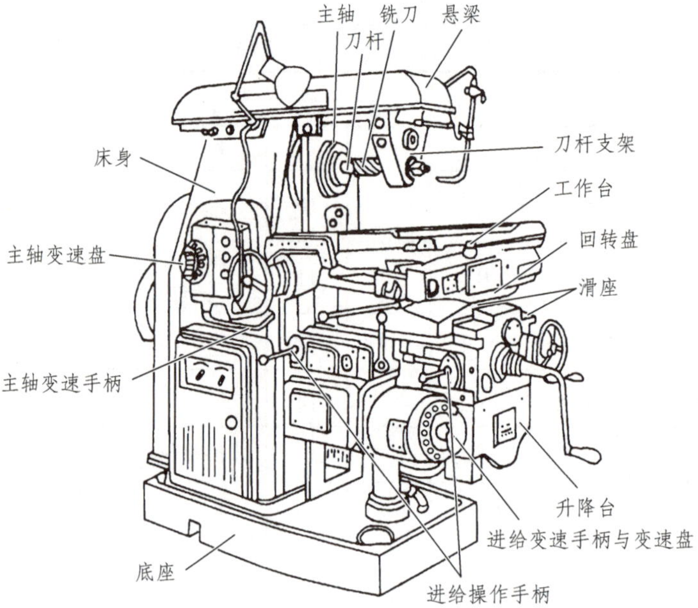

图 9-6　X62W 型万能铣床的结构

二、X62W 型万能铣床的电气控制的特点

铣床的主轴电动机需要正反转，但方向的改变并不频繁，大多数情况下是一批或多批工件只用一种方式铣制，并不需要经常改变电动机的转向。因此可用电源相序转换开关实现主轴电动机的正反转，节省一个反向转动接触器。

铣刀的切削是一种不连续切削，容易使机械传动系统产生振动，为避免这种现象，在主轴传动系统中装有惯性轮，但在高速切削后，停车很费时间，故采用电磁离合器制动。

工作台既可以作六个方向的进给运动，又可以在六个方向上快速移动。

为防止刀具和机床的损坏，要求主轴旋转后，才允许有进给运动。为减少加工工件表面的粗糙度，只有进给运动停止后主轴才能停止或同时停止。本机床在电气上采用主轴旋转运动和进给运动同时停止的方式，但由于主轴旋转运动的惯性很大，实际上就保证了进给运动先停止，主轴旋转运动后停止的要求。

主轴旋转运动和进给运动采用变速盘进行速度选择，为保证变速齿轮进入良好的啮合状态，两种运动都要求变速后做瞬时点动。

三、X62W 型万能铣床电气控制线路分析

如图 9-7 所示为 X62W 型万能铣床电气控制原理，为主电路、控制电路和照明电路三部分。

X62 万能铣床进给电动机的电路分析

1. 主电路分析

主电路中共有 3 台电动机。M_1 是主轴电动机，拖动主轴，带动铣刀旋转进行铣削加工；其正反转由换向组合开关 SA_4 实现，正常运行时由 KM_1 控制；KM_2 的主触点串联两相电阻与速度继电器配合，实现 M_1 的停车反接制动，还可以进行变速冲动控制。M_2 是工作台进给电磁铁，拖动升降台及工作台进给，由正反转接触器 KM_3 和 KM_4 主触点控制，YA 为快速移动电磁铁，由 KM_5 控制。M_3 是冷却泵电动机，供应切削液，由 KM_6 控制。每台电动机均有热继电器做过载保护。

2. 控制电路分析

1）主轴电动机的控制

控制线路中的启动按钮 SB_3 和 SB_4 是异地控制按钮，分别装在机床两处，方便操作。SB_1 和 SB_2 是停止按钮。KM_1 是主轴电动机 M_1 的启动接触器，SQ_7 是主轴变速冲动的行程开关。主轴电动机是经过弹性联轴器和变速机构的齿轮传动链来实现传动的，可使主轴获得不同的转速。

① 主轴电动机的启动。先合上电源开关 Q_S，再把主轴转换开关 SA_4 扳到所需要的旋转方向，按启动按钮 SB_3（SB_4），接触器 KM_1 获电动作，其主触点闭合，主轴电动机 M_1 启动。

SA_4 主轴开关的功能如表 9-4 所示。

表 9-4　SA_4 主轴转换开关的功能

位置 触点	正转	停止	反转
SA_{4-1}	−	−	+
SA_{4-2}	+	−	−
SA_{4-3}	+	−	−
SA_{4-4}	−	−	+

② 主轴电动机的停车制动。当铣削完毕后，按停止按钮 SB_1（或 SB_2），接触器 KM_1 线圈断电释放，电动机 M_1 停电，但速度继电器的正向触点 KS—1 和反向触点 KS—2 总有一个闭合着，故 KM_1 断电后，制动器 KM_2 就立即断电，进行反接制动，直至电动机转速接近为 0 时，速度继电器触点全部断开，制动结束。

③ 主轴变速时的冲动控制。主轴变速时的冲动控制是利用变速手柄与冲动行程开关 SQ_7 通过机械上的联动机构进行的。

首先将主轴变速手柄微微压下，使它从第一道槽内拔出，然后拉向第二道槽。当落入第二道槽内后，再旋转主轴变速盘，选好速度，将手柄以叫快递速度推回原位。若推不上，再一次拉回来、推过去，直至手柄推回原位，变速操作完成。

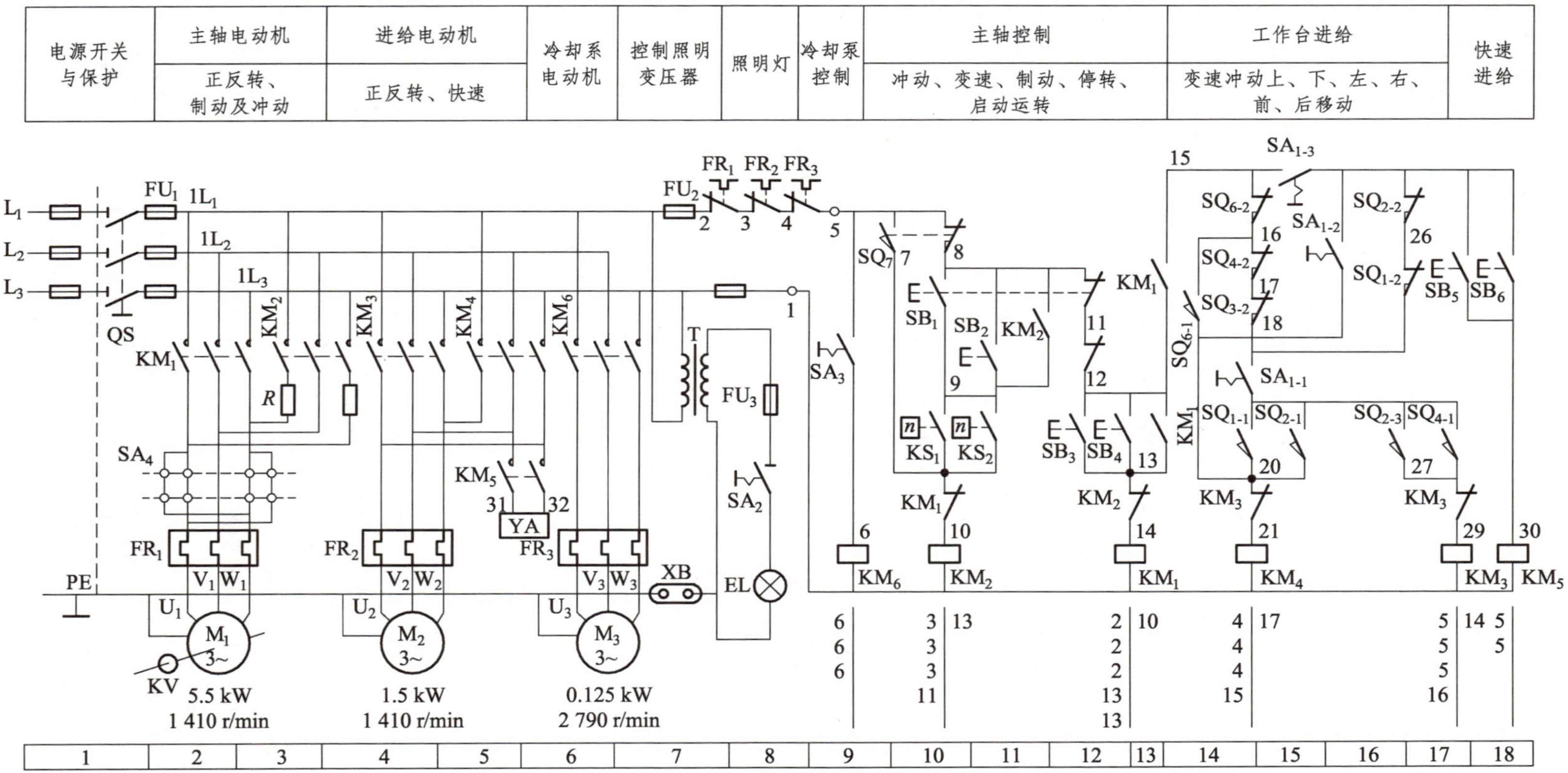

图 9-7 X62W 型万能铣床电气控制原理

在变速操做中，就将手柄拉到第二槽或从第二槽推回原位的瞬间，通过变速手柄联结的凸轮压下弹簧杆一次，而弹簧杆将碰撞变速冲动开关 SQ_7，使其动作一次并随即复位。这样，若原来主轴旋转着，当变速手柄拉到第二槽时，主电动机 M_1 被反接制动，速度迅速下降。当选好速度将手柄推回原位时，冲动开关又动作一次，主电动机机 M1 低速反转，有利于变速后的齿轮啮合。由此可见，可进行不停车直线变速。若原来处于停车状态，则不难想到，在主轴变速操作中，SQ_7 第一次动作时 M_1 反转一下，SQ_7 第二次动作时 M_1 又反转一下，故也可停车变速。若要求主轴在新的速度下运行，则需要重新启动主电动机。

主轴在非变速状态时，同主轴变速手柄并联的主轴变速冲动限位开关 SQ_7 不受压。

2）工作台进给电动机的控制

工作台进给控制电路 15 号端，串入 KM_1 的自锁触点，以保证只有主轴旋转后工作台才能进给的联锁

要求进给电动机 M_2 由 KM_3 和 KM_4 控制，实现正反转。工作台进给方向由各操作手柄选择。有两个操作手柄，一个为左右（纵向）操作手柄，有左、中、右 3 个位置；另一个为前后（横向）和上下（升降）十字操作手柄，该手柄有 5 个位置，即上、下、前、后和中间零位。

① 工作台左右（纵向）进给。除了 SA_1 置于使用普通工作台位置外，十字手柄必须置于中间零位。若要工作台向右进给，则将纵向手柄扳向右侧，使 SQ_1 受压，KM_4 通电，M_2 正转，工作台向右进给。KM_4 通电的电流通路为：回路标号 $15 \rightarrow SQ_{6\text{-}2} \rightarrow 16 \rightarrow SQ_{4\text{-}2} \rightarrow 17 \rightarrow SQ_{3\text{-}2} \rightarrow 18 \rightarrow SA_{1\text{-}1} \rightarrow 19 \rightarrow SQ_{1\text{-}1} \rightarrow 20 \rightarrow KM_3 \rightarrow 21 \rightarrow KM_4$ 线圈 $\rightarrow 1$。

从电流通路中看出，如果操作者同时将十字扳手扳向工作位置，则 $SQ_{4\text{-}2}$ 和 $SQ_{3\text{-}2}$ 中必须有一个断开，KM_4 线圈不能通电，通过这种电气方式来实现工作台纵向、横向进给及上下移动之间的互锁。

若要快速进给，则按动 SB_5 或 SB_6，使 KM_5 以点动方式通电，快速电磁铁线圈 YA 通电，工作台向右快速移动。当按钮松开后，就恢复向右进给状态。

在工作台的左右端安装了撞块。当不慎向右进给至终端时，左右操作手柄就被右端撞块撞至中间停车位置，用机械方法使 SQ_1 复位，KM_4 断电，实现了限位保护。

工作台向左移动时，电路的工作原理与向右移动时相似。

② 工作台上下（升降）和前后（横向）进给。若要工作台向上进给，将十字手柄扳向上，使 SQ_4 受压，KM_3 通电，M_2 反转，工作台向上进给。KM_3 通电的电流通路为：回路标号 $15 \rightarrow SA_{1\text{-}3} \rightarrow 25 \rightarrow SQ_{2\text{-}2} \rightarrow 26 \rightarrow SQ_{1\text{-}2} \rightarrow 18 \rightarrow SA_{1\text{-}1} \rightarrow 19 \rightarrow SQ_{2\text{-}1} \rightarrow 27 \rightarrow KM_4 \rightarrow 29 \rightarrow KM_3$ 线圈 $\rightarrow 1$。

上述电流通路中动断触点 $SQ_{2\text{-}2}$ 和 $SQ_{1\text{-}2}$ 用于工作台前、后、上、下、移动同左、右移动之间的互锁。

若要快速上升，按下 SB_5 或 SB_6 即可。另外，也设置了上下限位保护用终端撞块，工作台的向下移动控制原理与向上移动控制相似。

若要工作台向前进给，将十字手柄扳向前，使 SQ_3 受压，KM_4 通电，M_2 正转，工作台向前进给。工作台向后进给，可将十字手柄向后扳动实现。

③ 工作台的主轴停车快速进给。工作台也可在主轴不转动时进行快速移动，这时可将主电动机 M_1 的换向开关 SA_5 扳至停止位置，然后扳动所选方向的进给手柄，按下主轴启动按钮和快速按钮，KM_4（或 KM_3）及 KM_5 通电，工作台便可沿选定方向快速进给。

④ 工作台各运动方向的联锁。在同一时间内，工作台只允许向一个方向移动，各运动方

向之间的联锁是利用机械和电气两种方法来实现的。

工作台的向左、向右运动，是同一手柄控制的，手柄本身起到左右移动的联锁作用。同理，工作台的前、后、上、下 4 个方向的联锁，是通过十字手柄来实现的。

工作台的向左、向右运动同上、下、前、后移动之间的联锁是利用电气方法来实现的。

⑤ 工作台进给变速冲动控制。SQ_6 为进给变速冲动开关。与主轴变速类似，为了使变速时齿轮易于啮合，控制电路中也设置了瞬时冲动控制环节。变速应在工作台停止移动时进行，操作过程是：先启动主电动机 M_1，拉出蘑菇形变速手轮，同时转动至所需的进给速度，再把手轮用力往外一拉，并立即推回原位。

在手轮拉到极限位置时，其连杆机构推动冲动开关 SQ_6，使得 $SQ_{6\text{-}2}$ 断开，$SQ_{6\text{-}1}$ 闭合，由于手轮被很快推回原位，故 SQ_6 短时动作，KM_4 短时通电，电动机 M_2 短时冲动。KM_4 通电的电流通路为：回路标号 15→$SA_{1\text{-}3}$→25→$SQ_{2\text{-}2}$→26→$SQ_{1\text{-}2}$→18→$SQ_{3\text{-}2}$→17→$SQ_{4\text{-}2}$→16→$SQ_{6\text{-}1}$→20→KM_3→21→KM_4 线圈→1。

可见，若左右操作手柄和十字手柄中有一个不在中间停止位置，此电流通路便被切断，保证了变速冲动只能在工作台停止移动时进行。

⑥ 圆工作台控制。SA_1 为圆工作台转换开关，它是一种二位式开关。当使用圆工作台时，$SA_{1\text{-}2}$ 和 $SA_{1\text{-}1}$ 与 $SA_{1\text{-}3}$ 均断开；当不使用圆工作台而使用普通工作台时 $SA_{1\text{-}1}$ 和 $SA_{1\text{-}3}$ 均闭合，$SA_{1\text{-}2}$ 断开。

在使用圆工作台时，要将圆工作台转换开关 SA_1 置于圆工作台“接通”位置，而且必须将左右操作手柄和十字操作手柄置于中间停止位置。然后，按动主轴启动按钮 SB_3 或 SB_4，主电动机 M_1 启动，进给电动机 M_2 因 KM_4 的通电而旋转，由于圆工作台的机械传动已接上，故也旋转。这时，KM_4 通电的电流通路为：15→$SQ_{6\text{-}2}$→16→$SQ_{4\text{-}2}$→17→$SQ_{3\text{-}2}$→18→$SQ_{1\text{-}2}$→26→$SQ_{2\text{-}2}$→25→$SA_{1\text{-}2}$→20→KM_3→21→KM_4 线圈→1。

可见，通路中的 SQ_1 ~ SQ_4 四个动断触点为联锁触点，起圆工作台转动与工作台 3 种移动方式的联锁保护作用，即只有在移动手柄处于“停止”位置时，工作台才转动。圆工作台也可通过蘑菇形变速手轮变速。另外，当圆工作台转换开关 SA_1 置于“断开”位置，而左右及十字操作手柄置于中间“零位”时，也可用手动方式使它旋转。

⑦ 冷却泵电动机的控制。冷却泵电动机 M_3 的动作由转换开关 SA_3 控制，无失压保护功能，不影响安全操作。

3. 辅助电路及保护环节分析

机床照明由变压器 T 提供 36 V 安全电压，灯开关为 SA_2。

M_1，M_2 和 M_3 为连续工作制，由 FR_1、FR_2、FR_3 实现过载保护。

由 FU_1 实现主电路的短路保护，FU_2 实现控制电路的短路保护，FU_3 实现照明电路的短路保护。另外，还有工作台终端极限保护和各种运动的联锁保护。X62W 型万能铣床的电气元件明细如表 9-5 所示。

表 9-5　X62W 型万能铣床的电气元件明细表

代号	元件名称	型号	规格	件数	用途
M_1	电动机	J02-51-4	5.5 kW，1450 r/min	1	驱动主轴
M_2	电动机	J02-22-4	1.5 kW，1410 r/min	1	驱动进给
M_3	电动机	JCB-22	0.125 kW，2790 r/min	1	驱动冷却泵
KS	速度继电器			1	主轴制动
QS	开关	HZ1-60/3J	60 A，500 V	1	总开关
SA_1	开关	HZ1-10/3J	10 A，500 V	1	圆工作台开关
SA_2	开关	HZ1-10/3J	10 A，500 V	1	照明开关
SA_3	开关	HZ1-10/3J	10 A，500 V	1	冷却泵开关
SA_4	开关	HZ3-133	60 A，500 V	1	M_1 换相开关
FU_1	熔断器	RL1-60	60 A	1	电源总保险
FU_2	熔断器	RL1-15	5 A	1	控制回路保险
FU_3	熔断器	RL1-15	1 A	1	照明保险
FR1	热继电器	JR0-60/3	16 A	1	M_1 过载保护
FR_2	热继电器	JR0-20/3	1.5 A	1	M_2 过载保护
FR_3	热继电器	JR0-20/3	0.5 A	1	M_3 过载保护
T	变压器	BK/50	380 V/24 V	1	照明电源
KM_1	交流接触器	CJ0-20	20 A，110 V	1	主轴启动
KM_2	交流接触器	CJ0-20	20 A，110 V	1	主轴制动
KM_3	交流接触器	CJ0-10	10 A，110 V	1	M_2 正转
KM_4	交流接触器	CJ0-10	10 A，110 V	1	M_2 反转
KM_5	交流接触器	CJ0-10	10 A，110 V	1	快速进给
KM_6	交流接触器	CJ0-10	10 A，110 V	1	冷却泵
SB_1、SB_2	按钮	LA2		2 个	停止、快速进给点动
SB_3、SB_4	按钮	LA2		2 个	M_1 启动
SB_5、SB_6	按钮	LA2		2 个	快速进给
YA	电磁铁	定做		1	快速移动
SQ_1	位置开关	LX2-131		1	进给开关
SQ_2	位置开关	LX2-131		1	进给开关
SQ_3	位置开关	LX2-131		1	进给开关
SQ_4	位置开关	LX2-131		1	进给开关
SQ_6	位置开关	LX3-11K		1	进给冲动开关
SQ_7	位置开关	LX1-11K		1	主轴冲动开关

四、X62W 型铣床电气控制线路故障检查及排除

1. 实训目的

根据如图 9-7 所示的 X62W 型万能铣床电气原理，对故障现象和原因进行分析，找出具体故障点。

2. 实训内容和步骤

（1）主轴正转或者反转不正常。

① 故障分析。X62W 型主轴控制电路中主轴正反转的三相电源由 KM_1 控制，但正反转的旋转方向有组合开关 SA_4 预先选择。如正转正常，反转不正常，则控制电路正常，故障应在主电路中 SA_4 组合开关上。

② 故障检修。按故障现象为反转不正常进行检修。将 SA_4 置于反转位置，合上电源，按下 SB_3（或 SB_4）按钮，KM_1 喜欢自锁，用万用表交流电压 500 V 挡测量 U_{11}，V_{11} 和 W_{11} 各点的电压，测到哪一点电压不正常后，断开电源，再检查与此点电压有关的 SA4 触点或连线，找出故障予以排除。

（2）主轴制动失灵。

① 故障分析。主轴电动机正转或反转时，速度继电器触点 KS-1 或 KS-2 中总有一副对应闭合，为制动接触器 KM_2 通电做准备。当按下 SB_1（或 SB_2）停止按钮时，KM_2 闭合，KM_2 主触点串入限流电阻反接制动。若主轴正、反制动均失灵，则故障范围为 KM_1 动断触点及 KM_2 线圈。若单方向制动失灵，故障应在对应的速度继电器触点上。

② 故障检修。按正转制动失灵现象进行检修。将 SB_4 置于正转位置，接通电压，按下 KS—1 两端（7 点和 9 点）的电压，以 1 点为参考点对 7 点和 9 点进行测量，正常值为 380 V，若没有电压，则可判断 KV—1 触点或两端连线故障所在，予以排除。

（3）工作台纵向进给不正常。

① 故障分析。X62W 工作台进给控制电路中，圆工作台选择开关 SA_1 置于“断开”位置，$SA_{1\text{-}1}$ 和 $SA_{1\text{-}3}$ 闭合，$SA_{1\text{-}2}$ 断开，启动主轴后 KM_1 闭合，KM_1 动合触点（12 点与 15 点之间）闭合，将纵向操纵手柄向“右”侧，则 $SQ_{1\text{-}1}$ 触点闭合，$SQ_{1\text{-}2}$ 触点断开，KM_4 闭合工作台向右进给，回路 15→16→17→18→19→20→21→KM_4 线圈。操作手柄压向“左”侧，则 $SQ_{2\text{-}1}$ 闭合，$SQ_{2\text{-}2}$ 断开，使 KM_3 闭合，工作台向左进给，回路为 15→16→17→18→19→27→29→KM_3 线圈。其中 15→16→17→18 这一段为纵向公共回路，也是纵向进给与横向、垂直进给的互锁回路。据此分析：纵向进给均不正常，故障范围可判断为公共回路这一段，其中包括三副位置开关动断触点。

② 故障检修。断开电源，将 SA_1 置于圆工作台“工作”位置，使 $SA_{1\text{-}3}$ 和 $SA_{1\text{-}1}$ 触点断开以便测量，用万用表电阻 RX1 挡测量 $SQ_{6\text{-}2}$、$SQ_{4\text{-}2}$ 和 $SQ_{3\text{-}2}$ 触点及两端连线是否断开，查到故障予以排除。

（4）工作台横向与垂直进给不正常。

① 故障分析。横向与垂直进给由位置开关 SQ_3 及 SQ_4 控制。将选择开关 SA 置于“断开”位置，主轴启动，KM_1 吸合，将工作台操纵手柄置于向上或向后位置时，压位置开关 SQ_4 使 KM_3 吸合，工作台向上或向后进给，回路 15→25→26→18→19→27→29→KM3 线圈。当操纵

手柄置于向下或向前位置时，压位置开关 SQ_3 使 KM_4 吸合，工作台向下或向前进给，回路15→25→26→18→19→20→21→KM3 线圈。其中 15→25→26→18 为横向及垂直进给电路的公共回路，也是纵向进给的互锁电路。如果横向及垂直进给均不正常，则故障范围可判断为公共回路这一段，其中包括 SA_{1-3}、SQ_{2-2}、和 SQ_{1-2} 触点及连线。

② 故障检修。闭合电源，将操纵手柄置于中间位置，SA_{1-3} 触点闭合，用万用表交流电压500V 挡测量，以 1 点为参考点对 15 点、25 点、26 点、18 点进行测量，正常电压为 380 V，如查到某点无电压，则可判断此处触点或连线有故障，予已排除。

（5）圆工作台工作不正常。

① 故障分析。圆工作台选择开关 SA_1 置于“工作”位置，使 SA_{1-2} 触点闭合，SA_{1-1} 和 SA_{1-3} 触点断开，闭合电源，启动主轴后使 KM_1 吸合自锁，KM_4 吸合使圆工作台旋转，回路为15→16→17→18→26→25→20→21→KM_4 线圈。将 SQ_{6-2}、SQ_{4-2}、SQ_{3-2}、SQ_{1-2}、SQ_{2-2} 动断触点及圆工作台选择开关 SA_{1-2} 触点全部串联在电路中，以形成矩形工作台与圆工作台工作方式的互锁。若使用矩形工作台时，纵向、横向与垂直进给均正常，则故障范围可缩小至 SA_{1-2} 触点及两端连线上。

② 故障检修。断开电源，用万用表电阻 RX1 挡测量 SA1-2 触点及两端连线是否断开，即可查到故障，予以排除。

（6）工作台无快速进给。

① 故障分析。工作台无论哪个方向做进给运动时，按 SB_5（或 SB_6）按钮，使 KM_5线圈通电，KM_5 动合触点闭合，快速进给电磁阀 YA，使工作台按原定方向做快速进给。若工作台无快速进给，应先观察 KM_5 动合触点是否闭合，若不闭合则故障范围在按钮及 KM_5 线圈或两端连线。若 KM_5 动合触点闭合而 YA 不吸合，则故障在 KM_5 动合触点及 YA 线圈或两端连线。若 KM_5 和 YA 均正常，则为机械传动链中离合器等机械故障。

② 故障检修。将观察到的现象，按上述分析判断检查。若 YA 不吸合只需使 KM_5 闭合后，用万用表交流电压 500 V 挡测量 YA 线圈两端 31 点与 32 点的线电压，若电压正常则可能是YA 电磁线圈损坏。进一步测量线圈电阻即可判定故障所在，予以排除（注意快速进给为点动状态，带电检修要手按住按钮不放才能检查）。

（7）主电动机不能启动。

检查三相电源、熔断器、热继电器的触点及有关按钮的接触情况。

（8）工作台不能进给。

① 工作台各个方向都不能进给。先检查圆工作台控制开关是否在“断开”位置，再检查控制回路电压是否正常；若正常，可扳动操纵手柄至任一运动方向，观察其相关接触器是否吸合，若吸合则判断控制回路正常；最后检查电动机主回路是否正常。常见故障有接触器主触点接触不良、电动机接线脱落和绕组断路等。

② 工作台不能向上运动，可能是由操纵手柄不在零位造成的。如果操作手柄位置正常，则可能是机械磨损等因素，使相应的电气元件动作不正常或触点不良所致。

③ 工作台前后进给正常，但左右不能进给。由于工作台能横向进给，说明接触器 KM_3 或 KM_4 及电动机 M_2 的主回路正常，故障只能发生在位置开关上，其中冲动开关由于变速时常受冲击，容易损坏。

④ 变速时冲动失灵。可能是冲动开关的动合触点在瞬间闭合时接触不良，其次是变速手

柄（主轴变速）或变速盘（进给变速）在推回原位过程中，机械装置未碰上冲动行程开关所致。

9.3　T68 型镗床的电气控制线路

一、概　述

镗床是一种较精密的孔加工机床，主要用于加工较精确的孔和孔间距离要求较为精确的零件。

1. 种类

按不同用途，镗床可分为卧式镗床、立式镗床、坐标镗床和专用镗床等。在生产中使用较广泛的有卧式镗床和坐标镗床，其中坐标镗床加工精度很高，适合于加工高精度坐标孔距的多孔零件；而卧式镗床具有万能性特点，它不但能完成孔加工，而且还能完成车削端面及内外圆和铣削平面等工作。下面以卧式镗床 T68 为例加以分析。

2. 型号意义

示例如下所示。

T 6 8
└ 最大键轴直径为 80 mm（8）
└ 卧式（6）
└ 锭床（T）

二、基本结构

T68 型卧式镗床主要由床身、前立柱、镗头架、工作台、后立柱和尾架等组成，如图 9-8 所示。

床身是一个整体的铸件，在它的端固定有前立柱，在前立柱的垂直导轨上装有镗头架，镗头架可沿导轨上下移动。镗头架中装有主轴部分、变速箱、进给箱与操纵机构等部件。切削刀具周定在镗轴前端的锥形孔里，或装在花盘上的刀具溜板上。在工作过程中，镗轴一边旋转，一边沿轴向做进给运动。而花盘只能旋转，装在其上的刀具溜板则可做垂直于主轴轴线方向的径向进给运动。镗轴和花盘主轴通过单独的传动链传动，因此它们可以独立转动。

后立柱的尾架用来支持装夹在镗轴上的镗杆末端，它与镗头架同时升降，保证两者的轴心始终在同一直线上。后立柱可沿着床身导轨在镗轴的轴线方向上调整位置。

安装工件用的工作台安置在床身中的导轨上，它由下溜板、上溜板和可转动的工作台组成。工作台可在平行于（纵向）或垂直于（横向）镗轴轴线的方向移动。

T68 型卧式镗床所具备的运动方式有以下 3 种。

（1）主运动：镗轴的旋转运动与花盘的旋转运动。

（2）进给运动：镗轴的轴向进给、花盘刀具溜板的径向进给、镗头架的垂直进给，以及工作台的横向进给和纵向进给。

（3）辅助运动：工作台的旋转、后立柱的水平移动及尾架的垂直移动。

1—床身；2—主轴箱；3—前立柱；4—主轴；5—下溜板、上溜板和工作台；6—后立柱。

图 9-8　T68 型卧式镗床的外观图

三、电气控制特点

镗床的工艺范围广，因而调速范围大、运动多，其电气控制特点如下。

为适应各种工件加工工艺的要求，主轴应在大范围内调速，多采用交流电动机驱动的滑移齿轮变速机构，目前国内有采用单电动机拖动的，也有采用双速或三速电动机拖动的。后者可精简机械传动机构。由于镗床主拖动要求恒功率拖动，所以采用“三角形-双星形”双速电动机。

由于采用滑移齿轮变速机构，为防止顶齿现象，要求主轴系统变速时作低速断续冲动。

为了适应加工过程中调整的需要，要求主轴可以正、反点动调整，这是通过主轴电动机低速点动来实现的。同时还要求主轴可以正、反向旋转，这是通过主轴电动机的正、反转来实现的。

主轴电动机低速时可以直接启动。在高速时控制电路要保证先接通低速电路经延时后再接通高速电路以减小启动电流。

主轴要求快速而准确地制动，所以必须采用效果好的停车制动装置。卧式镗床常用反接制动（有的也采用电磁铁制动）。

由于进给部件多，快速进给用另一台电动机拖动。

四、电气控制线路分析

如图 9-9 所示为 T68 型卧式镗床电气控制线路。

T68 镗床控制电路的分析

1. 主电路分析

T68 型卧式镗床共由两台三相异步电动机驱动，即主拖动电动机 M_1 和快速移动电动机 M_2。熔断器 FU_1 作电路总的短路保护，FU_2 作快速移动电动机和控制电路的短路保护。M_1 设置热继电器 FR 作过载保护，M_2 是短期工作，所以不设置热继电器。M_1 用接触器 KM_1 和 KM_2 控制正反转，接触器 KM_3、KM_4 和 KM_5 作“三角形-双星形”变速切换。M_2 用接触器 KM_6 和 KM_7 控制正反转。

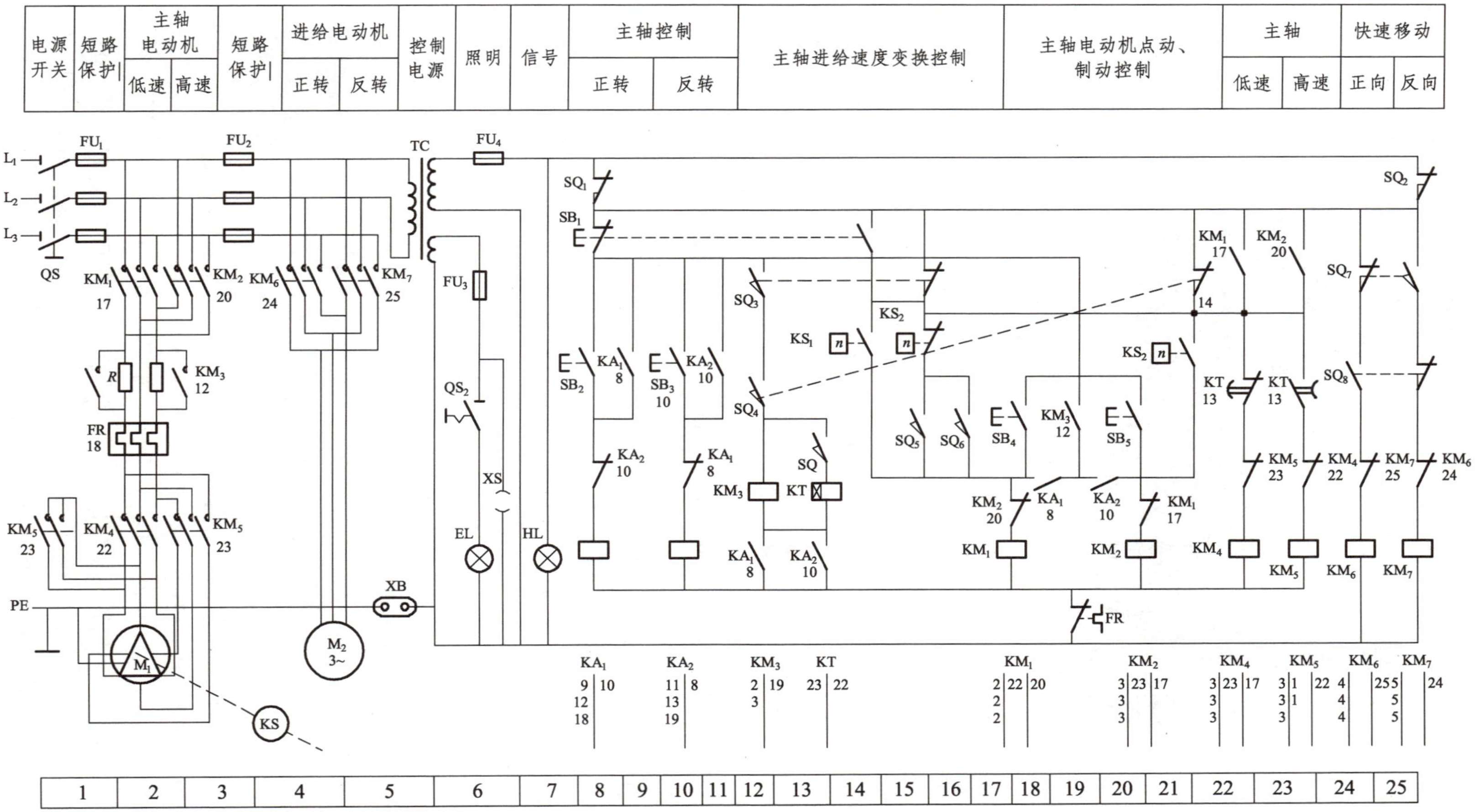

图 9-9　T68 型卧式镗床电气控制线路

2. 控制电路分析

（1）主轴电动机 M_1 的控制。

① 主轴电动机的正反转控制。按下正转启动按钮 SB_2，中间继电器 KA_1 线圈获电吸合，KA_1 动合触点（12 区）闭合，接触器 KM_3 线圈得电（此时位置开关 SQ_3 和 SQ_4 已被操纵手柄压合），KM_3 主触点闭合，将制动电阻 R 短路，而 KM_3 动合辅助触点（19 区）闭合，接触器 KM_1 线获电吸合，KM_1 主触点闭合，接通电源。KM_1 的动合触点（22 区）闭合，KM_4 线圈获电吸合，KM_4 主触点闭合，电动机 M_1 接成三角形正向启动，空载转速为 1500 r/min。反转时只需按下反转启动按钮 SB_3，动作原理同上，所不同的是中间继电器 KA_2 和接触器 KM_2 获电吸合。

② 主轴电动机 M_1 的点动控制。按下正向点动按钮 SB_4，接触器 KM_1 线圈获电吸合，KM_1 动合触点（22 区）闭合，接触器 KM_4 线圈获电吸合。这样，KM_1 和 KM_4 的主触点闭合。便使电动机 M_1 接成三角形串电阻 R 点动。

同理，按下反向点动按钮 SB_5，接触器 KM_2 利 KM_4 线圈获电吸合，M_1 反向点动。

③ 主轴电动机 M_1 的停车制动。假设电动机 M_1 正转，当速度达到 120 r/min 以上时，速度继电器 KS_2 动合触点闭合，为停车制动做准备。若要 M_1 停车，按下 SB_1，则中间继电器 KA_1 和接触器 KM_3 断电释放，KM_3 动合触点（19 区）断开，KM_1 线圈断电释放，KM_4 线圈也断电释放，由于 KM_1 和 KM_4 主触点断开，电动机 M_1 断电作惯性运转。接着接触器 KM_2 和 KM_4 线圈获电吸合，KM_2 和 KM_4 主触点闭合，电动机 M_1 串电阻 R 反接制动。当转速降至 120 r/min 以下时，速度继电器 KS_2 动合触点（21 区）断开，接触器 KM_2 和 KM_4 断电释放，停车反接制动结束。

如果电动机 M_1 反转，当速度达到 120 r/min 以上时，速度继电器 KS_1 动合触点闭合，为停车制动做准备。以后的动作过程与正转制动时相似，读者可自行分析。

④ 主轴电动机 M_1 的高、低速控制。若选择电动机 M_1 在低速（三角形接法）运行，可通过变速手柄使变速行程开关 SQ_2（13 区）处于断开位置，相应的时间继电器 KT 线圈断电，接触器 KM_5 线圈也断电，电动机 M_1 只能由接触器 KM_4 接成三角形连结。

如果需要电动机高速运行，应首先通过变速手柄使限位开关 SQ 压合，然后按正转启动按钮 SB_2（或反转启动按钮 SB_3），KA_1 线圈（反转时应为 KA_2 线圈）获电吸合，时间继电器 KT 和接触器 KM_3 线圈同时获电吸合。由于 KT 两副触点延时动作，故 KM_4 线圈先获电吸合，电动机 M_1 接成三角形低速启动，KT 的动触点（22 区）延时断开，KM_4 线圈断电释放，KT 的动合触点（23 区）延时闭合，KM_5 线圈获电吸合，电动机 M1 成 YY 形连接，高速（空载时 3000 r/min）运行。

⑤ 主轴变速及进给变速控制。本机床主轴的各种速度是通过变速操纵盘改变传动链的传动比来实现的。当主轴在工作过程中变速时，可不必按停止按钮而直接进行变速。设 M_1 原来运行在正转状态，速度继电器 KS_2（21 区）早已闭合。将主轴变速操纵盘的操作手柄拉出，与变速手柄有机械联系的行程开关 SQ_3 不再受压而断开，KM_3 和 KM_4 线圈先后断电释放，电动机 M_1 断电，由于行程开关 SQ_3 动断触点（15 区）闭合，KM_2 和 KM_4 线圈获电吸合，电动机 M_1 串接电阻 R 反接制动。当速度继电器 KS_2（21 区）动合触点断开时，M_1 停车，便可转动变速操纵盘进行变速。变速后，将变速手柄推回原位，SQ_3 重新压合，接触器 KM_3、KM_1

和 KM_4 线圈获电吸合，电动机 M_1 启动，主轴以新选定的速度运转。

变速时，若因齿轮卡住手柄推不上时，此时变速冲动行程开关 SQ_6 被压合，速度继电器的动断触点 SQ_2（15 区）已恢复闭合，接触器 KM_1 线圈获电吸合，电动机 M_1 启动。当速度高于 120 r/min 时，KS_2 动断触点（15 区）又断开，KM_1 线圈断电释放，电动机 M_1 又断电，当速度降到 120 r/min 时，KS_2 动断触点再次闭合，从而又接通了低速旋转电路而重复上述过程。这样，主轴电动机就被间歇地启动和制动而低速旋转，以便齿轮顺利啮合。直到齿轮啮合好，手柄推上后，压下行程开关 SQ_3，松开 SQ_6，将冲动电路切断。同时，由于 SQ_3 的动合触点（13 区）闭合，主轴电动机启动旋转，从而主轴获得选定的转速。

进给变速的操作和控制与主轴变速的操作和控制相同。只是在进给变速时，拉出的操作手柄是进给变速操纵盘的手柄，与该手柄有机械联系的是行程开关 SQ_4，进给变速冲动的行程开关是 SQ_5。

（2）快速移动电动机 M_2 的控制。主轴轴向进给、主轴箱（包括尾架）垂直进给、工作台纵向和横向进给等的快速移动，是由电动机 M_2 通过齿轮、齿条等来完成的。快速手柄扳到正向快速位置时，压合行程开关 SQ_8，接触器 KM_6 线圈获电吸合，电动机 M_2 正转启动，实现快速正向移动。将快速手柄扳到反向快速位置，行程开关 SQ_7 被压合，KM_7 线圈获电吸合，电动机 M_2 反向快速移动。

（3）联锁保护装置。为了防止在工作台或主轴箱自动快速进给时将主轴进给手柄扳到自动快速进给位置的误操作，采用了与工作台和主轴箱进给手柄有机械联结的行程开关 SQ_1（在工作台后面）。当上述手柄扳到工作台（或主轴箱）自动快速进给的位置时，SQ_1 受压断开。同样，在主轴箱上还装有另一个行程开关 SQ_2，它与主轴进给手柄有机械联结，当这个手柄动作时，SQ_2 也受压分断。电动机 M_1 和 M_2 必须在行程开关 SQ_1 和 SQ_2 中有一个处于闭合状态时才可以启动。如果工作台（或主轴箱）在自动进给（此时 SQ_1 断开）时，再将主轴进给手柄扳到自动进给位置（SQ_2 也断开），那么电动机 M_1 和 M_2 便都自动停车，从而达到联锁保护的目的。T68 型卧式镗床电气元件明细如表 9-6 所示。

表 9-6　T68 型卧式镗床电气元件明细表

代号	元件名称	型号	规格	件数	用途
M_1	电动机	J02-51-2/4	7.5 kW，2900/1440 r/min	1	驱动主轴
M_2	电动机	J02-31-4	2.2 kW，1430 r/min	1	驱动快速移动
KM_1	交流接触器	CJ0-40	110 V	1	主轴正转
KM_2	交流接触器	CJ0-40	110 V	1	主轴反转
KM_3	交流接触器	CJ0-40	110 V	1	短路限流电阻
KM_4	交流接触器	CJ0-40	110 V	1	主轴低速
KM_5	交流接触器	CJ0-40	110 V	1	主轴高速
KM_6	交流接触器	CJ0-20	110 V	1	M_2 正转
KM_7	交流接触器	CJ0-20	110 V	1	M_2 反转

续表

代号	元件名称	型号	规格	件数	用途
KA_1	中间继电器	JZ7-44	110 V	1	接通主轴正转
KA_2	中间继电器	JZ7-2A	110 V	1	接通主轴反转
KT	延时继电器	JS7-2A	110 V	1	高速延时启动
KS_1	速度继电器	JY1	380 V，2 A	1	反向速度控制
KS_2	速度继电器	JY1	380 V，2 A	1	正向速度控制
QS_1	开关	HZ2-25/3	红色	1	电源总开关
SB_1	按钮	LA2 型	黑色	1	主轴停止
SB_2	按钮	LA2 型	绿色	1	主轴正转启动
SB_3	按钮	LA2 型	黑色	1	主轴反转启动
SB_4	按钮	LA2 型	绿色	1	主轴正转启动
SB_5	按钮	LA2 型	开启式	1	主轴反转点动
SQ	行程开关	LX5-11	防溅式		接通主电机高速挡
SQ_1	行程开关	LX1-11J	开启式	1	主轴自动进刀与工作台
SQ_2	行程开关	LX3-11K	开启式	1	自动进给间的互锁
SQ_3	行程开关	LX1-11K	开启式	1	主轴变速
SQ_4	行程开关	LX1-11K	开启式	1	进给变速
SQ_5	行程开关	LX1-11K	开启式	1	进给变速冲动
SQ_6	行程开关	LX1-11K	开启式	1	主轴变速冲动
SQ_7	行程开关	LX1-11K	开启式	1	M_2 反转限位
SQ_8	行程开关	LX1-11K	380/110-24 V		M_2 正转限位
TC	变压器	BK-300	16～25 A	1	控制照明电源
FR	热继电器	JR0-40	熔体 40 A	1	M_1 过载保护
FU_1	熔断器	RL1-60	熔体 15 A	1	电源总保险
FU_2	熔断器	RL1-15	熔体 2 A	1	控制回路保险
FU_3	熔断器	RL1-15	熔体 2 A	1	照明保险
FU_4	熔断器	RL1-15	0.9Ω	1	控制电路保险
R	电阻	ZB1-0.9		1	M_1 反接制动

五、T68 型卧式镗床电气控制电路故障分析及排除

1. 实训目的

根据如图 9-9 所示的 T68 型卧式镗床电气控制线路，对故障现象和原因进行分析，找出具体故障点。

2. 实训内容与步骤

由于 T68 型镗床的机械一电气联锁较多，又采用了双速电动机，在运行中会出现一些特有的故障。

（1）主轴实际转速级数比标牌指示数多一倍或少一半。

T68 型镗床主轴有 18 级转速，是采用双速电动机和机械滑移齿轮来实现变速的。主轴电动机的高低速的转换靠行程开关 SQ 的通断来实现。行程开关 SQ 安装在主轴调速手柄旁边，主轴调速机构转动时推动一个撞钉，撞钉推动簧片，使 SQ 通或断。所以在安装调整时，应使撞钉的动作与标牌指示相符。若 T68 型镗床的第一挡为 12 r/min，第二挡为 20 r/min，主轴电动机以 1500 r/min 的转速运转；第三挡为 25 r/min，主轴电动机以 3000 r/min 的转速运转；第四挡为 30 r/min，主轴电动机又以 1500 r/min 的转速运转，依次类推。所以标牌指示在第一二挡时，撞钉不推动簧片，行程开关 SQ 不动作；标牌指示在第三挡时，撞钉推动簧片，使 SQ 动作。如果安装调整不当，使 SQ 动作恰恰相反，则会发生主轴转速级数比标牌指示数多一倍或少一半的现象。

（2）主轴电动机只有高速挡，没有低速挡，或只有低速挡，没有高速挡。

常见的故障有时间继电器 KT 不动作，或行程开关 SQ 安装的位置移动，造成 SQ 总是处于通或断的状态。如果 SQ 总处于接通的状态，则主轴电动机只有高速；如果 SQ 总处于断开状态，则主轴电动机只有低速。此外如果时间继电器 KT 的触点（23 区）损坏，接触器 KM_5 的主触点不会接通，则主轴电动机 M_1 不能转换到高速挡运转，只能在低速挡运转。

（3）主轴变速手柄拉出后，主轴电动机不能冲动；或者变速完毕合上手柄后，主轴电动机不能自动开车。

当主轴变速手柄拉出后，通过变速机构的杠杆、压板使行程开关 SQ_3 动作，主轴电动机断电而制动停车。速度选好后推上手柄，行程开关动作，使主轴电动机低速冲动。行程开关 SQ_3 和 SQ_6 装在主轴箱下部，由于位置偏移、触点接触不良等原因而无法完成上述动作。又因 SQ_3 和 SQ_6 是由胶木塑压成型的，由于质量等原因，有时绝缘击穿，造成于柄拉出后，SO_3 尽管已动作，但由于短路接通，主轴仍以原来的转速旋转，此时变速将无法进行。

项目实施

对 X62W 型万能铣床控制系统的电气故障点进行分析并检修故障

1. 任务要求

（1）按照电气原理图。

（2）带电操作检修时，必须有指导教师监护，确保人身、设备安全。

（3）检修使用工具、仪表应符合使用要求。

（4）排除故障时，必须修复故障点，严禁扩大故障范围或产生新的故障。

2. 实训器材

（1）YL-158A1 型现代电气控制柜故障维修模块的 X62W 型万能铣床故障维修板一台

（2）万用表、钳形电流表、兆欧表各一台。

（3）电工工具一套

（4）导线、U 型线鼻、套管、线槽、扎带等若干

3. 实训步骤

指导教师在 X62W 型万能铣床控制系统人为设置 2-3 个电气故障任务。

（1）分析 X62W 型万能铣床控制系统图，结合接线结构，对照控制线路的电气原理图、电器元件布置图和电气接线图，检查所用元件、线路走向及导线连接。

（2）通电查看故障现象。

（3）根据故障现象判断故障范围。

（4）选择合适的方法查找具体故障点。

（5）排除故障。

（6）通电试车，确认控制线路符合技术要求。

（7）查找下一个故障，直至完成任务。

（8）多个故障相互影响时应综合分析判断，通电时指导教师必须在现场监护。

（9）填写故障检修原因及排除记录到任务报告中。

4. 项目考核

项目内容	分数	扣分标准	得分
故障分析	40 分	（1）判断故障范围过大，每处扣 10 分 （2）判断故障范围错误，每处扣 15 分 （3）故障分析思路不清楚，每处扣 20 分	
故障排除	60 分	（1）不能排除故障，每处扣 25 分； （2）扩大故障范围，每处扣 20 分； （3）产生新的故障，每处扣 20 分； （4）排除故障方法错误，每处扣 15 分	
安全操作	10 分	（1）不遵守实验室规章制度，扣 5 分； （2）未经允许擅自通电，扣 10 分； （3）人为损坏元器件，扣 10 分 （4）实训结束未按要求进行工位整理扣 5 分	
合计			

能力测试

（1）简述 C6150 型车床主轴电动机的控制特点及时间继电器 KT 的作用？

（2）X62 型铣床进给变速能否在行进中进行，为什么？

（3）T68 型镗床与 X62W 型铣床变速冲动有什么不同？T68 型镗床在进给时能否变速？

（4）X62W 型万能铣床的主轴采用__________制动，T68 型卧式镗床的主轴采用______制动。

A. 反接　　　　B. 能耗　　　　C. 电磁离合器

（5）C6150 型车床采用_________台电动机控制。其中 M_1 为____________电动机，完成_________运动和__________运动。

（6）C6150 型车床主拖动电动机采用______________启动和____________制动。

（7）C6150 型车床主轴电动机若有一相断开，会发出嗡嗡声，转矩下降，可能导致_____。

A. 机械　　　　B. 电气　　　　C. 能耗　　　　D. 反接

（8）若 X62W 型万能铣床的主轴未起到，则工作台_______________。

（9）T68 型卧式镗床的主轴电动机 M_1 是一台双速异步电动机，低速时定子绕组为_____联结，高速时定子绕组为_________联结。

（10）判断题：

① 铣床在铣削加工中不需要主轴反转。　（　　）

② T68 型卧式镗床控制电路中电阻器的作用是限制起到电流。　（　　）

③ T68 型卧式镗床控制电路中速度继电器 KV 的动断触点提供反接制动控制的。（　　）

（11）X62W 型万能铣床控制电路有哪几种联锁保护电路？

项目 10　典型数控机床的控制电路

项目导读

数控机床的发展是制造技术发展的结果，也是机床自动化技术，特别是以数控系统为代表的新技术对传统机械制造产业的渗透而形成的机电一体化产品的结果。本项目通过介绍几种典型数控机床的电气控制电路设计，学习数控系统的组成和类型，熟悉各组成部分的功能和特点。并通过对 TK1640 数控车床和 XKA714 数控铣床的电气控制电路分析、设计思路及其常见的故障排除，正确掌握数控机床电气控制电路，理解各类典型数控系统的特点和应用。

项目目标

（1）熟悉数控系统的组成和类型，熟悉各组成部分的功能和特点。

（2）掌握数控机床电路设计的原则，主要是数控系统功能的选择。

（3）掌握 TK1640 数控车床组成、功能与电气控制电路。

（4）掌握 XK714A 数控铣床组成、功能与电气控制电路。

（5）了解西门子、FANUC、华中等典型的数控系统。

技能目标

（1）能根据低压电器的型号判断电器的类型和作用。

（2）能看懂常见的低压电气设备原理图、安装图和电气交互图。

（3）在数控实训实对现有机床通过手册查询使用、讨论等方式，熟悉常见的数控系统及其结构。

相关知识

10.1　数控机床电气控制电路设计原则

一、电气控制电路设计原则

（1）兼顾机械设计和机械工艺两方面。

数控机床包括机械部分和电气部分，机械部分一旦制造好，其性能就难以更改，远不如电气部分灵活易变。这就要求数控机床的机械

典型数控机床的控制电路

与数控系统的设计人员都必须明确地了解机械环节各元件的参数对整机系统的影响，双方在实际设计活动中要协调配合，仔细研究机械和电气之间的各种规则，以便正确地进行系统实体设计。

（2）确保数控机床工作稳定性和工作可靠性。

现代工业高速发展，数控机床工作的环境在不断地恶化，其工作设备及其他元器件所产生的各种影响因素，诸如电磁波的干扰、噪音的干扰等都可能导致机床控制系统出现工作不稳定和工作不可靠等问题，而且数控机床电气控制系统决定于数控机床工作的稳定性和可靠性，因此，必须对数控机床工作不稳定因素和工作不可靠因素进行研究。

（3）便于生产管理，降低成本投入，同时兼顾安全性。

由于整个数控机床系统比较复杂，各个部件之间、零件之间相互协调工作，其自身的质量关系到整个系统的稳定性，所以，各个零部件的质量要保证。在数控机床进行故障维修的同时，还要兼顾各个维修配件的实际购买问题，以及零部件的拆卸、安装调试等问题。另外，电气控制电路的设计应高度重视保证人身安全、设备安全，使其符合国家有关的安全规范和标准。

二、电气控制电路设计注意事项

根据以上所述，在设计数控机床电气控制电路时应该注意以下问题。

（1）尽量减少电气元件品种、规格与数量以及通电电器数量。控制电压按控制要求选择，符合标准等级。

（2）合理使用和安排电器触点。

（3）设置必要的短路，过载保护，防止故障进一步扩大。

（4）设计必需的急停或总停按钮，出现故障时能切断整个控制回路，进而切断主电源。

（5）设计必要的手动控制线路，方便设备调试和维修。

（6）设计必要的指示灯、电压表、电流表，随时反映系统运行状态，及时发现故障。

三、数控系统功能的选择

除基本功能外，数控系统生产厂还为机床制造厂提供了多种多样的可选功能，由于各知名品牌数控系统的基本功能差别不大，所以合理的选择适合本机床的可选功能，放弃那些可有可无的或不实用的可选功能，对提高产品的功能/价格比是大有好处的，下面列举几个例子供读者参考。

1. 动画/轨迹显示功能的选择

该功能用于模拟零件加工过程，显示真实刀具在毛坏上的切削路径。可以选择直角坐标系中的两个不同平面，也可选择不同视角的三维立体，可以在加工的同时做实时的显示，也可在机械锁定的方式下作加工过程的快速描绘，是一种检验零件加工程序、提高编程效率和实时监视的有效工具。

2. 软盘驱动器的选择

这是一种数据传送的极好工具，可以通过它将系统中已经调试完毕的加工程序存入软盘后存档，也可以通过它将在其他计算机中生成的加工程序软盘中的加工程序存人 CNC 系统，也可以通过它来做各种机床数据的备份和存储。给编程和操作人员带来了很大方便。但是，软盘驱动器毕竟是易耗品，是否采用需衡量比较。另外，若数控系统是基于 DOS、Windows 等通用操作系统，还应注意病毒的问题。

3. DNC-B 通信功能的选择

众所周知，由非圆曲线或面组成的零件加工程序的编制是十分困难的，通常的办法是借助于通用计算机的计算，将它们组分为微小的三维直线段组成的加工程序，在模具加工中这种长达几百 KB（4KB 约等于 10 m 纸带长度）甚至数 MB 的加工程序是经常会遇到的，而一般数控系统提供的程序存储容量为 64 ~ 128 KB，这给模具加工带来了很大困难。

DNC-B 通信功能具有两种工作方式，其一是一次性的将通用计算机中的程序传送到数控系统的加工程序的存储区内（如果它的容量足够大的话），其二是将通用计算机中的程序一段一段的传送到数控系统的缓冲存储器中，边加工边传送，直到加工结束，彻底解决了大容量程序零件的加工问题。虽然选用这项功能需要增加一定的费用，但它确实是一项功能/价格比很高的选项。

若系统的加工程序存储区足够大，推荐使用 DNC-B 的第一种工作方式，即一次性地把加工程序传送到 CNC 内部，然后在 CNC 本机上运行该加工程序。而第二种方式则需要在加工的全过程中占用一台计算机，而且，一旦双方的通讯出现问题，加工就不得不中断。在使用第一种方式时需要注意的是应该定期检查 CNC 的加工程序存储区剩余空间，删除不用的加工程序。

4. 刚性攻螺纹功能

攻螺纹是数控机床的一项常用功能，到底采用什么方式是一个值得考虑的问题，刚性攻螺纹功能必须采用伺服电动机驱动主轴，不仅要求在主轴上增加一个位置传感器，而且对主轴传动机构的间隙和惯量都有严格的要求，电气设计和调整也有一定的工作量，所以这个功能的成本不能忽略。对用户来说如果可以通过采用弹性伸缩卡头进行柔性攻螺纹。或者机床本身的转速并不高时，就不必选用刚性攻螺纹功能。

5. 网络数控功能

近年来发展的数字化网络制造是指利用网络技术和数字控制技术进行产品的加工制造，其基础是网络数控技术。它是各种先进制造技术的基本单元，为各种先进制造环境提供基本的技术基础，如远程制造、远程诊断与远程维护。目前，有些数控系统有提供选择的网络功能。是否选择此功能，要考虑本单位的实际需要和数控应用水平。

10.2 数控车床电气控制电路设计

一、数控车床的功能

数控车床的基本功能包括准备功能、辅助功能、进给功能、刀具功能和主轴功能。

1. 准备功能

准备功能也称为 G 功能（或称为 G 代码），它是用来指令车床工作方式或控制系统工作方式的一种命令，G 功能由地址符 G 和其后的两位数字（00 ~ 99）组成，从 G00 到 G99 共 100 种功能，用以指令机床不同的动作，如用 G01 来指令运动坐标的直线进给。

G 代码有非模态 G 代码和模态 G 代码之分，非模态 G 代码只限于被指令的程序段中有效，而模态 G 代码在同组 G 代码出现之前，其代码一直有效。

国内外的数控车床 G 代码广泛使用 ISO 代码，但其标准化程度不高，指定功能代码（指不能用于其他功能的代码）少，而不指定代码（指在将来有可能规定其他功能的代码）和永不指定代码（指在将来也不指定其功能的代码）较多，不同数控系统 G 代码功能并非一致，使得不同数控系统的编程差异较大，故必须按照所用数控系统的说明书的具体规定使用，本项目介绍的 GSK928TA 和 GSK980T 这两种系统的编程在 G 功能上差异就较大。

2. 刀具功能

刀具功能也称为 T 功能，用于指令加工中所用刀具号及自动补偿编组号的地址字，其自动补偿内容主要指刀具的刀位偏差及刀具半径补偿。在数控车床中，其地址符 T 的后续数字主要有以下两种规定。

1）2 位数的规定

如 GSK928TA 的经济型数控系统中，就采用两位数的规定：首位数字一般表示刀具号，常用 0 ~ 8 共 9 个数字，其中 0 表示不转刀，末位数表示刀具补偿的编组号，常用 0 ~ 8 共 9 个数字，其中 0 表示补偿量为零。如 T23 表示将 2 号刀转到切削位置，并执行第 3 组刀具补偿值。

2）4 位数的规定

对刀具较多的数控车床或车削中心，其数控系统一般规定，其后续数字为 4 位数，前 2 位为刀具号；后 2 位为刀具补偿的编组号，同时为刀尖圆弧半径补偿的编组号。如 GSK980T 系统就采用 4 位数的规定。该系统可提供的刀具数最大也只可设定为 8。T0203 表示将 2 号刀转到切削位置，并执行第 3 组刀具补偿值。

3. 主轴功能

主轴功能用地址 S 及其后面的数字表示，目前有 S2（2 位数），S4（4 位数）的表示法，即 SXX 和 SXXXX。经济型数控车床一般用 1 位或 2 位约定的代码来控制主轴某一挡位的高速和低速；对具有无级调速功能的数控车床，则可由后续数字直接表示其主轴的给定转速（r/min）。另外，对具有恒线速度切削功能的数控车床，其加工程序中的 S 指令也可指令恒定转速（r/min），也可指令车削时的恒定线速度（m/min），即在车削时，其主轴转速随着车削直径的变化而自动变化，始终保持线速度为给定的恒定值。

1）S2 位数

国内的数控车床一般用 1 位或 2 位约定的代码（数字）表示，GSK928TA 数控系统对应机床提供的 6 级主轴机械换挡（每个挡位高速挡和低速挡）用 S1 指定为高速，S2 指定为低速，还要用 M 代码来指定主轴旋转方向，M3 正转，M4 反转，这里的高速或低速只是相对于机床的某个机械挡位而言的。

2）S4 位数

用地址 S 和其后面的 4 位数值直接指令轴的转数（r/min）。如 S1200 表示主轴恒定转速为 1 200 r/min。对于具有恒线速度控制功能的数控系统，则 S 后面的线速度是恒定的。随着车削直径的变化，根据给定线速度计算出主轴转速，使得刀具瞬间的位置与工件表面保持恒定关系。用 G96（恒线速控制指令）、G97（指定主轴转速）配合 S 代码来指定主轴的速度。

二、TK1640 数控车床电气控制电路

数控车床控制电路的分析

TK1640 数控车床如图 10-1 所示，是我国宝鸡机床厂研制、开发的产品，主轴变频调速，三挡无级变速，采用 HNC-2IT 车床数控系统实现机床的两轴联动。TK1640 数控车床的电气控制系统是众多机床电气控制系统中最为典型的控制系统，因此，作为数控车床案例来进行分析说明，能更清晰地理解数控机床控制系统中电气部分的重要性，机床的机械及各部分与电气控制系统之间的配合关系。机床配有四工位刀架，可清足不同需要的加工，有开闭的半防护门，确保操作人员的安全。机床适用于多品种、中小批量产品的加工，对复杂、高精度零件由于机床的自动化而更显示其优越性。

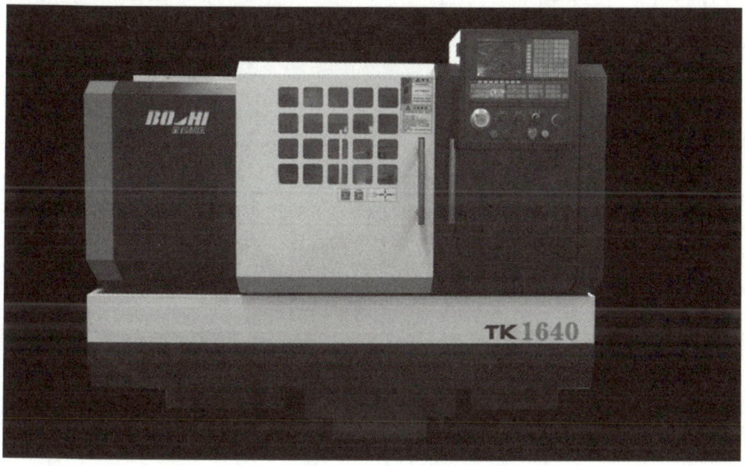

图 10-1　TK1640 数控车床

1. TK1640 数控车床的组成

TK1640 数控车床传动简图如图 10-2 所示。机床由底座、床身、主轴箱、大拖板（纵向拖板）、中拖板（横向拖板）、电动刀架、尾座、防护罩、电气部分、CNC 系统、冷却、润滑等部分组成。

机床主轴的旋转运动由 5.5 kW 变频主轴电动机经皮带传动至 I 轴，经三联齿轮变速将运动传至主轴，并得到低速、中速和高速 3 种无级变速。

大拖板左右运动方向为 Z 坐标，其运动由 GK6063-6AC31 交流永磁伺服电动机与滚珠丝杠直联实现；中拖板前后运动方向为 X 坐标，其运动由 GK6062-6AC31 直流永磁伺服电动机通过同步齿形带及带轮带动滚珠丝杠和螺母实现。

螺纹车削为保证主轴一转，刀架移动一个导程，在主轴箱的左侧安装了一个光电编码器。主轴至光电编码器的齿轮传动比为 1∶1。光电编码器配合纵向进给交流伺服电动机，保证主轴一转，刀架移动一个导程（即被加工螺纹导程）。TK1640 数控车床的技术参数如表 10-1 所示。

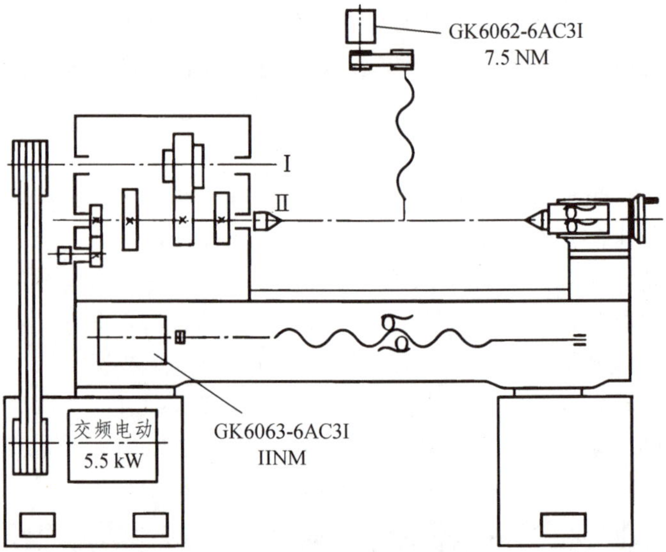

图 10-2　TK1640 传动简图

表 10-1　TK1640 数控车床的技术参数

项目		单位	技术规划
加工范围	床身上最大回转直径	mm	Φ410
	床鞍上最大回转直径	mm	Φ120
	最大车削直径	mm	Φ240
	最大工件长度	mm	1000
	最大车削长度	mm	800
主轴	主轴通孔直径	mm	Φ52
	主轴头型式		IS0702/ⅡNo.6
	主轴转速	r/min	36～2 000
	高速	r/min	170～2 000
	中速	r/min	95～1 200
	低速	r/min	36～420
	主轴电动机功率	kW	5.5（变频）
尾座	套筒直径	mm	Φ55
	套筒行程（手动）	mm	120
	尾座套筒锥孔		MT No.4
刀架	快速移动速度 X/Z	m/min	3/6
	刀位数		4
	刀方尺寸	mm×mm	20×20
	X 向行程	mm	200
	Z 向行程	mm	800

续表

项目			单位	技术规划
主要精度	机床定位精度	X	mm	0.030
		Z	mm	0.040
	机床重复定位精度	X	mm	0.012
		Z	mm	0.016
其他	机床尺寸 L×W×H		mm×mm×mm	2 140×1 200×1 600
	机床毛重		kg	2 000
	机床净重		kg	1 800

2. TK1640 数控车床电气原理图分析

通过对 TK1640 数控车床的电气控制线路的分析，进一步阐述电气控制系统的分析方法，使读者掌握 TK40A 的电气控制线路的原理，了解机床的机械及各部分与电气控制系统之间的配合关系，了解电气部分在整个设备中所处的地位和作用，为进一步学习电气控制系统的相关知识打下一定的基础。

1）主回路的分析

主回路的分析往往是数控机床电气控制电路分析的入口。首先明确辅助机构电动机、伺服电动机和电磁阀等执行电器的控制条件；其次要研究伺服电动机、辅助机构电动机和电磁阀等执行电器控制的对象和控制的内容，逐一仔细剖析。

2）控制电路的分析

控制电路的分析是数控机床电气控制电路分析的实战部分，在理解了辅助机构电动机、电磁阀和各伺服电动机的控制条件以后，在控制电路中标出控制流；根据所控制的内容不同进行划分，将划分的部分进行仔细研究分析，以化整为零的思路来对控制电路进行分析是最重要的分析方法。

3）辅助电路的分析

基于控制电路的分析结果，再分析辅助电路就显得很轻松了，但前提条件是控制电路分析是正确的。由于辅助电路主要由机床工作状态显示部分、机床照明部分、机床电源警示部分以及机床报警部分组成，所以，在实际分析的时候，紧紧地围绕控制电路分析的结果，不可凭空分析，必要时还必须仔细地核对检查控制电路分析结果的正确性。

4）分析联锁与保护环节

数控机床的电气保护部分和电气联锁部分的主要作用是保证机床的安全性和可靠性，实际机床工作的时候，必须将其安全性和可靠性放在第一位，严格控制数控机床各个部分元器件的质量，确保控制思路合理性是实现数控机床可靠和安全的前提。

5）总体检查

数控机床维修和维护的时候应该从整体到部分的角度检查各个电路部分的纰漏，而且还要采用逆向思维的方法从部分到整体地认真分析，做到浑然一体，保证每一个部分，每一个环节的正常可靠工作。

3. K1640 数控车床电气控制电路分析

设备主要器件如表 10-2 所示。

表 10-2 设备主要器件

序号	名称	规格	只要用途	备注
1	数控装置	HNC-21TD	控制系统	HCNC
2	软驱单元	HFD-2001	数据交换	HCNC
3	控制变压器	AC 380/220 V，300 W /220 V，300 W /220 V，300 W	伺服控制电源、开关电源供电 交流接触器电源 照明灯电源	HCNC
4	伺服变压器	3P AC 380/220 V，2.5 kW	为伺服供电	HCNC
5	开关电源	AC 220/DC 24 V 145 W	HNC-21TD、PLC 及中间继电器	明玮
6	伺服驱动器	HSV-16D030	X、Z 轴电动机伺服驱动器	HCNC
7	伺服电动机	GK 6062-6AC31-FE（7.5 nm）	X 轴进给电动机	HCNC
8	伺服电动机	GK 6063-6AC31-FE（11 nm）	Z 轴进给电动机	HCNC

1）机床的运动及控制要求

正如前述，TK1640 数控车床主轴的旋转运动由 5.5 kW 变频主轴电动机实现，与机械变速配合得到低速、中速和高速三种无级变速。Z 轴、X 轴的运动由交流伺服电动机带动滚珠丝杠实现，两轴的联动由数控系统控制并协调。螺纹车削由光电编码器与交流伺服电动机配合实现。除上述运动外，还有电动刀架的转位，冷却电动机的启、停等。

2）主回路分析

图 11-3 所示为 TK1640 的 380 V 强电回路。在图中各个主要部件的名称和作用如下：

QF_1——电源开关。

QF_3——主轴强电空气开关。

QF_2——伺服强电空气开关。

QF_4——冷却电动机空气开关。

QF_5——刀架电动机的空气开关。

KM_3——主轴电动机交流接触器。

KM_1——伺服电动机交流接触器。

KM_6——冷却电动机交流接触器。

KM_4、KM_5——刀架正反转交流接触器，用于控制刀架的正反转。

TC_1——三相伺服变压器，将交流 380 V 变为交流 200 V 供给伺服电源模块。

RC_1、RC_3、RC_4——阻容吸收，在相应的电路断开后，吸收伺服电源模块、冷却电动机、刀架电动机中的能量，避免产生过电压而损坏器件。

3）电源电路分析

如图 11-4 所示为电源回路图。在图中各个主要部件的名称和作用如下：

TC_2——控制变压器，原方为 AC 380 V，副方为 AC 110 V、AC 220 V、AC 24 V。

QF_6、QF_7、QF_8、QF_9、QF_{10}——空气开关，主要为电路的短路起到保护作用。

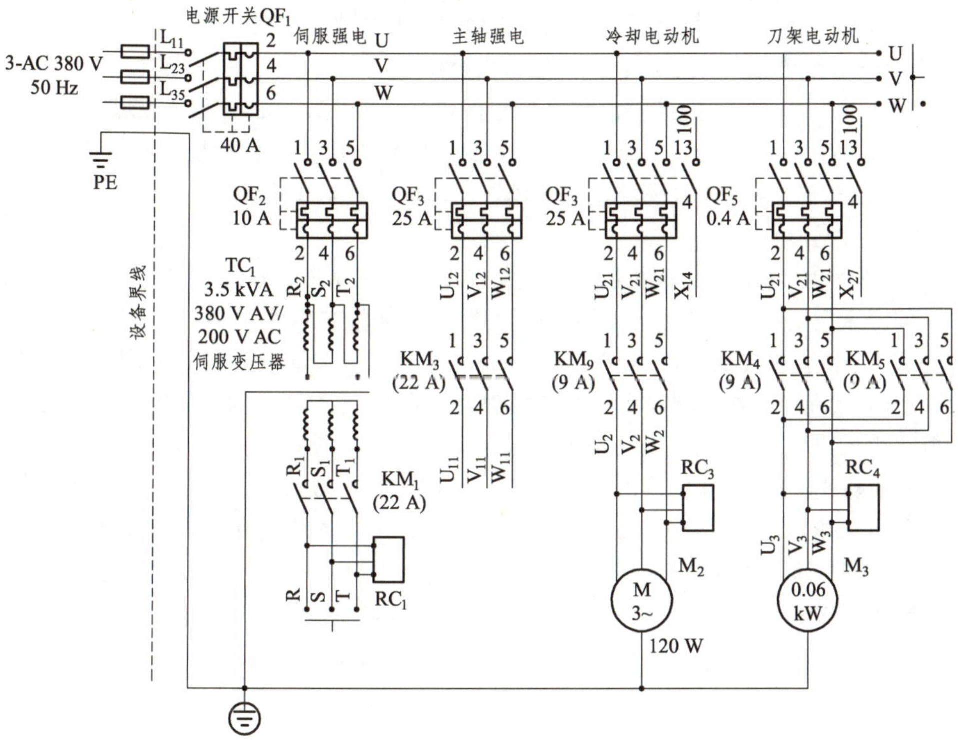

图 10-3　TK1640 的 380 V 强电回路

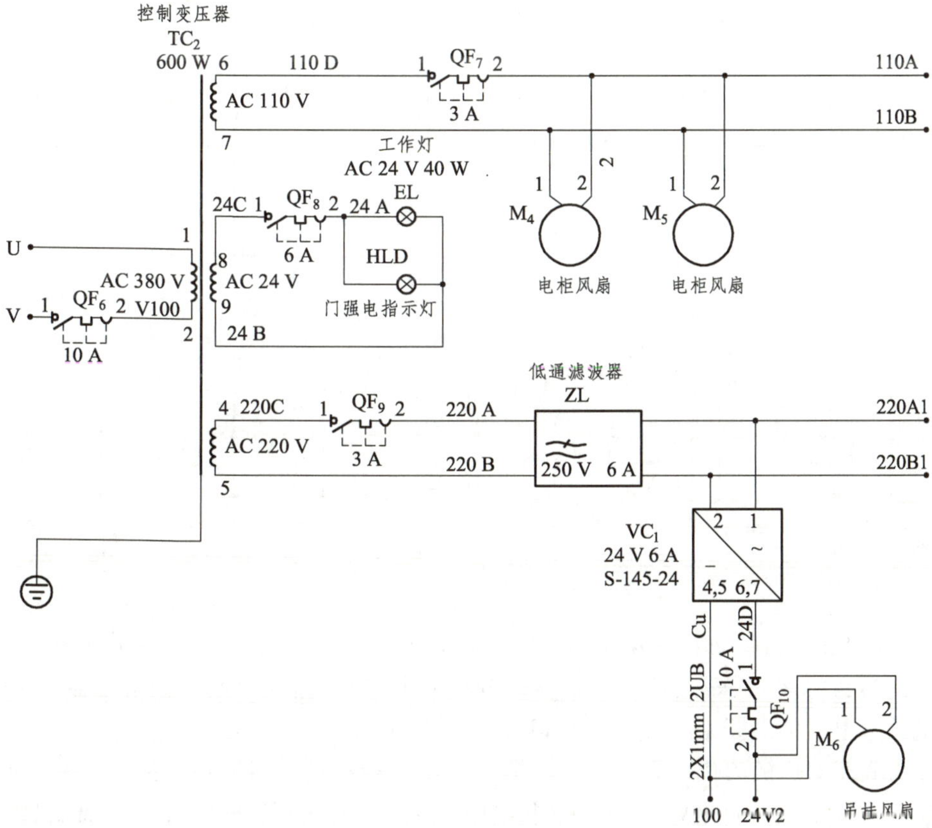

图 10-4　电源回路图

AC 110 V——给交流接触器线圈和强电柜风扇提供电源。

AC 24 V——给电柜门指示灯、工作灯提供电源。

AC 220 V——通过低通滤波器滤波给伺服模块、电源模块、24 V 电源提供电源。

VC_1——24 V 电源，将 AC 220 V 转换为 AD 24 V 电源，给世纪星数控系统、PLC 输入/输出、24 V 继电器线圈、伺服模块、电源模块、吊挂风扇提供电源。

4）控制电路分析

图 10-5 所示为 TK40A 交流控制回路图。首先闭合空气开关 QF_2 和空气开关 QF_3，打开限位开关、伺服未报警、急停未压下、主轴未报警，继电器 KA_2 线圈和继电器 KA_3 线圈通电，继电器触点吸合，同时 PLC 输出点 Y00 发出伺服允许信号，继电器 KA_1 线圈得电，继电器触点吸合，KM_1 交流接触器线圈通电，交流接触器触点吸合，KM_3 主轴交流接触器线圈通电，交流接触器主触点吸合，主轴变频器加上 AC 380 V 电压，若有主轴正转或主轴反转及主轴转速指令时（手动或自动），PLC 输出主轴正转 Y10 或主轴反转 Y11 工作，主轴 AD 输出对应于主轴转速的直流电压值（0～10 V），主轴按指令值的转速正转或反转；当主轴速度到达指令值时，主轴变频器输出主轴速度到达信号给 PLC 输入 X31（未标出），主轴转动指令完成。由主轴变频器内部参数设定主轴的启动时间和主轴的制动时间。

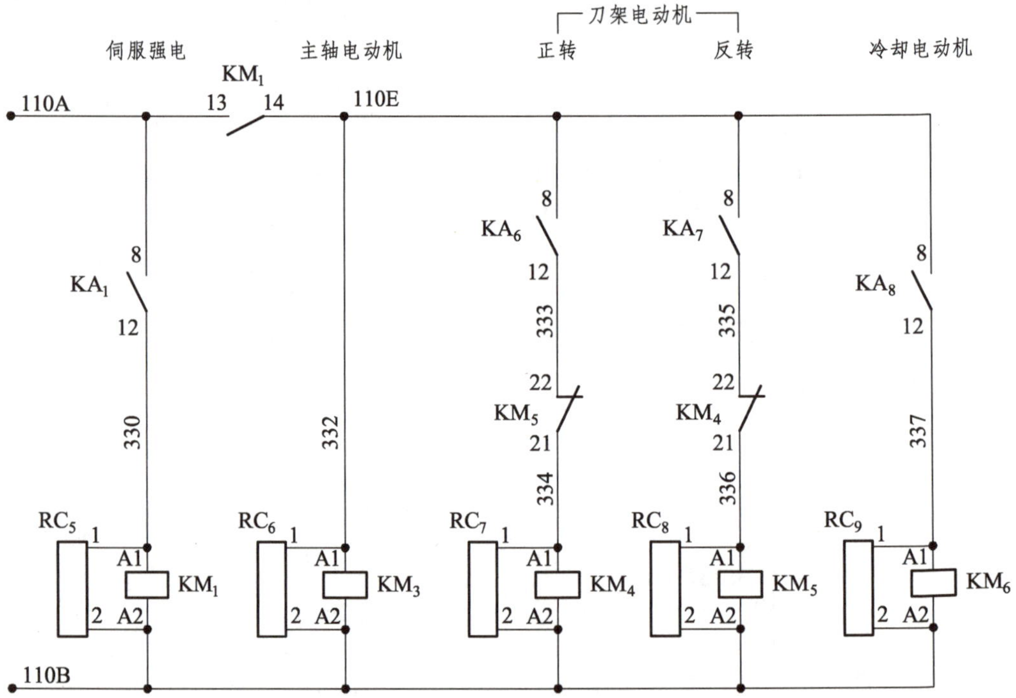

图 10-5　TK40A 交流控制回路图

刀架电动机的控制。如图 10-6 所示为 TK40A 直流控制回路图，系统在手动换刀或自动换刀指令发出时，将该信号转变为刀位信号，PLC 输出有效的信号 $Y0_6$，使继电器 KA6 线圈得电，通电的继电器触点开始闭合，KM_4 得电，其主触点闭合，刀架电动机实现正转；PLC 检测到指令刀具所对应的刀位信号时，PLC 输出 Y06 有效撤消，刀架停止正转；PLC 输出 Y07 有效，继电器 KA_7 线圈得电并闭合，同时交流接触器 KM_5 线圈得电闭合，实现刀架反转，在系统参数设定延时时间后，PLC 使 KM_5 失效，这时 KM_5 断开，刀架停止，完成选刀。刀架转位选刀只能一个方向转动，取刀架电动机正转。刀架电动机反转只为刀架定位，并串联反转继电器、接触器常闭触点来防止电源短路。

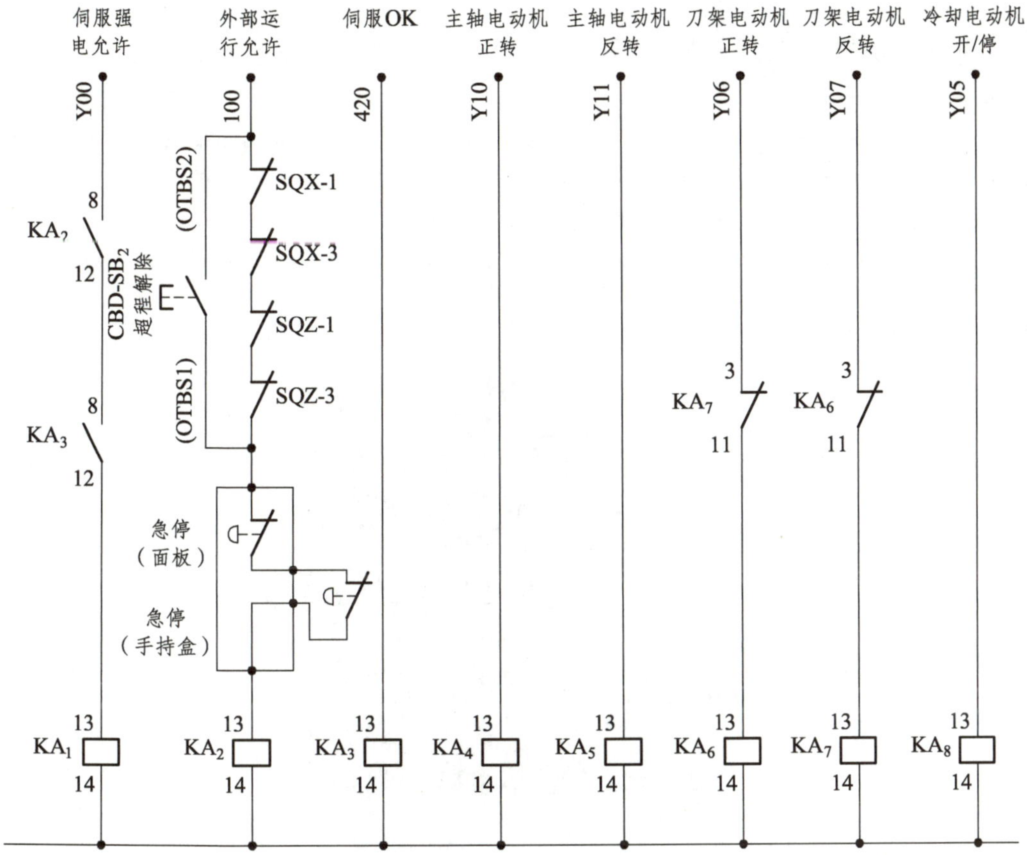

图 10-6　TK40A 直流控制回路图

10.3　数控铣床电气控制电路

一、数控铣床的功能

XK714A 数控床身铣床采用变频主轴，X、Y、Z 三向进给均由伺服电动机驱动滚珠丝杠。机床采用 HNC-21M 数控系统，实现三坐标联动，并可根据用户要求，提供数控转台，实现四坐标联动。系统具有汉字显示、三维图形动态仿真、双向式螺距补偿、小线段高速插补功能和软、硬盘、RS-232、网络等多种程序输入功能。独有的大容量程序加工功能。不需要 DNC，可直接加工大型复杂型面零件。机床适合于工具、模具、航天航空、电子、汽车和机械制造等行业对复杂形状的表面和型腔零件的大、中、小批量加工。不同级别的数控铣床的功能有较大的差别，但都应该具有以下的功能。

数控铣床控制电路的分析

（1）铣削加工的数控机床一般应该具有三坐标以上的联动功能，能够进行直线插补和圆弧插补，自动控制旋转的铣刀相对于工件运动进行铣削加工，坐标联动轴数越多，对于工件的装夹要求越低，加工工艺范围越大。

（2）孔及螺纹加工，可以采用定位尺寸孔加工刀具进行钻、扩、铰、锪、镗削等加工，也可以采用铣刀铣削不同尺寸的孔。

（3）刀具的补偿功能，通常包括刀具半径的补偿功能和刀具长度补偿功能，在实际加工中用得很多。

（4）单位可以转换，并且绝对坐标和增量坐标可编程，可以根据图纸的标注选择公制单位毫米和英制单位进行程序编制，以适应不同企业的具体情况，程序中的坐标数据可以采用绝对坐标或增量坐标，使数据计算或程序的编写更方便。

另外还有诸如进给速度、主轴转速调整，固定循环等功能。图 10-6 所示为 XK714A 数控铣床。

图 10-6　XK714A 数控铣床

1. XK714A 数控铣床的组成

XK714A 传动简图如图 10-7 所示。机床的立柱部分，工作台部分安装在底座上，主轴箱通过连接座在立柱上移动。其他各部件自成一体与底座组成整机。

机床工作台左右运动方向为 X 坐标，工作台前后运动方向为 Y 坐标，其运动均由 GK6062-6AF31 交流永磁伺服电动机通过同步齿形带及带轮、滚珠丝杠和螺母实现。主轴箱上、下运动方向为 Z 坐标，其运动由 GK6063-6AF31 带抱闸的交流永磁伺服电动机通过同步齿形带及带轮、滚珠丝杠和螺母实现。

机床的主轴旋转运动由 YPNC-50-5.5A 主轴电动机经同步带及带轮，将运动传至主轴。主轴电动机为变频调速三相异步电动机，由数控系统控制的变频器的输出频率，实现主轴无级调速。

机床有刀具松/紧电磁阀，以实现自动换刀；为了在换刀时将主轴的灰尘清除，配备了主轴吹气电磁阀。

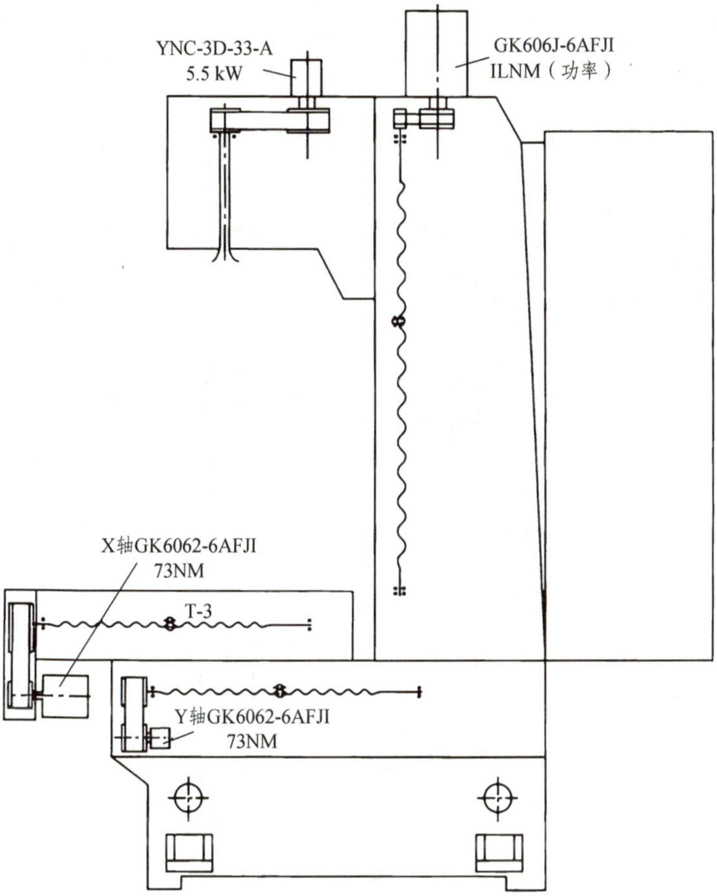

图 10-7　XK714A 传动简图

2. XK714A 数控床身铣床的技术参数（见表 10-3）

表 10-3　XK714A 数控床身铣床的技术参数

工作台（宽×长）/mm×mm		400×1270	Y 轴电动机/N·m	7.5
工作台负载/kg		380	Z 轴电动机/N·m	11
工作台最大行程	X/mm	800	主轴锥度	BT40
	Y/mm	400	主轴电动机功率/kW	3.7/5.5
	Z/mm	500	主轴转速/（r/min）	60～6000
工作台 T 形槽宽/（mm×个数）		16×3	最大刀具质量/kg	7
工作台高度/mm		900	最大刀具直径/mm	180
X/Y/Z 轴快移速度/（mm/min）		5000	主轴鼻端至工作台面/mm	85～585
X/Y/Z 轴进给速度/（mm/min）		3000	主轴中心至立柱面/mm	423
定位精度/mm		0.01/300	工作台内侧至立柱面/mm	85～535
重复定位精度/mm		±0.005	机床净重/kg	2500
X 轴电动机/NM		7.5	机床外形尺寸（长×宽×高）/mm×mm×mm	1 780×1 980×2 235

二、数控铣床电气控制电路

1. 主回路分析

图 10-8 所示为 380 V，XK714A 强电主回路，回路中各个部件名称及作用如下。

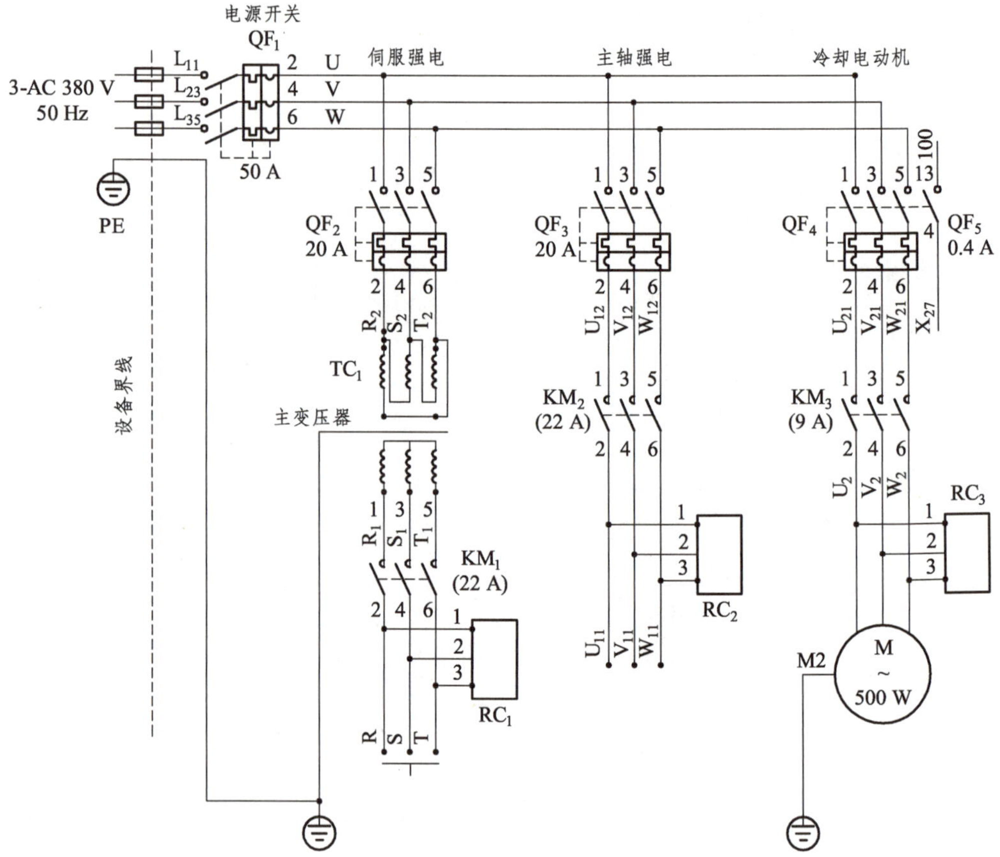

图 10-8　XK714A 主回路

QF_1——电源开关。

QF_3——主轴强电空气开关，作用是接通电源及电源在短路、过流时起保护。

QF_2——伺服强电空气开关，作用是接通电源及电源在短路、过流时起保护。

QF_4——冷却电动机空气开关，作用是接通电源及电源在短路、过流时起保护。QF_4 有辅助触头，将 QF_4 输入 PLC 的 X27 作为冷却电动机报警信号，并且该空气开关为电流可调，可根据电动机的额定电流来调节空气开关的设定值，起到过流保护作用。

KM_2——控制主轴电动机交流接触器，其主触点控制主轴电动机。

KM_1——伺服电动机交流接触器，其主触点控制伺服电动机。

KM_3——冷却电动机交流接触器，其主触点控制冷却电动机。

TC_1——主变压器，其作用是将交流 380 V 电压变为交流 220 V 电压来供给伺服电源模块主电路。

RC_1、RC_2、RC_5——阻容吸收，其作用是当相应的电路断开后，吸收伺服电源模块、主轴变频器、冷却电动机的能量，防止器件产生过电压。

2. 电源电路分析

图 10-9 所示为 XK714A 的电源电路图，其分析思路与前述数控车床类似。回路中的部分部件名称及作用如下：

VC_1、VC_2——为 24 V 电源，其作用是将 AC 220 V 转换为 AD 24 V，其中 VC_1 给 PLC 输出、24 V 继电器线圈、伺服模块、电源模块、吊挂风扇等提供电源。VC_2 给乙轴电动机提供直流 24 V，将 Z 轴抱闸打开。

QF_7、QF_{10}、QF_{11}——空气开关，作用为电路的短路保护。

TC_2——控制变压器，原边为 AC 380 V，副边为 AC 110 V、AC 220 V、AC 24 V，其中 AC 110 V 给交流接触器线圈、电柜热交换器风扇电动机提供电源；AC 24 V 给工作灯提供电源；AC 220 V 给主轴风扇电动机、润滑电动机和 24 V 电源供电，通过低通滤波器滤波给伺服模块、电源模块、24 V 电源提供电源控制。

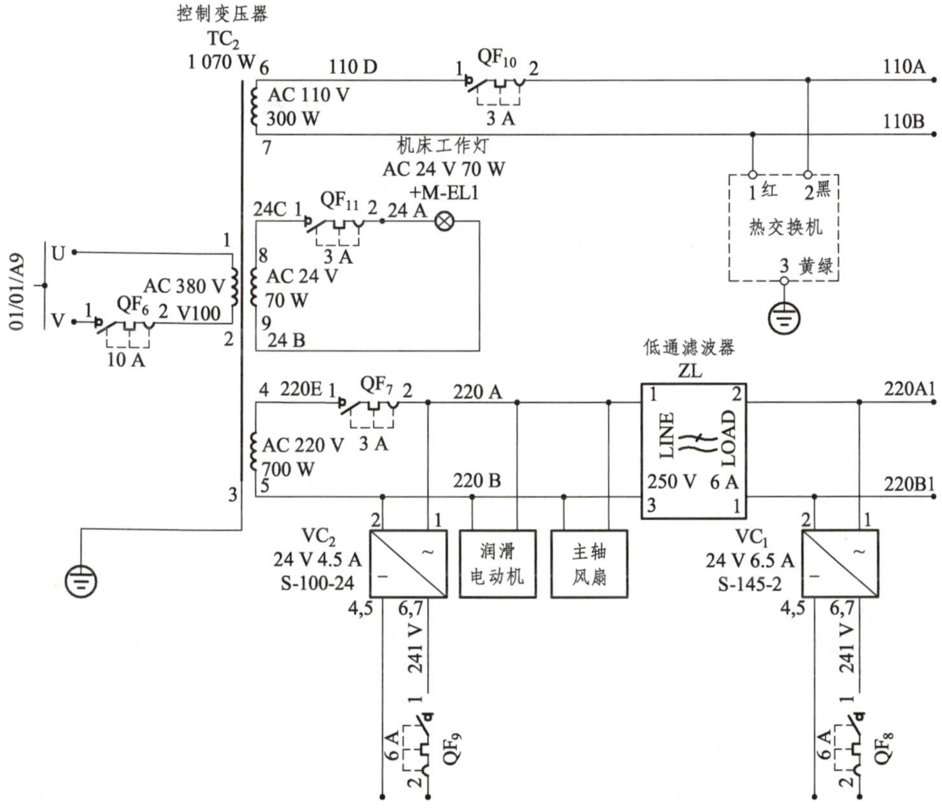

图 10-9 XK714A 电源回路

3. 控制电路分析

1）主轴电动机的控制

图 10-10 和图 10-11 所示分别为 XK714A 数控铣床的交流控制回路图和直流控制回路图。主轴电动机的控制是先把空气开关 QF_2 和 QF_3 闭合，当 XK714A 未压限位开关、伺服未报警、急停未压下、主轴未报警时，KA_2、KA_3、继电器线圈通电触点吸合，Y00 发出伺服允许信号，伺服强电允许（KA_1），继电器线圈通电触点吸合，KM_1、KM_2 线圈通电吸合，主轴变频器加

上 AC 380 V 电压，若有主轴正转或主轴反转及主轴转速指令时，主轴正转 Y10 或主轴反转 Y11 有效，D/A 输出对应于主轴转速值，主轴按指令值的转速正转或反转；主轴速度到达指令值时，主轴变频器输出主轴速度到达信号给 PLC 输入 X31，主轴正转或反转指令完成。主轴的启动时间、制动时间由主轴变频器内部参数设定。

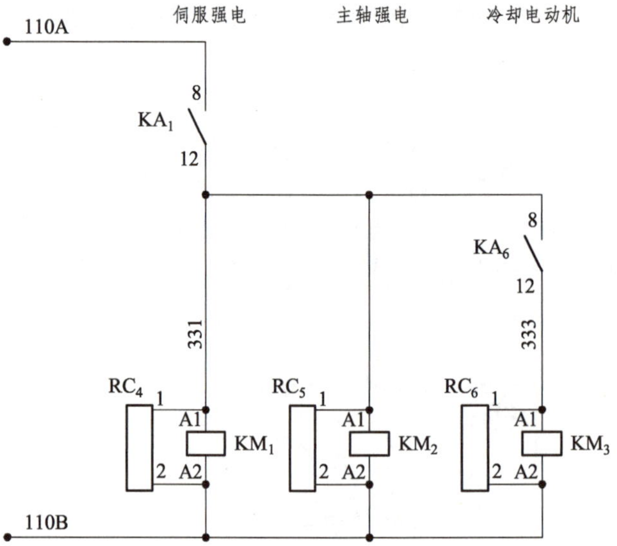

图 10-10　交流控制回路

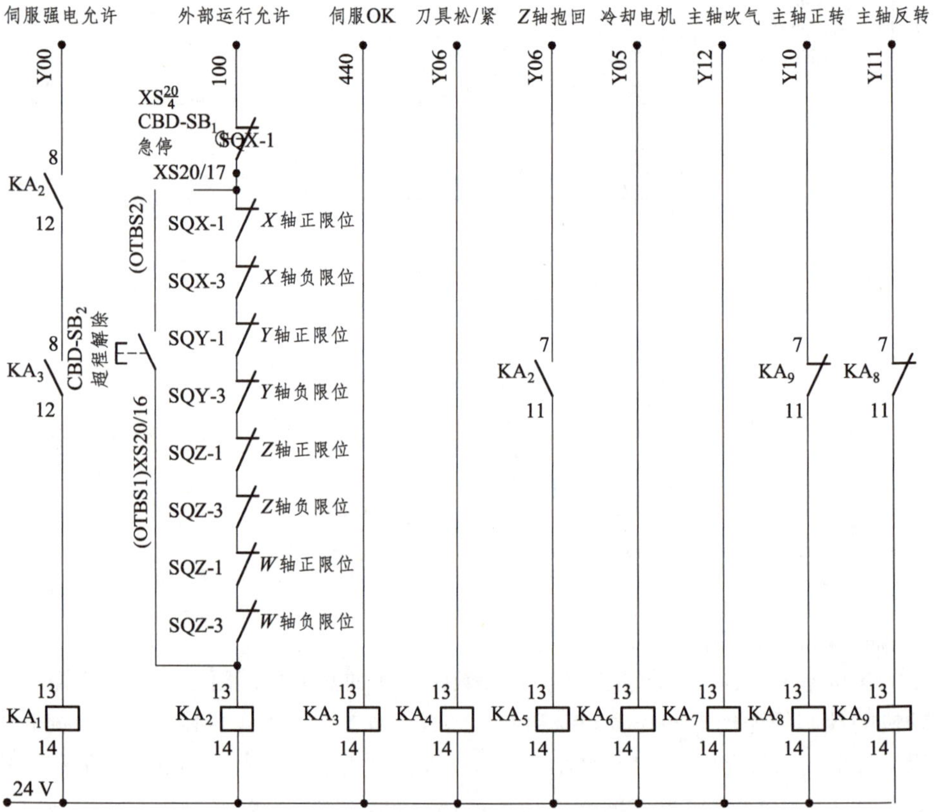

图 10-11　直流控制回路

2）换刀控制

当执行刀具松开指令时，XK714A 机床 CNC 控制 PLC 使 Y06 有效，KA4 通电，触点闭合，刀具松/紧电磁阀通电使刀具松开，手动延时后输出 Y12 有效，KA_7 通电，触点闭合，主轴吹气电磁阀通电，清除主轴灰尘，延时一定时间后，Y12 有效撤消，主轴吹气电磁阀断电；将加工所需刀具放人主轴后，机床 CNC 装置控制 PLC 输出 Y06 有效撤消，刀具松/紧电磁阀断电，刀具夹紧，换刀结束。

10.4　数控加工中心电气控制电路设计

一、数控加工中心的功能

数控加工电气控制电路的设计

如图 10-12 所示的 XH714 立式加工中心是一种中小规格、高效通用的数控机床。该机床设有可容纳 20 把刀具的自动换刀系统，并配有三菱 MELDAS50 数控系统，通过编程，在一次装夹中可自动完成铣、镗、钻、铰、攻螺纹等多种工序的加工。若选用数控转台，可实现四轴控制。

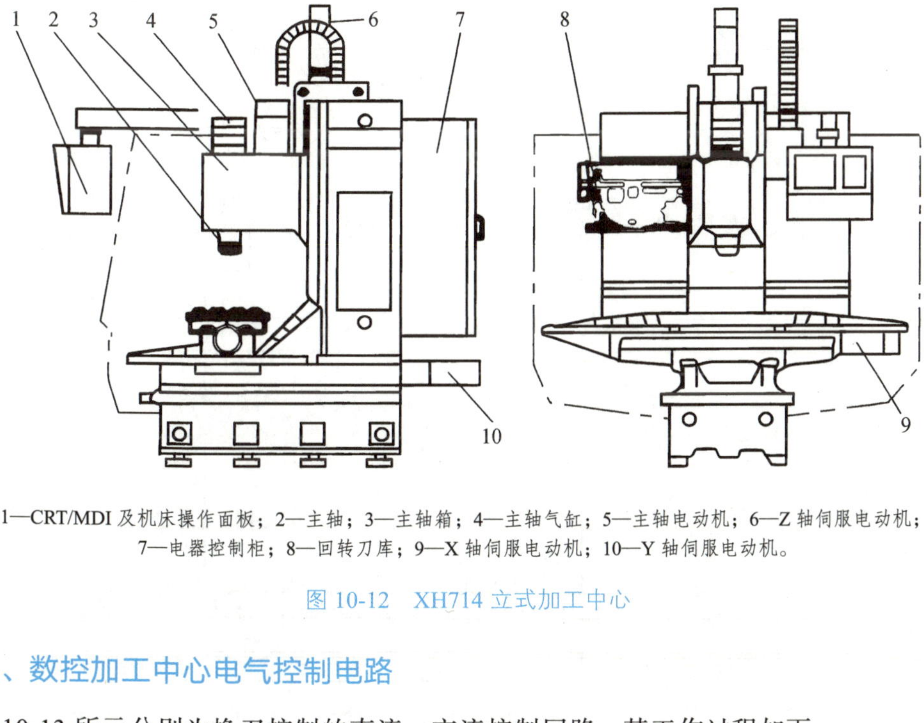

1—CRT/MDI 及机床操作面板；2—主轴；3—主轴箱；4—主轴气缸；5—主轴电动机；6—Z 轴伺服电动机；7—电器控制柜；8—回转刀库；9—X 轴伺服电动机；10—Y 轴伺服电动机。

图 10-12　XH714 立式加工中心

二、数控加工中心电气控制电路

图 10-13 所示分别为换刀控制的直流、交流控制回路，其工作过程如下：

（1）主轴箱运动至换刀点（SQ_{10}）、主轴定向。

（2）低速力矩电动机通过槽轮机构实现刀盘的分度，将刀盘上接收刀具的空刀座转到换刀所需的预定位置。

（3）刀库气缸活塞推出，将刀盘上的空刀座送至主轴正下方（SQ_7），并卡住刀柄定位槽。

（4）主轴拉杆上移（SQ_9），主轴松刀，主轴箱上移，原主轴中刀具卸留在空刀座内。

（5）刀盘再次分度，将刀盘上被选定的下一把刀具转到主轴正下方。

（6）主轴箱下移（SQ_{10}），主轴拉杆下移（SQ_5），主轴夹刀。

（7）刀库气缸活塞杆缩回（SQ_6），刀盘复位。

图 11-14 所示为电源电路配置图。机床从外部动力线获得三相交流 380 V 电源后，在电控柜中进行再分配，以获得 AC 100 V CNC 系统电源、三相 200 ~ 230 V 驱动装置电源、单相 AC 100 V 交流接触器线圈电压及 DC 24 V 稳压电源，同时进行电源保护，如熔断器、断路器等。

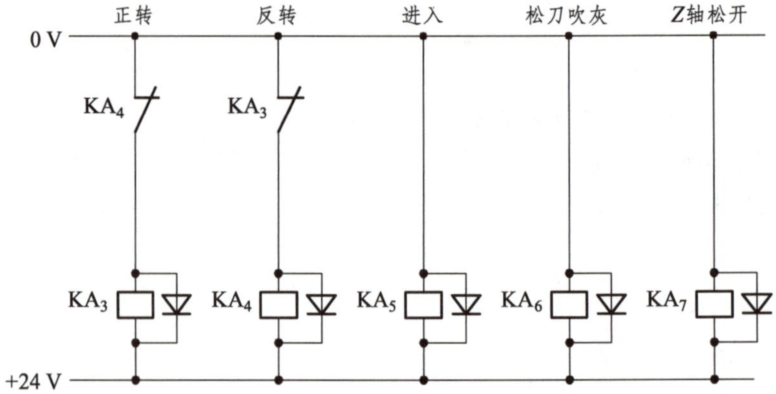

（a）直流控制回路

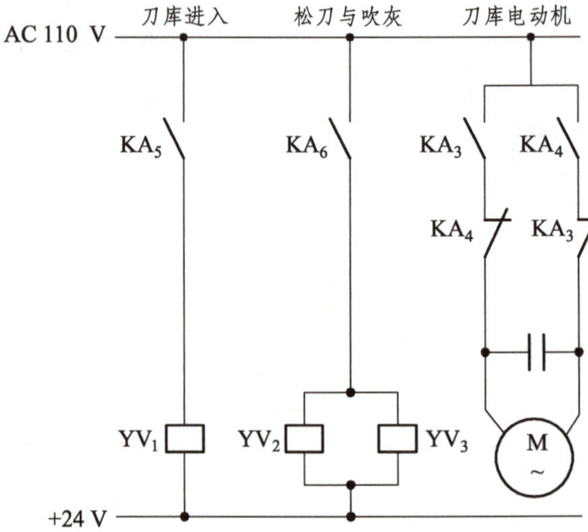

（b）交流控制回路

图 10-13　换刀控制的直流、交流控制回路

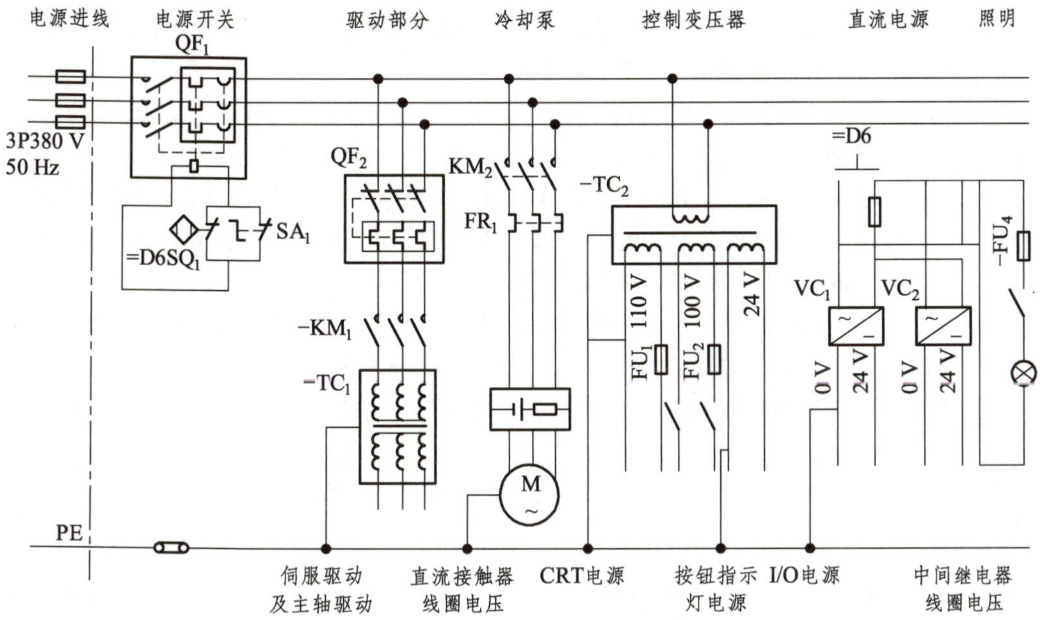

图 10-14　电源电路配置

10.5　典型数控机床系统介绍

数控系统是数控机床的控制核心。数控系统从 1952 年开始，经历了电子管、晶体管、小规模集成电路、计算机数字控制、软件和微处理器时代的发展过程。目前世界上数控系统种类繁多，形式各异，组成结构也各有特点。但是无论哪种系统，它们的基本原理和构成是相似的。

一、FANUC 数控系统

典型数控机床的介绍

日本 FANUC 公司始建于 1956 年，1959 年首先推出了电液步进电机，在后来的若干年中逐步发展并完善了以硬件为主的开环数控系统。进入 20 世纪 70 年代，微电子技术和功率电子技术，尤其是计算机技术，得到了飞速发展，具有远见卓识的 FANUC 公司毅然舍弃了使其发家的电液步进电机数控产品，一方面从 GETTES 公司引进直流伺服电机制造技术；另一方面加强了与 SIEMENS 公司的合作关系，学习其先进的硬件技术。1976 年，FANUC 公司研制成功数控系统 FS5，随后又与 SIEMENS 公司联合研制了具有先进水平的数控系统 FS7。从这时起，FANUC 公司逐步发展成世界上最大的专业数控系统生产厂家，产品日新月异，年年翻新。

我国在“六五”计划期间，从 FANUC 公司引进 FS3、FS5、FS6 和 FS7 系列数控系统及直流电机、直流伺服电机及驱动系统（包括晶闸管驱动和 PWM 驱动），从此开始了我国数控系统产业化的历程。

1. 系统简介

（1）高可靠性的 Power Mate0 系列：用于控制 2 轴的小型车床，取代步进电机的伺服系统；可配画面清晰、操作方便、中文显示的 CRT/MDI，也可配性价比高的 DPL/MDI。

（2）普及型 CNC0-D 系列：0-TD 用于车床，0-MD 用于铣床及小型加工中心，0-GCD 用于国柱磨床，0-GSD 用于平面磨床，0-PD 用于冲床。

（3）全功能型的 0C 系列：0-TC 用于通用车床、自动车床，0-MC 用于铣床、钻床、加工中心，0-GCC 用于内、外圆磨床，0-GSC 用于平面磨床，0-TTC 用于双刀架 4 轴车床。

（4）高性价比的 0i 系列：整体软件功能包，高速、高精度加工，并具有网络功能。0-MB/MA 用于加工中心和铣床，四轴四联动；0i-TB/TA 用手车床，四轴两联动；0i-mate MA 用于铣床，三轴三联动；0i-mate TA 用于车床，两轴两联动。

（5）具有网络功能的超小型、超薄型 CNC16/18/21i 系列，控制单元与 LCD 集成于一体，具有网络功能，超高速中行数据通信。其中，FS16-MB 的插补、位置检测和伺服控制以纳米为单位。16i 最大可控 8 轴，6 轴联动；18 最大可控 6 轴，4 轴联动；21i 最大可控 4 轴，四轴联动。

除此之外，还有实现机床个性化的 CNC16/18/160/180 系列。

2. 功能特点

FANUC 公司是生产数控系统和工业机器人的著名厂家，该公司自 20 世纪 60 年代生产数控系统以来，已经开发出 40 种左右的系列品种。

FANUC 公司数控系统的产品特点如下：

（1）FANUC 公司数控系统的产品长期采用大板结构，但在新的产品中已采用模块化结构。

（2）采用专用 LSI，以提高集成度、可掌性，减小体积和降低成本。

（3）产品应用范围广。每个 CNC 装置上可配多种控制软件，适用于多种机床。

（4）不断采用新工艺、新技术，如表面安装技术（SMT）、多层印制电路板、光导纤维电缆等。

（5）CNC 装置体积减小，采用面板装配式、内装式 PMC（可编程机床控制器）。

（6）在插补、加减速、补偿、自动编程、图形显示、通信、控制和诊断方面不断增加新的功能。

（7）CNC 装置面向用户开放的功能，以用户特定宏程序、MMC 等功能来实现。

（8）支持多种语言显示，包括日、英，德、汉、意、法、荷、西班牙、瑞典、挪威、丹麦语等。

（9）备有多种外设，如 FANUC PPR、FANUC FA Card、FANUC FLOPPY CASSETE、FANUC PROGRAM FILE Mate 等。

3. FANUC 系统的典型结构

1）FANUC0 系列

FANUC0 系列数控系统（简称为 FANUC0 系统）由数控单元本体，主轴和进给伺服单元及相应的主轴电机和进给电机，CRT 显示器、系统操作面板、机床操作面板，附加的输入/输出接口板（B2），电池盒，手摇脉冲发生器等部件组成。

FANUC0 系统的 CNC 单元为大板结构。它基本配置有主印制电路板（PCB）、存储器板、图形显示板、PMC 板、基本轴控制板、输入/输出接口板、子 CPU（中央处理器）板、扩展轴控制板、数控单元电源和 DNC 控制板。各板插在主印制电路板上，与 CPU 的总线相连。图 11-15 所示为 FANUC0 系统数控单元结构图。

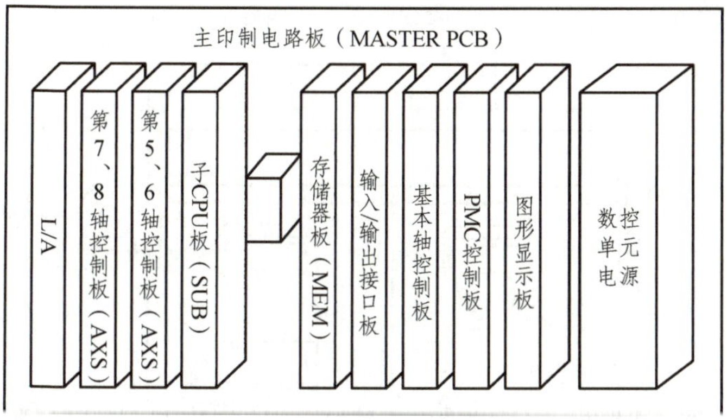

图 10-15　FANUC 0 系统数控单元结构图

各部件的功能如下：

（1）主印制电路板。主印制电路板用于连接各功能板，故障报警等。主 CPU 在该板上，用于系统主控，

（2）数控单元电源。数控单元电源主要提供+5 V，+15 V，−15 V，+24 V，−24 V 直流电源，用于各板的供电。24 V 直流电源用于单元内维电器控制。

（3）图形显示板。图形显示板上提供图形显示功能，第 2.3 手摇脉冲发生器接口等。

（4）PMC 控制板（PMC-M）。PMC-M 型可编程机床控制器提供扩展的输入/输出板的接口。

（5）基本轴控制板（AXE）。基本轴控制板提供 X、Y、Z 和第四轴的进给指令，接收从 X、Y，Z 和第四轴位置编码器反馈的位置信号。

（6）输入/输出接口板。输入/输出接口板通过插座 M1、M18 和 M20 提供输入点，通过插座 M2、M19 和 M20 提供输出点，为 PMC 提供输入/输出信号。

（7）存储器板。存储器板用于接收系统操作面板的键盘输入信号，提供中行数据传送接口。第一手摇脉冲发生器接口、主轴模拟量和位置编码器接口，存储系统参数、刀具参数和零件加工程序等。

（8）子 CPU 板。子 CPU 板用于管理第 5、6、7、8 轴的数据分配，提供 RS-232C 和 RS-422 串行数据接口等。

（9）扩展轴控制板（AXS）。扩展轴控制板（AXS）提供第 5、6 轴的进给指令，按收从第 5、6 轴位置编码器反馈的位置信号。

（10）扩展轴控制板（AXA）。扩展轴控制板（AXA）提供第 7、8 轴的进给指令，接收从第 7、8 轴位置编码器反馈的位置信号。

（11）扩展的输入输出接口。扩展的输入输出接口通过插座 M61、M78 和 M80 提供输入点，通过插座 M62、M79 和 M80 提供输出点，为 PMC 提供输入/输出信号。

（12）通信板（DNC2）。通信板提供数据通信接口。

2）FANUC 0i 系列

FANUC 0i 系列数控系统（简称为 FANUC 0i 系统）由主板和 I/O 模块构成。主板模块包括主 CPU、内存，PMC 控制、I/O Link 控制、何服控制、主轴控制、内存卡 I/F 插座、LED 显示等，I/O 模块包括电源、I/O 接口、通信接口、MDI 控制、显示控制、手摇脉冲发生器控制和高速串行总线等。FANUC 0i 系列数控单元结构如图 10-16 所示。

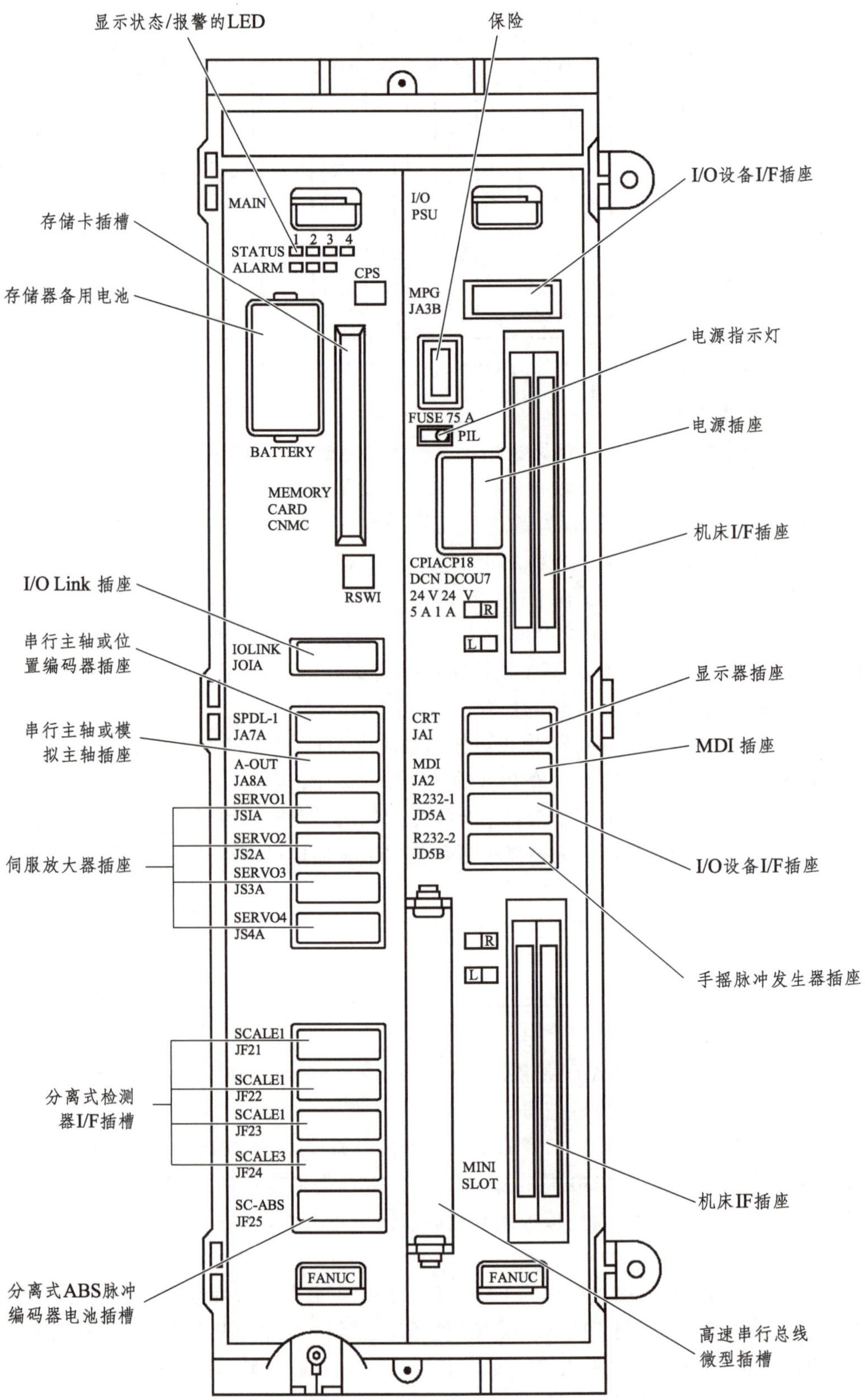

图 10-16 FANUC Oi 系列数控单元结构

二、SIEMENS 数控系统

SIEMENS 公司的数控装置采用模块化结构设计，经济性好，在一种标准硬件上配置多种软件，使它具有多种工艺类型，满足各种机床的需要，并成为系列产品。随着微电子技术的发展，SIEMENS 系统越来越多地采用大规模集成电路（LSI）、表面安装器件（SMC）及先进加工工艺，所以新的系统结构更紧凑，性能更强，价格更低。它采用 SIMATICS 系列可编程控制器或集成式可编程控制器，用 STEP 编程语言，具有丰富的人机对话功能和多种语言的显示，SIEMENS 公司的 CNC 装置主要有 SINUMERIK 3/8/810/820/850/880/805/802/840 系列。

1. SINUMERIK 840C 系统

SINUMERIK 840C 系统是 SIEMENS 公司 1991-1993 年开发出的数控系统，适用于全功能车削中心、铣床和加工中心及 FMS.CIMS 的轨迹控制的模块微处理器 CNC 系统。

（1）主要构成。SINUMERIK 840C 系统由中央控制器、中央控制组件、外围组件，输入/输出组件、接口组件，手持操作器和 14 英寸 TFT 彩色显示器等组成。中央控制器配有功能强大的 PLC135WB2 及电源、接口等。中央控制组件有 NC-CPU386DX、MMC-CPU386SX、MMC-CPU387SX。该系统采用分散的机床外设（DMP），主要分三个区城，即交互式图形车间编程（IGM）区、NC 区和 PLC 区。

（2）主要特点。SINUMERIK 840C 系统 4 个轴同时独立运行，5 轴联动，2 个手轮同时独立运行，双溜板或双主轴结构。其输入分辨率为 10 ~ 0.001 μm，坐标轴为 0.01° ~ 0.000 01°。它具有 32 位微处理机，并配有计算机辅助设计（CAD）功能，与 IBM PC/AT 兼容，具有标准的多任务操作系统。PLC 用户程序存储器由 32K 字节（RAM）可扩展到 256M 字节，用户数据存储器由 8K 字节可扩展到 48K 字节。CNC 用户存储器为 512K 字节，硬盘中央用户存储器可扩展到 40M 字节。3964R 或 LSV2 接口共 4 个，以及通用串行接口 RS232C（V24），具有功能全面的文字管理方式。在加工时，可同时读入和输出程序及 PLC 报警。

2. SINUMERIK 840D 系统

SINUMERIK 840D 系统适用于所有的数控场合，有 10 个加工通道，由 2 ~ 31 轴控制。系统有三种基于不同计算机性能主板而分别适用于高级、中级和基本的应用范围。840D 系统控制器和相关的软件均按照模块化结构进行配备，可以实现从复杂的多轴运动控制直到高速切削所需要的数控系统基础平台和应用范围很广的应用操作。零件的编程以易于操作使用为原则，可使用循环方式和轮廓方式直接进行编程，用通俗易懂的图形模拟方式验证切削路径和几何尺寸，可选定一个面、顶部或三维观察的方式，采用带刀尖轨迹或不带刀尖轨迹进行模拟显示。SINUMERIK 840D 系统连接如图 11-17 所示。

3. SINUMERIK 802 系统

SINUMERIK 802 系统包括 802S/Se/Sbase line、802c/Ce/Cbase line、802D 等型号，它是 SIEMENS 公司 20 世纪 90 年代开发的集 CNC、PLC 于一体的经济型控制系统。

SINUMERIK 802 系统的性价比较高，比较适合于经济型与普及型车床、铣床、磨床的控制。SINUMERIK 802 系列数控系统的共同特点是结构简单、体积小，可靠性高。此外，系统软件功能也比较完善。

SINUMERIK 802S、802C 系列是 SIEMENS 公司专为简易数控机床开发的经济型数控系统，两种系统的区别是：802S/Se/Sbase line 系列采用步进电动机驱动，802C/Ce/Cbase line 系列采用数字式交流伺服系统。

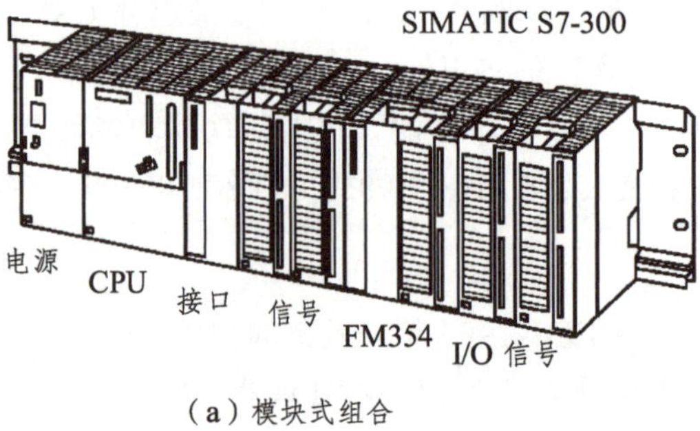

（a）模块式组合

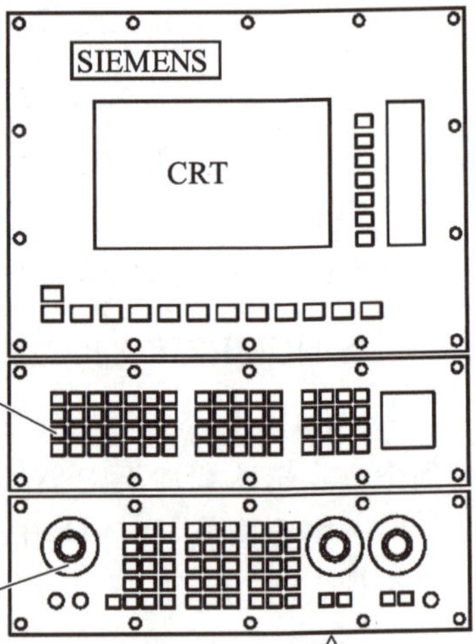

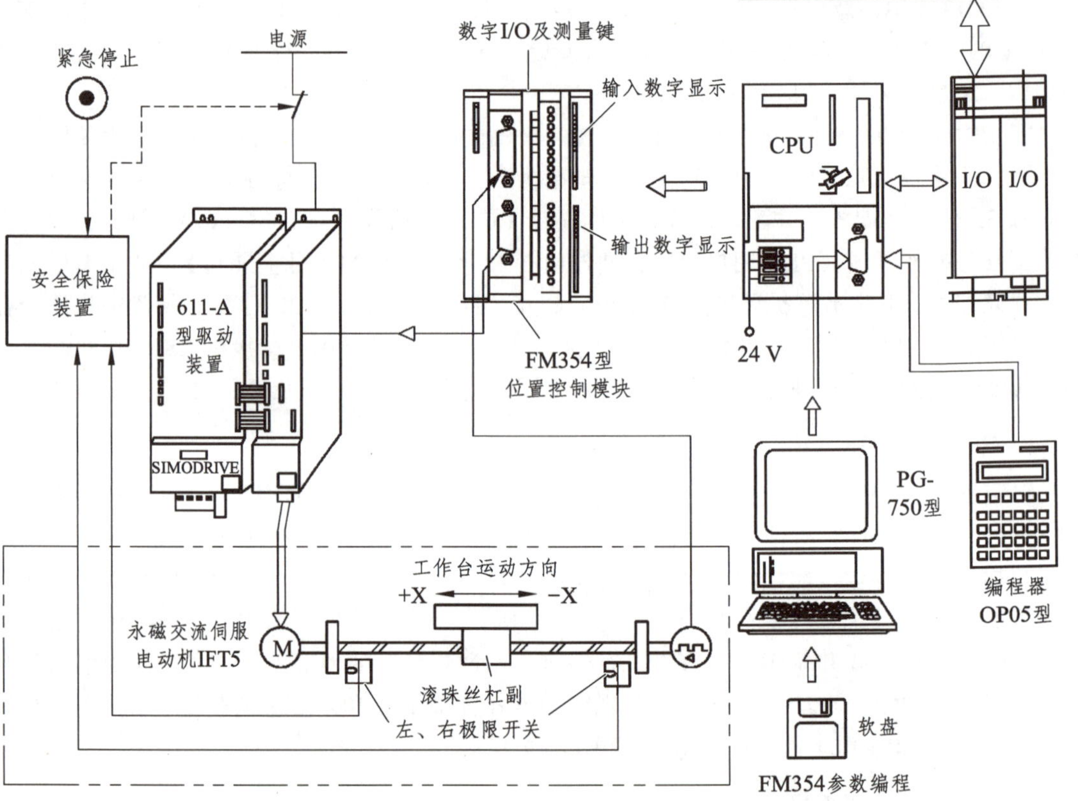

（b）连接图

图 10-17　SINUMERIK 840D 系统连接

三、国产数控系统简介

我国与日本、德国、苏联同步开始研究数控技术，一直到 20 世纪 60 年代中期仍处于研制开发阶段。我国现有华中、航天、蓝天、中华等数控系统，部分数控系统的技术水平已达到国际同类产品的领先水平。

华中数控系统是我国具有自主知识产权的产品。经过多年的发展和技术更新，其可靠性、精度及自动化程度都达到了一定的水平。目前华中数控已派生出 10 多种系列 30 多个产品，广泛用于教学车床、教学铣床、磨、锻、齿轮、仿形、激光加工、纺织机械等设备。

1. 华中世纪星 HNC-210A、HNC-210B、HNC-210C 系列数控单元

1）世纪星 HNC-210A/B/C 数控系统

世纪星 HNC-210A/B/C 数控系统是华中数控系统中的高端产品，采用一体化模具设计，工程操作面板采用独立安装的形式。该系统集成进给轴接口、主轴接口、手持单元接口和内嵌式 PLC 接口于一体，支持远程 I/O 扩展功能。采用电子盘程序存储方式及 CF 卡、U 盘、DNC、以太网等程序扩展与数据交换功能，TFT 彩色液晶显示屏有 8.4 英寸、10.4 英寸和 15 英寸三种规格。其最大控制轴数为 8 轴，主要应用于数控车床和车削加工中心，以及数控铣床加工中心。

2）世纪星 HNC-28 总线式数控单元

世纪星 HNC-28 总线式数控单元由稳定可靠的工控机、高速以太网、运动控制器、MACRO 光纤总线、I/O、A/D 及接口板，电源，外壳，风扇组成。控制系统和 HMI 采用上下位机形式通过高速以太网连接，具有性能高，配置灵活、结构紧凑和可靠性高的特点。

世纪星 HNC-28 总线式数控单元不仅具有精密铣削、车削加工中心的功能，而且具有加工重叠部分的功能。利用车铣功能复合的特点可实现大型工件的一次装夹多表面的加工，如螺旋桨定位孔。安装定位面等的加工，使零件的型面加工精度和各加工表面的相互位置精度由重型装备的精度来保证。目前，它主要用于车铣复合加工中心，大型车、铣加工中心，双通道双刀架车，双电机驱动龙门加工中心等。图 10-18 所示为该数控系统应用于 KX5680 七轴五联动车铣复合加工中心。

图 10-18　华中世纪星 HNC-28 系统应用于 KX5680 七轴五联动车铣复合加工中心

3）世纪星 HNC-32 全数字现场总线数控单元

世纪星 HNC-32 全数字现场总线数控单元是华中数控系统中的高端产品，是华中数控依

托 IT 行业和现场总线技术的最新研究成果，紧跟数控系统发展趋势开发出的新一代总线型高档数控系统。该系统基于工业 PC，采用多处理器及总线结构为硬件平台，以实时操作系统为开放式软件平台，利用硬件高处理速度与软件开放灵活的优势，实现多轴、多通道高速、高精运动控制。它最大支持 4 通道，32 个进给轴，4 个主轴，每个通道最大支持 9 轴联动。华中数控 HNC-32 现场总线数控系统及配套的 XK713 数控铣床如图 10-19 所示。

图 10-19　华中数控 HNC-32 现场总线数控系统及配套的 XK713 数控铣床

2. 华中 HNC-8A/B/C 系列数控系统

HNC-8 系列数控系统是华中数控 2010 年通过自主创新研发的新一代基于多处理器的总线型高档数控系统，典型产品如图 10-20 所示。该系统充分发挥多处理器的优势，在不同的处理器分别执行 HMI、数控核心软件及 PLC，充分满足运动控制和高速 PLC 控制的强实时性要求，HMI 操作安全。系统采用总线技术，突破了传统伺服在高速、高精度时数据传输的瓶颈，在极高精度和分辨率的情况下可获得更高的速度，极大地提高了系统的性能。系统采用 3D 实体显示技术实时监控和显示加工过程，直观地保证了机床的安全操作。

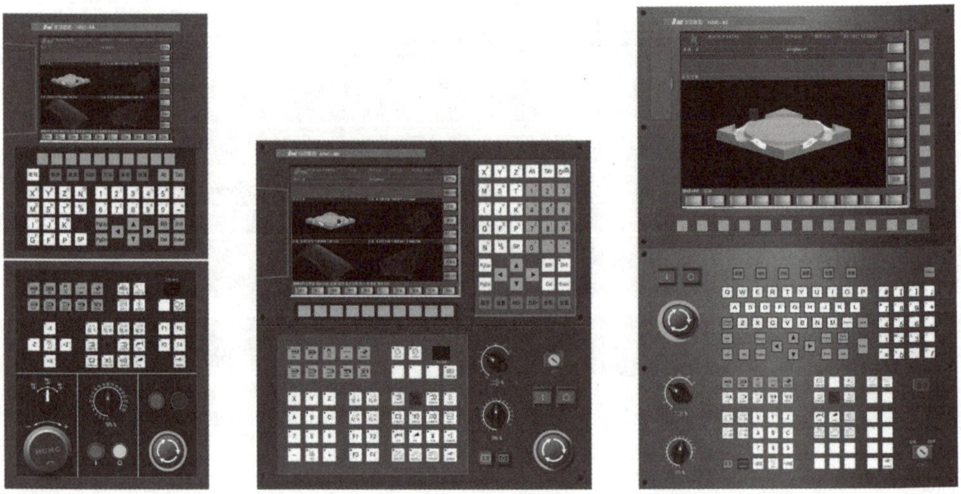

图 10-20　华中 HNC-8A/B/C 系列数控系统典型产品

华中 HNC-8 系列采用全数字现场总线控制，其主要有以下特点：

（1）开放式，全数字、总线式体系结构。

（2）支持多种现场总线（NCUC、EtherCAT 等）。

（3）最大支持 8 通道，每通道最大 8 轴联动。

（4）Windows、Linux 软件平台。

（5）插补周期可设置，最小为 0.2 ms。

（6）可同时建立 48 个工件坐标系。

（7）其刀具管理功能可管理 1000 把以上的刀具，

（8）基于机床动力学特性的三次样条插补。系统根据机床动力学性能优化加工过程的速度、加速度及捷度，抑制机床振颤，从而提供稳定、高精度的切削过程，保证高的切削品质。

（9）高效前瞻控制算法。最大前瞻段数可达 2000 段，特别适合模具的高效、高精加工。

（10）软件 PLC，梯形图编程。

（11）区域保护功能。系统提供 2/3 维区域保护，在仿真或加工时，如果刀具或工件进入保护区域，可以按用户预先设定的动作进行提示、报警、进给保持、急停处理等。

（12）加工仿真及加工过程实体显示。在加工程序仿真和加工过程中，可实时以实体的方式动态显示材料的去除过程。

（13）空间误差及热变形误差补偿。

（14）RTCP（5 轴联动刀具中心点控制）功能。

数控机床连接框图如图 10-21 所示。

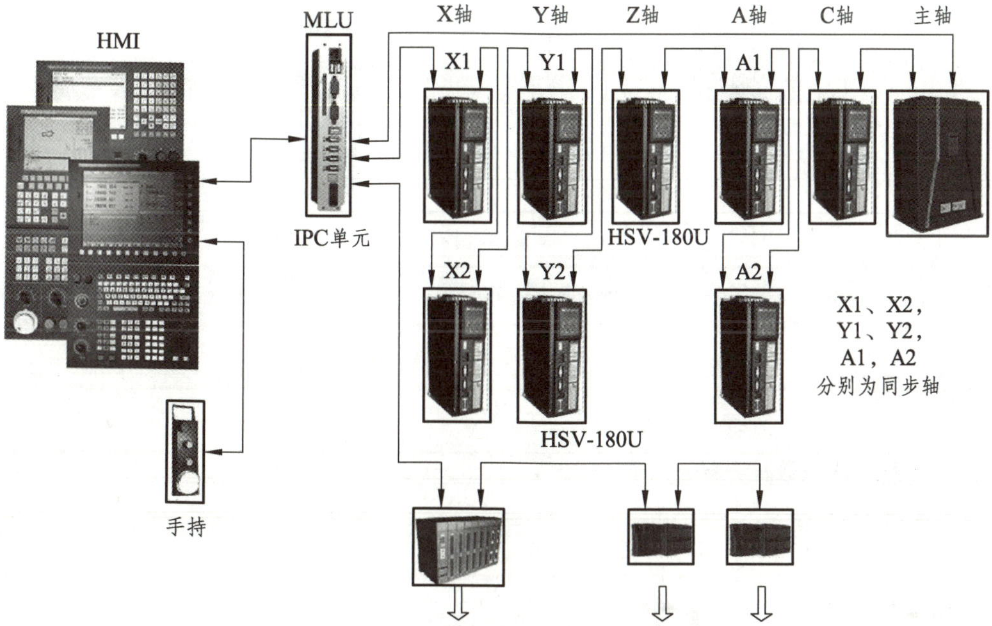

（a）高档数控机床（龙门、五轴加工中心等）

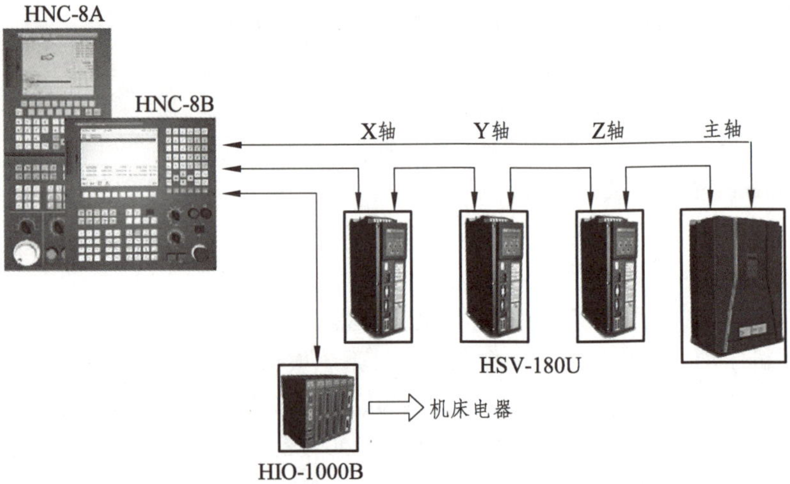

（b）全功能型数控机床和加工中心

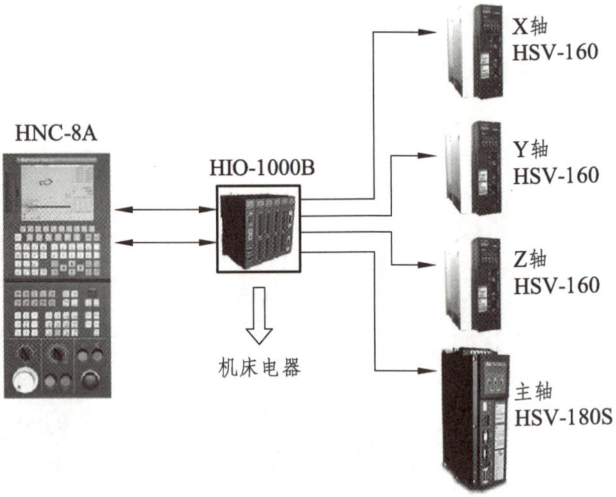

（c）普及型数控机床

图 10-21　数控机床连接框图

项目实施

项目：数控系统及其接口应用

工作任务：认识数控系统

任务描述及记录

（1）根据 FANUC 0i 实训设备填写表 10-4 中。

名称	型号	功能描述
系统		
伺服驱动		
伺服电机		
继电器		

续表

名称	型号	功能描述
断路器		
行程开关		
稳压电源		
变压器		
变频器		

（2）数控实训中心有哪些数控系统？其型号是什么？有何特点？

实训中遇到的问题：

解决方法：

总结：

能力测试

1. 填空题

（1）数控机床电气设计电路一般由________、________和辅助电路等部分组成。

（2）数控机床电气控制电路包括________、________刀架控制电路、冷却控制电路。

（3）点检维护是指对数控机床进行________、________的检查和维护。

（4）数控机床故障按故障发生的部位分类可分为________、________。

2. 判断题

（1）保证数控机床能稳定、可靠运行是数控机床电气控制电路设计原则之一。（　　）

（2）数控机床电气控制电路的设计应高度重视保证人身安全、设备安全。（　　）

（3）数控机床电气控制电路的设计无须考虑机械设计和工艺要求。（　　）

（4）维修人员只要有较强的动手能力，不需要具有丰富的理论基础。（　　）

（5）维修人员常用的仪表有万用表、示波器等仪器。（　　）

（6）故障排除的顺序应为先方案后操作、先机械后电气。（　　）

（7）开环式进给驱动系统是带有位置反馈环节的一种进给驱动系统。（　　）

（8）维修人员需要具有一定的外语基础和专业外语基础。（　　）

（9）数控机床故障按故障产生的原因分类可分为数控机床自身故障和数控机床外部故障。（　　）

（10）开机自诊断是指数控系统通电时，由系统内部诊断程序自动执行的诊断，它类似于计算机的开机诊断。（　　）

3. 选择题

（1）数控机床故障按故障的性质分类可分为确定性故障和（　　）。

A. 主机故障　　B. 随机性故障　　C. 机床自身故障　　D. 机床外部故障

（2）（　　）是数控机床故障诊断中最基本、最简单的方法。

A. 直观法　　B. 参数检查法　　C. 交换法　　D. 系统自诊断法

项目 11　电气控制系统的设计

项目导读

生产机械电气控制系统设计包括原理设计与工艺设计两个方面。原理设计决定生产设备的先进性和合理性，工艺设计决定生产设备的可行性和经济性。本项目主要介绍电气控制系统设计的一般原则、基本内容和设计的一般方法，以便根据生产机械的拖动要求及工艺需要去设计和编制出设备制造和使用过程中必须的图纸、清单等材料，包括电气控制电路图、电气系统的总装配与元件布置图、安装接线图、电气柜图，以及控制面板、元器件安装底板、非标准紧固件的加工图等，并编制外购成件清单、单台设备的材料清单、设备使用说明书等资料。

项目目标

（1）掌握电气控制系统设计的一般流程。

（2）熟悉电气控制系统的原理图设计方法。

（3）熟悉电气控制系统的工艺图设计方法。

（4）了解电动机及电气设备的选择。

技能目标

（1）能够对电气控制系统进行原理设计和工艺设计。

（2）能够分析和改进简单的电气控制系统设计案例。

相关知识

11.1　电气控制系统的设计基础

一、电气控制系统设计的主要内容

电气控制系统的设计主要包括原理设计与工艺设计两个方面。

电气控制系统的设计

电气控制原理设计主要包括电气设计任务书；选择施工方案与控制方式；确定电动机的类型、容量、转速和具体型号；设计电气控制原理框图，确定各部分之间的关系，拟定各部分的要求；设计并绘制电气控制原理图，计算主要技术参数；选择电气元件，编制元件目录清单；编写设计说明书。其中电气控制原理图是整个设计的关键环节，是工艺设计和其他技术资料的依据。

工艺设计的主要目的是便于组织电气控制装置的制造，实现原理设计的各项技术指标，为设备的调试、维护、使用提供必要的图纸资料。工艺设计的主要内容包括：根据设计原理图及选定的电气元件，设计电气设备的总体布置，绘制电气控制系统安装图及总接线图；按照原理框图划分组件，对总原理图进行编号，绘制各组件原理电路图，列出各部分的元件目录表，并根据总图编号确定出各组件的进出编号；根据组件原理电路及选定的元件目录表，设计组件装配图，图中反映各电气元件的安装位置、方式与接线方式；根据组件装配要求，绘制电器安装板和非标准零件的安装图纸，标明技术要求；设计电气箱；根据总原理图、总装配图及各组件原理图等资料，进行汇总，分别列出外购件清单，标准件清单以及主要消耗定额；编写使用说明书。

二、电气控制系统的设计原则

（1）最大限度地满足生产机械和生产工艺对电气控制的要求。

（2）在满足生产工艺要求的前提下，力求控制电路简单、经济。

（3）妥善处理电气控制系统的机械部分与电气控制部分之间的关系。

（4）保证电气控制电路工作的可靠性，最主要的是选择可靠的电气元件和规范的安装工艺要求。

（5）电气安装应造型美观，且使用维护方便。

三、电气控制系统设计的一般程序

（1）拟定设计说明书。

设计任务书是整个电气控制系统设计的依据，同时又是今后设备竣工验收的依据。因此，设计任务书的拟订是十分必要且必须认真对待的重要环节。在很多情况下，设计任务的下达部门对系统的功能要求、技术指标只能描述一个粗略轮廓，而设备使用中应达到的各种具体技术指标及基本要求，实际是由技术领导部门、设备使用部门及承担设计任务的部门等多方共同协商，最后以技术协议的形式来确定的，这便是设计任务书。

电气控制系统的设计任务书中，除简要说明所设计设备的型号、用途、工艺过程、动作要求、传动参数、工作条件外，还应说明以下主要技术指标及要求。

① 设备的控制精度及其生产效率要求。

② 电气传动的基本特性，如运动部件的数量、用途、动作顺序。负载特性、调速指标，启动、制动要求等。

③ 自动化程度要求。

④ 稳定性及抗干扰要求。

⑤ 互锁条件及保护要求。

⑥ 电源的种类、电压等级、频率及容量等要求。

⑦ 目标成本与经费限额。

⑧ 验收标准及验收方式。

⑨ 其他要求，如设备的布局、安装施工，操作台的布置，照明、信号指示，报警方式等方面的要求。

（2）确定电力拖动方案。

电力拖动方案是指根据零件的加工精度、加工效率要求，生产机械的结构，运动部件的数量、运动要求，负载特性、调速要求以及投资额等，来确定电动机的类型、数量、传动方式，并拟订电动机的启动、运行、调速、转向、制动等控制方式的要求，以此作为设计电气控制电路图、选择设备及元器件的依据。

制订电力拖动方案是原理设计的重要部分，因为只有在电力拖动方案正确的前提下，才能保证生产设备各项技术指标的可实施性。

当电气设计主要技术指标确定并以设计任务书的形式下达后，相关设计人员必须认真做好调查研究工作，列出几种可能的电力拖动方案，并根据实际条件和工艺要求进行比较分析，最后决定采用哪种方案。

（3）选择电动机。

根据电力拖动方案对电动机控制方式的要求，通过分析、计算，确定电动机的额定功率、额定电压、额定转速、结构形式等，进而确定电动机的型号。选择电动机的基本原则如下。

① 电动机的机械特性应满足机械生产要求，其调速方式应与负载特性相适应，以保证加工过程中设备运行稳定并具有一定的调速范围与良好的启动、制动性能。例如，车床的主轴运动应采用恒功率拖动，其进给运动则要求恒转矩拖动。

对于双速电动机，当其定子绕组由三角形联结变为双星形联结时，电动机由低速运行变为高速运行，但电动机的功率变化不大，因此三角形/双星形调速方式可用于恒功率拖动；电动机的定子绕组由星形联结变为双星形联结时，电动机的输出转矩基本不变，因此星形/双星形调速方式可用于恒转矩拖动。对于直流他励电动机，改变励磁调速可用于恒功率拖动，改变电枢电压调速则可用于恒转矩拖动。

② 工作过程中，电动机的容量应能得到充分利用，即电动机的温升应尽可能达到或接近其额定温升值。确定电动机容量的基本方法是：首先根据生产机械提供的功率负载图或转矩负载图，预选一台电动机：然后进行负载试验，将试验结果与预选电动机参数进行比较，若发现预选电动机的容量太大或太小，则重新选择，直至电动机容量得到充分利用；最后检测其过载能力与启动转矩是否满足拖动要求。

③ 电动机的结构应满足机械设计提出的安装要求，并能适应周围环境及工作条件。

在比较简单、无特殊要求、生产数量又不多的电力拖动系统中，电动机容量的选择往往采用统计类比法，或者根据经验采用工程估算的方法来选择。在满足设计要求的情况下，应优先考虑采用结构简单、价格便宜、使用维护方便的笼型异步电动机。

（4）确定电气控制方案。

电动机的控制方式很多，如交流接触器触点控制、继电器触点控制、无触点逻辑控制、PLC（可编程控制器）控制、计算机控制等。选择合适的控制方式，可使设计的电气控制系统简便可靠、经济实用。

在选择电动机的控制方式时，应遵循以下原则。

① 控制方式与拖动要求相适应。控制方式应满足经济效益的要求，但并非越先进越好。对于控制逻辑简单、加工程序基本固定的设备，可采用交流接触器触点控制或继电器触点控

制；对于控制逻辑复杂或需要经常改变加工程序的设备，宜采用 PLC 控制。

② 控制方式与通用化程度相适应。通用化是指生产机械对不同加工对象的适用性。对于仅用于一种或几种霉件加工的专用机床，可采用固定的控制方式；对于用于单件、小批量及复杂形状零件加工的通用机床，则可采用 PLC 控制或计算机控制。

③ 控制方式应最大限度地满足加工工艺的要求。例如，根据生产工艺的要求，可选择控制电路是否具有自动往返运动、半自动往返运动、手动调速、紧急快退、保护性互锁、信号指示及故障诊断等功能。

④ 控制电路的电源应稳定、可靠。对于结构简单的控制电路，可直接采用电网电源；对于电器较多、电路较复杂的控制电路，可将电网电源经变压器变压后再引入控制电路，以降低故障率；对于自动化程度较高的生产设备，可采用直流稳压电源，这样既节省了安装空间，也便于无触点元器件的连接，操作、维修也较为安全。

（5）设计电气控制原理图并合理选择元器件，编制元器件目录清单。

设计电气控制电路图的基本步骤如下：

① 根据选定的电力拖动方案及控制方式，设计电气控制系统的原理框图，拟订出各部分的主要技术要求和主要技术参数。

② 根据各部门的要求，设计出原理框图中各部分的具体电路，一般的设计顺序为：

主电路→控制电路→辅助电路→互锁与保护电路→总体检查与完善。

③ 绘制电气控制系统总电路图。

对于比较简单的电气控制电路，可以省略前两步，而直接进行电气控制电路图的设计。但对于比较复杂的电气控制电路，就必须按上述过程逐步进行设计。只有各独立部分都达到技术要求，才能保证总体达到技术要求，从而保证总装调试的顺利进行。

（6）设计电气设备制造、安装、调试所必需的各种施工图纸，并以此作为根据编制各种材料定额清单。

根据电气控制电路图和设计要求，合理选择元器件，并编制元器件目录清单。其中应包含元器件的名称、型号、主要技术参数、主要作用等内容。

（7）编写说明书。

设计说明书应包含设计目的、设计依据，设计产品的适用领域、主要技术参数及计算过程，电力拖动方案、控制方式及其选择依据，电气控制电路图、元器件目录清单，设计产品的功能及控制原理等内容。编写设计说明书时应做到格式规范、内容准确、实事求是。

四、电气控制原理设计的方法

电气控制系统采用继电—接触器控制系统，常采用逻辑代数设计和经验分析设计两种方法进行设计。

1. 经验分析设计法

经验分析设计法是根据生产工艺的要求，合理选择基本控制环节（单元电路）或典型控制环节，将它们按各部分的作用和联系组合起来并加以补充和修改，汇总成满足控制要求的完整电路。

当找不到现成的典型控制环节时，可根据控制要求边分析边设计，将主令信号经过适当的组合、变换，在一定条件下得到执行机构所需的工作信号。设计过程中，应灵活增减元器件和改变触点的组合方式，以满足拖动系统的工作条件和控制要求；并对设计的电路进行改进和完善，最终得到理想的控制电路。这种设计方法无固定的设计程序，设计方法简单，容易为初学者所掌握，对于具有一定工作经验的电气人员来说，也能较快地完成设计任务。但不容易获得最佳方案，而且要反复审核电路的工作情况，直至电路的动作准确达到控制设计要求为止。

经验分析设计法的步骤：

（1）设计各控制单元环节中拖动电动机的启动、正反转、制动、调速、停机等主电路和执行元件的主电路。

（2）设计满足各电动机的运作功能与工作状态相对应的控制电路，以及与满足执行元件实现规定动作相适应的主电路。

（3）连接各单元环节，构成满足整个生产工艺要求，实现加工过程自动化或半自动的控制电路。

（4）设计保护、联锁、检测信号和照明等环节的控制电路。

（5）全面检查所设计的电路，应特别注意防止电气控制系统在工作过程中因误动作和突然失电情况下事故的发生，力求完善整个控制电路。

2. 逻辑代数设计法

逻辑代数设计法是利用逻辑代数这一数学工具来进行电路设计的。其设计的一般思路为：首先根据生产机械的拖动要求及工艺要求，将执行机构需要的工作信号，交流接触器、继电器的线圈和触点，以及主令电器的接通与断开状态看成逻辑变量，并根据控制要求将它们之间的关系用逻辑函数关系式来表达；然后运用逻辑函数基本公式和运算规律进行简化，使之成为需要的最简“与或”关系式；最后根据最简关系式画出相应的电路图，并进一步检查和完善，即可获得需要的电气控制电路图。

通过逻辑设计法，可获得理想、经济的设计方案。其所用元器件数量少，各元器件能充分发挥作用；当给定条件变化时，能指出电路相应变化的内在规律，在设计复杂电气控制电路时，更显方便。

逻辑设计法不仅能用于电路设计，也可以用于电路简化和识图分析，对于一些复杂的控制要求，还必须增设许多新的条件，因此，在实际电气控制电路的设计中，逻辑设计法仅作为经验设计法的辅助和补充。

逻辑代数设计法的一般步骤：

（1）充分研究生产工序过程，根据工序流程，画出工序示意图，并标出哪些电器动作。

（2）确定执行元件与检测元件，并作出执行元件动作节拍表及检测元件状态表。

（3）根据主令元件和检测元件状态表写出各程序的特征数，并确定待相区分组，设置中间记忆元件，使各待相区分组的所有程序区分开。

（4）列出中间记忆元件逻辑函数式及执行动作逻辑函数式。

（5）根据逻辑函数式建立电气控制控制电路结构图：一个逻辑函数式只能画出一条支路，然后，再将这些支路并联起来，即构成整个电气控制电路图。

（6）进一步完善电路，增加必要的保护环节和联锁环节，检查电气控制电路是否符合控制要求、有无寄生回路、是否存在竞争现象、电路能否进一步简化等。

五、电气控制系统的保护电路及实现方法

电气控制系统必须在安全可靠的前提下来满足生产工艺的要求，为此，在电气控制系统设计与运行中，必须考虑系统发生各种故障和不正常工作中情况的可能性，在控制系统中设置有各种保护装置以实现各种保护。常用的保护环节有过电流、过载、短路、过电压、失电压、断相、弱磁与超速保护等。下面主要介绍低压电动机常用的保护环节。

1. 短路保护

当电动机绕组的绝缘、导线的绝缘损坏或线路发生故障时或者负载短路、接线错误时，会造成短路现象，短路时产生的瞬间故障电流可达额定值的几十倍到几百倍，使电气设备绝缘损坏和产生强大的电动力使电气设备损坏，甚至因电弧而引起火灾。短路保护要求具有瞬时性，即在产生短路时，必须迅速地将电源切断。常用的短路保护电器有熔断器和断路器。

熔断器比较适合于对动作准确度和自动化程度要求较差的系统中，如小容量的笼型电动机、一般的普通交流电源等。但是熔断器有一个弊端，当发生短路时，可能发生一相熔断器熔断，造成设备缺相运行。

断路器又称为空气开关，当电路发生短路故障时，它的电磁脱扣器自动脱扣进行短路保护，直接将三相电源同时切断，保护电路和设备的安全，因此广泛应用在电气控制系统中。

2. 过电流保护

过电流保护是区别于短路保护的一种电流型保护。所谓的过电流是指电动机或者电气元件超过额定电流的运行状态，其一般比短路电流小，不超过 6 倍的额定电流。

过电流保护要求有瞬时保护特征，即只要电流值达到整定值，保护电器立即动作，以切断电源。过电流保护常用的方法是采用过电流继电器与接触器配合动作。这种过电流保护环节常用于直流电动机和三相绕转子电动机的控制电路中。若过电流继电器动作电流为 1.2 倍的电动机启动电流，则过电流继电器亦可实现短路保护作用。

3. 过载保护

过载是指电动机的运行电流大于其额定电流，但超过额定电流的倍数较小，通常在 1.5 倍以内。过载保护要求保护电器具有反时限特性，即根据电流过载倍数的不同，其动作时间也不同，且会随着电流的增加而缩短，电流越大，动作时间越短。过载保护常用的方法是采用热继电器。

4. 欠电流保护

欠电流保护是指被控制电路的电流低于整定值时需要动作的保护。欠电流保护通常采用欠电流继电器来实现。欠电流继电器线圈串联在被保护电路中，正常工作时通电吸合，一旦发生欠电流就释放以切断电源。

5. 缺相保护

电动机在正常运行中，由于电网故障或一相熔断器熔断等原因引起对称三相电压缺少一相，电动机将在两相电源中低速运行或堵转。此时定子绕组中的电流很大，极易造成电动机

绝缘及绕组烧损。

由于热继电器的热元件是串接在三相电源线中，采用普通三相式热继电器无法起到保护作用。缺相保护可以采用专门为电动机缺相运行而设计的缺相保护热继电器；也可以在三相电源线上跨接两个电压继电器，当发生缺相时，电压继电器动作以切断电源。

6. 失电压保护

失电压保护是为防止电压恢复时电动机自行启动或元器件自行投入工作而设置的保护。采用接触器及按钮控制电动机的启停，具有失电压保护作用。如果不采用按钮，而是用不能自动复位的手动开关、行程开关等，则必须配合采用专门的零压继电器。

7. 欠电压保护

通常，要求在电动机或元器件正常运行中，当电网电压降低到额定电压的 60% ~ 80%时，电路就能自动切除电源，这种保护称为欠电压保护。采用接触器及按钮控制方式可实现欠电压保护；还可采用低压断路器或专门的电磁式电压继电器进行欠电压保护。

8. 过电压保护

过电压保护是为防止电网电压过高而引起电流增大或绝缘击穿，进而损坏电气设备的保护，常用的方法是采用过电压继电器。

9. 浪涌电压吸收保护

电磁铁、电磁吸盘等电感量较大的负载，在切断电源时会产生很高的浪涌电压，需设置浪涌电压吸收保护。常用的方法是在负载的线圈两端并联电阻器或电阻器与电容器的组合，以构成续流回路；亦可在线圈电路中串联二极管。

10. 位置保护

位置保护的目的是将生产机械运动部件的行程及运动部件的相对位置都限制在一定范围内。常用的方法是采用限位开关、干簧继电器、接近开关等电器，当运动部件到达调定位置时，保护电器动作，进而使运动部件停止运动。

11. 直流电动机的弱磁保护

直流电动机磁场的过度减少会引起电动机超速，因此需要设置弱磁保护，这种保护是通过在电动机励磁线圈回路中串入欠电流继电器来实现的。在电动机运行时，若励磁电流过小，欠电流继电器释放，其触头断开接触器线圈回路，接触器断电释放，接触器主触头断开电动机电枢回路，电动机断开电源，实现保护电动机的目的。

12. 其他保护

在电气控制系统的设计中，常会对生产机械某一部分的温度、液压或气压等系统的压力、流量、运动速度等提出保护要求，即要求将以上各物理量限制在一定范围内。常用的方法是采用各种温度、压力、流量、速度等专用继电器。

五、电动机及常用电气元件的选择

在电气控制系统的电路设计和元器件参数计算完成之后，应着手进行电动机和有关电气元件的选择，正确合理的选择电动机和各种电气元件是电路安全、可靠的保证，也是电气控制设备具有一定先进性和良好的经济性的重要环节。电动机及电气元件选择是应能满足生产机械过程中的各种要求以及电动机工作所处的环境；电气元件选择的基本原则是根据电气元件的功能要求确定电气元件的类型、电气元件承载能力的临界值及使用寿命；根据电气控制的电压、电流及功率的大小确定电气元件的参数及规格、电气元件预期工作环境及供应情况；根据电气元件在应用中所要求的可靠性进行选择。

1. 电动机的选择

1）电动机类型的选择

（1）对于无电气调速要求的生产机械，在不需要频繁启动的场合，应首先考虑采用笼型异步电动机；在负载静转矩很大的拖动装置中，可考虑采用绕线转子异步电动机；在负载平稳、容量大，且启动、制动不频繁的场合，宜采用同步电动机。

（2）对于有电气调速要求的生产机械，应根据其调速范围、调速平滑性、机械特性硬度、转速调节级数、工作可靠性等调速要求，选择合适的电动机。

例如，若调速范围（最高转速与最低转速之比，用 D 表示）为 2～3，调速级数为 2～4，则一般采用改变磁极对数的双速或多速笼型异步电动机；若调速范围小于 3，且不要求平滑调速，则可采用绕线转子异步电动机，但此方案只适用于短时负载和重复短时负载的场合；若调速范围为 3～10，且要求平滑调速，则在容量要求不大时，可采用带滑差离合器的异步电动机，若需要长期低速运行，也可考虑晶闸管直流电动机；若调速范围为 10～100，则可采用直流电动机。

（3）对要求大范围无级调速，且要求经常启动、制动、正反转的生产设备，则可选用带调速装置的直流电动机或带变频调速装置的笼型异步电动机。

（4）当需要补偿电网功率因数及获得稳定的工作速度时，应优先选用同步电动机。

（5）对于需要大启动转矩和恒功率调速的生产设备，宜采用串励或复励直流电动机。

2. 电动机额定功率的选择

电动机的额定功率应与负载功率相匹配。若电动机的额定功率过大，则会增加设备投资；同时电动机将长期欠负载运行，则会造成电动机效率低下，提高运行费用。若电动机的额定功率过小，则会使电动机过载运行，降低电动机的使用寿命，也容易引发设备故障。

通常可按式（11-1）进行电动机额定功率的估算

$$P=P_1/\eta_1 \text{x} \eta_2 \qquad (11\text{-}1)$$

式中，P_1 为负载的功率；η_1 为生产机械的效率；η_2 为传动效率。

对于机床制造业对不同类型的生产机械，所采用主拖动电动机的额定功率匹配一般如下：

（1）卧式车床主轴拖动电动机的额定功率：

$$P=36.5D^{1.54} \qquad (11\text{-}2)$$

式中　P——主轴拖动电动机的额定功率，kW；

　　D——工件的最大直径，m。

（2）立式车床主轴拖动电动机的额定功率：

$$P=20D^{0.88} \qquad (11\text{-}3)$$

式中　P——主轴拖动电动机的额定功率，kW。

D——工件的最大直径，m。

（3）摇臂钻床主轴拖动电动机的额定功率：

$$P=0.0646D^{1.19} \tag{11-4}$$

式中　P——主轴拖动电动机的额定功率，kW；

D——最大钻孔直径，mm。

（4）外圆磨床主拖动电动机的额定功率：

$$P=0.1KB \tag{11-5}$$

式中　P——主轴拖动电动机的额定功率，kW；

K——比例系数，砂轮主轴采用滚动轴承时取 0.8 ~ 1.1，采用滑动轴承时取 1.0 ~ 1.3；

B——砂轮宽度，mm。

（5）龙门铣床主拖动电动机的额定功率：

$$P=0.006B^{1.15} \tag{11-6}$$

式中　P——主轴拖动电动机的额定功率，kW；

B——工作台宽度，mm。

（6）卧式镗床主拖动电动机的额定功率：

$$P=0.04D^{1.7} \tag{11-7}$$

式中　P——主轴拖动电动机的额定功率，kW；

B——镗杆直径，mm。

上述电动机额定功率的计算方法仅供参考，具体应结合实际的生产环境、应用场合及主要加工工件类型等因素综合来确定。

机床进给拖动对功率的要求较小，通常，车床、钻床的进给拖动电动机额定功率为主拖动电动机额定功率的 0.03 ~ 0.05 倍，而铣床的进给拖动电动机额定功率为主拖动电动机额定功率的 0.2 ~ 0.25 倍。

主拖动与进给拖动采用同一台电动机的场合，电动机的额定功率按主拖动计算。单独进给拖动的场合，若需要拖动工作台快速移动的，应按快速移动所需功率来选择。

3. 电动机的额定转速

对于额定功率相同的电动机，额定转速越高，电动机的尺寸、质量和成本越小，故选用高速电动机较为经济。但通常生产机械所需转速是固定的，电动机转速越高，生产机械传动机构的传动比就越大，传动机构也越复杂。因此，应综合以上因素，以确定电动机的额定转速。

4. 常用低压电器的选择

正确、合理地选用各种低压电器，可保证电气控制电路安全、可靠地运行，也可使电气控制系统具有一定的先进性和良好的经济性。

1）按钮

按钮的选择依据是使用场合、动作要求、电路所需的触点对数、信号指示灯及其颜色要求等。

例如，根据使用场合的不同，可选择开启式、保护式、防水式、防腐式等类型的按钮；根据动作要求的不同，可选择旋钮式、钥匙式、紧急式等类型的按钮；根据电路所需触点对数的不同，可选择单钮、双钮、多钮等类型的按钮；根据信号指示灯及其颜色要求的不同，可选择带灯式或不带灯式按钮，按钮的颜色可选择红色、绿色、黑色等。根据电工成套装置中的指示灯和按钮颜色（GB 268—1981）规定停止、继电或者事故用红色，启动、通电优先用绿色，允许用黑、白或灰色等。

2）熔断器

熔断器的选择首先确定熔体的额定电流，然后根据熔体的规格选择熔断器的规格，最后根据被保护电路的性质选择熔断器的类型。熔体的额定电流则主要采用以下方式来选择。

（1）对于负载平稳、无冲击电流的电路，如照明及信号指示电路，可直接根据负载的额定电流来选择。

（2）对于单台长期工作的电动机，对其进行短路保护时熔体的额定电流：

$$I_R=(1.5\sim2.5)I_N \tag{11-8}$$

式中　I_R——电动机的额定电流，A。

（3）用一组熔断器保护多台电动机时，熔体的额定电流：

$$I_R=(1.5\sim2.5)I_{max}+\sum I_N \tag{11-9}$$

式中　I_{max}——容量最大电动机的额定电流，A；

$\sum I_N$——其他电动机的额定电流之和，A。

熔体额定电流的选择还要照顾到上下级保护的配合，以满足选择性保护的要求，使下一级熔断器的分断时间较上一级熔断器的分断时间要小，否则将发生越级动作，扩大断电范围。

3）刀开关

刀开关的选择依据是电源种类、电压等级、断流容量及需要极数。当用刀开关来控制电动机时，其额定电流要大于 3 倍电动机额定电流。

4）组合开关

组合开关的选择依据是电源种类、电压等级、触点数量以及断流容量。例如，当采用组合开关来控制 5 kW 以下小容量异步电动机时，其额定电流一般为（1.5 ~ 2.5）I_N，接通次数小于（15 ~ 20）次/h。

5）行程开关

行程开关的选择依据是机械位置对开关型式的要求，控制线路对触点数量的要求，以及电流、电压等级等。

6）低压断路器

选择低压断路器时，首先应根据电路的计算电流和工作电压，确定低压断路器的额定电流和额定电压，其值应不小于电路的计算电流和工作电压；然后确定热脱扣器的整定电流，其值应与电路中负载的额定电流一致；对于过电流脱扣器，其瞬时动作的整定电流为

$$I_Z\geqslant KI_{PK} \tag{11-10}$$

式中　I_Z——瞬时动作的整定电流，A；

I_{PK}——电路的尖峰电流，A；

K——安全系数，动作时间大于 0.02 s 时取 1.35，否则取 1.7。

低压断路器各级保护动作值的整定必须注意和上、下级开关保护特性的协调配合，以便从总体上满足系统对选择性保护的要求。

7）交流接触器

交流接触器的选择依据是交流接触器主触点的额定电压，额定电流，辅助触点的种类、

数量及额定电流，控制线圈所在电路电源的种类、频率及电压等级，操作频繁程度、所控制负载的类型等。具体选择方法如下：

（1）主触点的额定电流 I_N 应不小于负载电流，对于电动机类负载，应满足

$$I_N \geqslant \frac{P_N \times 10^3}{KU_N} \tag{11-11}$$

式中　P_N——电动机的瞬时功率，kW；

U_N——电动机的额定线电压，V；

K——比例系数，一般取 1 ~ 1.4。

交流接触器主触点的额定电流也可根据表 11-1 所示被控制电动机的容量来选择。对于需要频繁启动、制动与频繁正反转的场合，为防止主触点烧蚀和疲劳损坏，应将交流接触器的额定电流降低一个等级，或将表 11-1 中对应电动机的容量减半后再选用。

表 11-1　交流接触器主触点额定电流的选择

常用型号	主触点额定电流/A	可控制电动机的最大容量/kV · A		
		220 V	380 V	500 V
CJ10-5	5	1.2	2.2	2.2
CJ10-10	10	2.2	4	4
CJ10-20	20	5.5	10	10
CJ10-40	40	11	20	20
CJ10-60	60	17	30	30
CJ10-100	100	30	50	50
CJ10-150	150	43	75	75

（2）主触点额定电压 U_N 应大于控制电路的额定电压。

（3）交流接触器辅助触点的数量、种类应满足控制要求，当辅助触点的对数不能满足要求时，可增设中间继电器来解决。

（4）交流接触器控制线圈的电压等级应根据控制电路的要求来选择。简单的控制电路可直接采用 380 V 或 220 V 交流电；当线路复杂、电器较多时，应采用 110 V（127 V）或电压更低的交流电。

8. 继电器

（1）对于普通电磁式继电器，如电流继电器、电压继电器、中间继电器等，其选择依据主要是：被控制或被保护对象的特性，触点的种类、数量，控制电路的电压、电流、负载性质等。继电器线圈的额定电压、额定电流应满足控制电路的要求。

（2）对于时间继电器，选用时应考虑延时方式、延时范围、延时精度等要求，以及外形尺寸、安装方式、价格等因素。常用的时间继电器有电磁式、空气阻尼式、电动式、电子式等类型，在延时精度要求不高、电源电压波动较大的场合，宜选用价格较低的电磁式或空气阻尼式时间继电器；当延时范围大、延时精度要求高时，可选用电动式或电子式时间继电器。

（3）对于热继电器，一般用于电动机的过载保护。热继电器有两相式、三相式及三相带缺相保护式等类型。对于定子绕组采用星形联结的电动机，且电源对称性较好的场合，可采

用两相式热继电器；对于定子绕组采用三角形联结的电动机，或电源对称性较差的场合，则应选用三相式或三相带缺相保护式热继电器；而对于容量较大的电动机或重要场合，可选用半导体温度继电器进行过载保护。热继电器发热元件的额定电流，原则上依据被控制电动机的额定电流选择，但应具有一定的调节范围。

11.2 电气控制系统的工艺设计

电气控制系统工艺设计的目的是为了满足电气控制设备的制造和使用要求，同时也是为设备的调试、使用维护提供必要的图纸资料。电气工艺设计必须在电气原理图设计完成后进行，进行电气设备总体配置，即总装配图、总接线图设计，然后再进行各部分电气装配图与接线图的设计，列出各部分元件目录、进出线号以及主要材料清单，最后编写使用说明书。

电气控制系统
工艺的设计

一、电气控制系统总体装配设计

电气设备总体配置设计任务是根据电气原理图的工作原理与控制要求，将控制系统划分为几个组成部分，根据电气设备的复杂程度，每一部分又可划分为若干组件。因此为各种电气元件的安装位置不同，所以在构成一个完整的自动控制系统时，必须划分组件，解决好组件之间，电器箱之间以及电器箱与被控制装置之间的连线问题。

1. 设计电气控制新系统的总体装配

电气控制系统的总体装配是电气控制系统工艺设计的首要任务，其主要内容包括：

（1）根据电气控制电路图和控制要求，决定采用哪些电气控制装置，如电气控制柜、操作台、悬挂操作箱等。

（2）然后确定各元器件在这些电气控制装置上的安装位置。

（3）根据电路图的接线关系整理出各组件的进出线号，并调整它们之间的连接方式。

2. 划分组件

在设计时，应尽量将元器件组装在一起，即划分组件；然后将划分的组件安装在一台或几台电气控制装置上。对于那些必须安装在特定位置的部件，如按钮、手动开关、位置开关、离合器、电动机等，可分散安装在电气控制装置之外。

由于各元器件的安装位置不同，在构成一个完整的电气控制系统时，必须划分组件，同时要解决组件之间、电气控制柜之间以及电气控制柜与被控制装置之间的接线问题。

1）划分组件的基本原则

（1）应将功能类似的元器件组合在一起。例如，将用于操作的各类按钮、开关、键盘，以及信号指示、检测、调节等装置集中为控制面板组件；将各种继电器、交流接触器、熔断器、照明变压器等控制电器集中为电气控制板组件；将各类控制电源及整流、滤波装置集中为电源组件。

（2）尽可能减少各组件之间的接线数量，应将连接关系密切的控制电器划分至同一组件中。

（3）应使强、弱电控制电器分离，以减少电磁干扰。

（4）总体装配皮力求整齐美观，应将外形尺寸、重量近似的电器组合在一起；电器在电气控制柜内应布局合理、美观，柜体的尺寸不能过大或过小。

（5）为便于检查和调试，应将需经常调节、维护的元器件以及易损元器件组合在一起，置于电气控制柜中容易触及的位置。

2）各组件之间的连接方式

（1）电气控制板、控制面板、机床电器的进出线一般采用接线端子。

（2）被控制设备与电气控制柜之间采用多孔接插件，以便于拆装、搬运。

（3）印制电路板及弱电控制组件之间宜采用各种类型的标准接插件。

总体配置设计是以电气控制系统总装配图与总接线图的形式来表达的，图中应以示意形式反映出主要部件的位置、接线关系、走线方式及使用管线的要求等。

总体装配的设计应使整个系统集中、紧凑；同时在场地允许的条件下，噪声振动大的部件，如电动机组、启动电阻箱等，应尽量将其置于离操作：将其隔离起来；对于多工位加工的大型设备，应考虑两地操作或多地操作，紧急停止装置应安放在方便操作且明显的位置。

总体装配设计的合理与否将影响到电气控制系统工作的可靠性，并关造、装配质量，以及调试、操作、维修的便利性。

二、元件布置图的设计

元件布置图是将某些元件按一定的原则进行组合，如果电气控制箱中的电器板、控制面板、放大器等。电气元件布置图设计依据是部件原理图。同一组件中电气元件的布置应注意以下几点。

（1）体积、控制板的上部。重量较大的元器件应安装在电气控制板的下部，发热元件安放在电器板的上方，注意发热元件与感温元件隔开。

（2）对于需要经常维护、检修、调整的元器件，其安装位置不宜过高或过低。

（3）强电、弱电分开并加以屏蔽，以防强电部分以及外界干扰。

（4）元器件的布置应考虑整齐、美观、对称。

（5）元器件的布置不宜过密，要留有一定间距，若采用板前走线槽配线的方式，应适当加大各排电器的间距，以便于布线和维护。

（6）各元器件的位置确定以后，便可绘制电器布置图。布置图是根据电气元件的外形尺寸按比例绘制，并标出各元器件的间距尺寸。同时还要根据本部件进出线的数量和导线规格，来选择适当的接线端子板和接插件，按一定的顺序标上进出线的接线号。

三、电气部件接线图的设计

电气部件接线图是根据电路图及元器件布置图绘制的。它用于表示成套装置的电气安装与查线的依据。接线图应按以下要求绘制。

（1）接线图的绘制应符合国家标准《电气技术用文件的编制第 I 部分；规则（GB/T 6988.1—2008）中的相关规定。

（2）元器件按外形绘制，并与布置图一致，偏差不要太大。

（3）所有元器件及其引线应标注与电路图中相一致的文字符号及接线号。

（4）与电路图不同，在接线图中，同一元器件的各部分（如主触点、辅助触点、延时触点及线圈等）必须画在一起。

（5）接线图一律采用细实线，走线方式有板前走线和板后走线两种，一般采用板前走线。对于简单的电气控制部件，元器件数量较少，接线关系不复杂，可直接画出元器件间的连线；但对于复杂部件，元器件数量多，接线较复杂，此时一般采用走线槽，故只需在各元器件上标出接线号即可，不必画出各元器件间的连线。

（6）接线图中应标出各种配线用导线的型号、规格、截面积及颜色要求。

（7）部件的进出线除大截面导线外，都应经过接线板，不得直接进出。

（8）接线板的排列要清楚、便于查找，可直接按线号顺序排列，或按动力线、交流控制线、直流控制线等进行分类，然后再按线号顺序排列。

四、电气控制柜及非标准零件图的设计

电气控制系统比较简单时，电气控制板往往附在生产机械内部；而电气控制系统比较复杂，或处于生产环境及操作的需要时，通常都带有单独的电气控制柜，以便于制造、使用和维护。

电气控制柜的设计要考虑的问题：

（1）根据控制面板及柜内各部件的尺寸确定电气控制柜的总体尺寸和结构方式。

（2）应做到结构紧凑、外形美观，要与生产机械相匹配，并满足一定的装饰要求。

（3）根据控制面板及柜内各部件的安装尺寸，设计柜内安装支架，可采用角铁、槽钢、扁铁或直接由外壳弯出筋条做固定架，并算出安装孔或焊接安装螺栓的尺寸或注明采用的配作方式。

（4）从方便安装、调整及维修的要求，设计电气控制柜的开门方式。

（5）为利于柜内电器的通风散热，在柜体适当部分设计通风孔或通风槽。

（6）为便于电气控制柜的搬动，应设计合适的起吊孔、扶手架，或在柜体底部设置活动轮。

（7）外形确定后，再按上述要求进行各部分结构的设计，绘制柜体总装配图及柜门、控制面板、底板、安装支架、装饰条等零件图，并注明加工要求，视需要选用适当的门锁。

（8）非标准的电气安装零件，应根据机械零件的设计要求，绘制其零件图，凡需配合尺寸的，应注明公差要求，并说明加工要求，如镀锌、油漆、刻字等。

五、元器件及材料清单的汇总

在电气控制系统原理设计及工艺设计结束后，应根据各种图纸，对本设备所需要的各种零件和材料进行综合统计，编制外购成件清单、主要材料消耗定额清单及辅助材料消耗定额清单，以便采购人员、生产管理部门按设备制造的需要进行备料，做好生产准备工作。这些资料也是成本核算的依据，特别是对于生产批量较大的产品，此项工作尤显重要。

六、编写设计说明书及使用说明书

设计说明书及使用说明书是设计审定及调试、使用、维护过程中必不可少的技术资料。在新型生产设备的设计制造中，电气控制系统的投资占有很大比重。电气控制系统对生产机

械运行的可靠性、稳定性起着重要的作用。因此，在电气控制系统的设计方案完成、投入生产前，应对设计方案进行严格的审定。为了确保生产设备达到设计指标，设备制造完成后，还需经过仔细调试，使设备在最佳状态运行。

设计及使用说明书包含的内容：

（1）拖动方案选择依据及本设计的主要特点。

（2）主要参数的计算过程。

（3）设计任务书中要求的各项技术指标的核算及评价

（4）主要设备及元器件安装的技术要求。

（5）设备调试要求及调试方法。

（6）设备使用、维护要求及注意事项。

11.3 电气控制系统的设计案例

一、设计任务和要求

某校内新建机电排灌实训室，室外集水井水池容量 20 m^3，实训室装置两台水泵抽水装置，一台工作，一台备用。现需要设计两台水泵控制的集水井水位控制系统。水泵工作模式有供水模式和排水模式两种工况，均可以实现手动和自动化控制。在自动控制状况时，液位继电器能根据水位的变化情况自动控制工作泵和备用水泵的启停。水泵工作时需要完成下述两个实训任务。

电气控制系统
设计案例

1. 水泵扬程、功率以及水泵性能曲线的测定

本实验装置需要在水泵手动工作模式下通过按钮启动、停止进行 2 台水泵扬程、效率的测定。抽水装置需要从集水井进行抽水，再排回室外水池并通过出水阀的开度变化改变流量进行实验项目的测定。流量的测量通过水泵出水管路的玻璃转子流量计进行测量、扬程的计算通过测量水泵进出水管路的真空表和压力表的读数进行计算扬程的计算；轴功率之间通过控制台的功率表进行测量；电动机的功率因数通过控制台的功率因素表直接读数。

2. 集水井水位自动供排水控制实训

集水井水位自动控制系统需要设置工作泵和备用泵以及供水模式或者排水模式。在供水自动模式，水位低于液位继电器 7 电极以下时，工作泵和备用泵同时启动，当水位接触到液位继电器 6 低位电极，备用泵停止，只有工作泵工作；当水位上升到液位继电器的高位电极 5 以上时，工作泵也停止工作。

在排水自动控制模式，当水位接触到液位继电器高位电极 5，两台泵同时工作进行排水；当水位下降到与液位继电器的 6 低位电极接触时，备用泵停止工作，只有工作泵在排水，当水位再降低到与液位继电器最低位电极 7 以下时，工作泵也停止工作。

实验室电源采用动力 380 V 电源，水泵电机工作时需要测量水泵的流量、电动机组工作的电流、电压、功率因数和电动机的功率。

二、水泵电动机的选择

根据设计任务要求，两台水泵选择 IBM50-19 型单极单吸水泵，流量为 20 m^3/h，泵的扬程为 118.5 m，转速为 2900 r/min，吸出高为 7.0 m。配套电动机型号为 Y90L-2 型异步电动机，功率为 202 kW，电压为 380 V。

三、电气控制电路图的设计

1. 水泵电动机一次主回路的设计

根据设计要求和成本考虑，采用接触器-继电器的常规控制电路。水泵电机一次接线应接入电流表 A、电压表 V、功率表 kW 和功率因素表 $\cos\psi$。电动机设置热继电器 FR 进行过载保护、电源开关要装熔断器进行短路保护，同时设置断路器进行电压和电流保护，如图 11-2 所示。

2. 水泵电机控制线路设计

水泵电机控制线路分为电机控制回路和信号回路，如图 11-3 所示。水泵电机控制电路用三组万能开关进行工作方式的切换。其中万能转换开关 SA_1 为工作泵手动、自动工作切换装置；SA_2 为备用泵手动、自动模式切换装置；SA_3 万能转换开关为水泵供水和排水模式切换装置。SL_1 液位继电器为 1 号工作泵水位自动控制的继电器，SL_2 液位继电器为 2 号备用泵水位自动控制的继电器。其中液位继电器 SL 的③②端子为供水模式的控制信号，③④端子为排水模式的控制信号。1 号泵和 2 号泵都通过中间继电器 KA_1、KA_2 来增加接线端子。在手动控制回路 SB_1 为停止按钮、SB_2 为启动按钮。控制回路用熔断器进行过电流保护，热继电器进行电机过载保护。

信号回路主要显示水泵电机的运行状态，绿色指示灯 HG 代表水泵电机处于运行状态，红色指示灯 HR 代表水泵电机处于停止状态，黄色指示灯代表水泵电机处于备用工作状态。

3. 液位继电器装置图

液位继电器的工作分为供水模式和排水模式两种运行状态，如图 11-4 所示。

当水泵在供水模式，当水位下降至低水位时，液位继电器 SL_1 常闭触点 3、4 闭合发出工作泵启动命令。随着工作泵运行、水位升高到高水位时，5、6、7 电极接通使接点 3、4 断开，工作泵停止运行。

当水泵在排水模式工作时，当水位上升到高水位时，液位继电器 SL_1 触点 5、6、7 同时接通，常开触点 2、3 闭合发出工作泵启动命令。随着工作泵运行水位降低，6、7 接通维持接点 2、3 闭合；当水位降至低水位时，6、7 断开，2、3 断开，工作泵停止运行。

4. 水泵控制屏的尺寸及布置

水泵电机控制台尺寸及电气设备材料清单如图 11-5 所示。水泵运行时在水泵电机控制屏进行手动和自动模式的选择。当水泵电机在手动模式工作时，1 号泵和 2 号泵可以互相设置为备用泵。即 1 号泵若设为工作泵，则 2 号泵为备用泵，反之亦然。当水泵电机在自动模式工作时，先通过控制屏万能转换按钮进行供水模式和排水模式的选择。若 1 号泵在工作位置，则 2 号泵在备用位置，反之亦然。

5. 水泵电机控制系统设备材料的选择

水泵电机控制系统电气设备材料清单列表如图 11-5 所示。具体选择如下。

1）电源总开关低压断路器的选择

根据 Y90L-2 电动机的额定电压、额定电流和额定功率选配套的交低压断路器。考虑到实验室 2 台电动机 M_1、M_2 虽为满载，但功率较小，另外实验室在进行实训项目演示时均为轻载启动，而且运行时间较短故每台电动机配套选择低压断路器型号为 DZ47-63/3P 16A 两台。

2）热继电器 FR 的选择

根据电动机 M_1 和 M_2 的额定电流进行热继电器的选择，并考虑具有一定的调节范围，热继电器选择 JR29-16 2 台。

3）接触器的选择

根据水泵回路的电压、电流，接触器所控制回路电压及所需触点的数量进行接触器的选择。本次设计辅助动合触点 2 对，辅助动断触点 1 对，所以接触器选择 B16 型接触器 2 个，额定电压 380 V。

4）中间继电器

本设计中由于电动机 M_1 和 M_2 的额定电流都很小，因此可以用中间继电器代替交流接触器进行控制。这里 KM_1 和 KM_2 均选择 JZ7-44 型中间继电器，动合、动断触点各 4 对，额定电流 5A，线圈电压 220 V。

5）液位继电器

根据控制回路额定电压、额定电流选择 JYB714 型液位继电器 2 个。

6）熔断器的选择

根据熔断器额定电压、额定电流和熔体额定电流进行熔断器的选择。本设计中涉及熔断器 3 个，FU_1、FU_2、FU_3。FU_1 是主回路保护的熔断器，主要是对电动机进行短路保护，电动机的额定电流为 4.7 A，因此熔体的额定电流为 6 A。FU_2 主要是对控制回路进行短路保护，FU_3 主要是对信号回路进行保护，因此选择熔断器的型号为 RT14-20/6，额定电流为 16 A。

7）万能转换开关的选择

万能转换开关 SA 主要是引入电源，因此万能转换开关 SA 的选择主要考虑电动机的额定电流之和和启动电流以及控制回路额定电流，手动自动备用切换万能转换开关 SA 选择 LW5D-16 系列开关，供排水模式切换选择 LW5-16 型万能转换开关。

8）按钮的选择

根据所需要的触点数目、动作要求、使用场合、颜色等进行按钮的选择。本设计中选择按手动停止按钮 SB_1、手动启动按钮 SB_2 选择 SK06-101 系列按钮。

9）指示灯的选择

指示灯选择 AD11-25 型号绿色运行指示灯 2 个，红色停止指示灯 2 个，备用运行黄色指示灯 2 个，电压为 380 V。

5. 液位继电器供排水模式切换装置（见图 11-6）

液位继电器供排水模式的切换通过万能转换开关 SA_3 来完成。

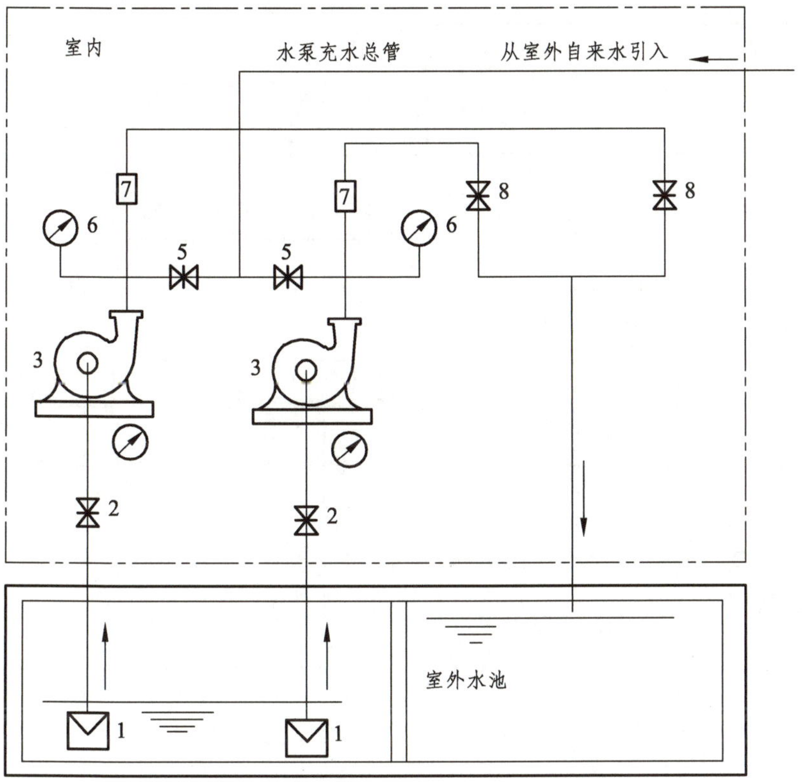

1—底阀；2—进水阀；3—水泵机组；4—真空表；5—水泵启动充水阀；
6—压力表；7—玻璃转子流量计；8—流量调节阀。

图 11-1　水泵抽水装置工作示意图

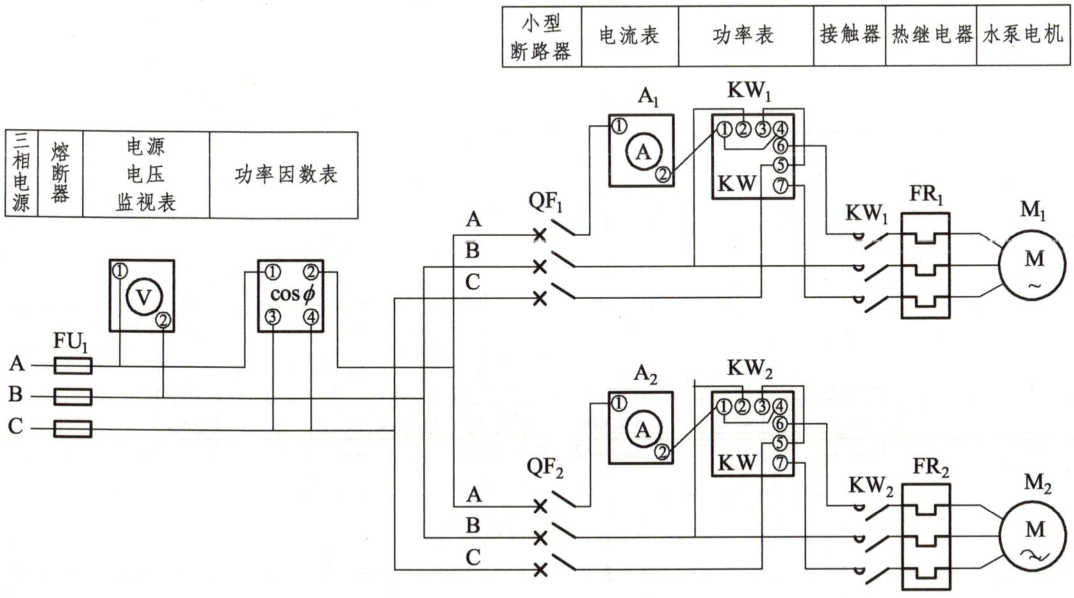

图 11-2　水泵电机主回路原理图

集水井水位自动控制电路（2）

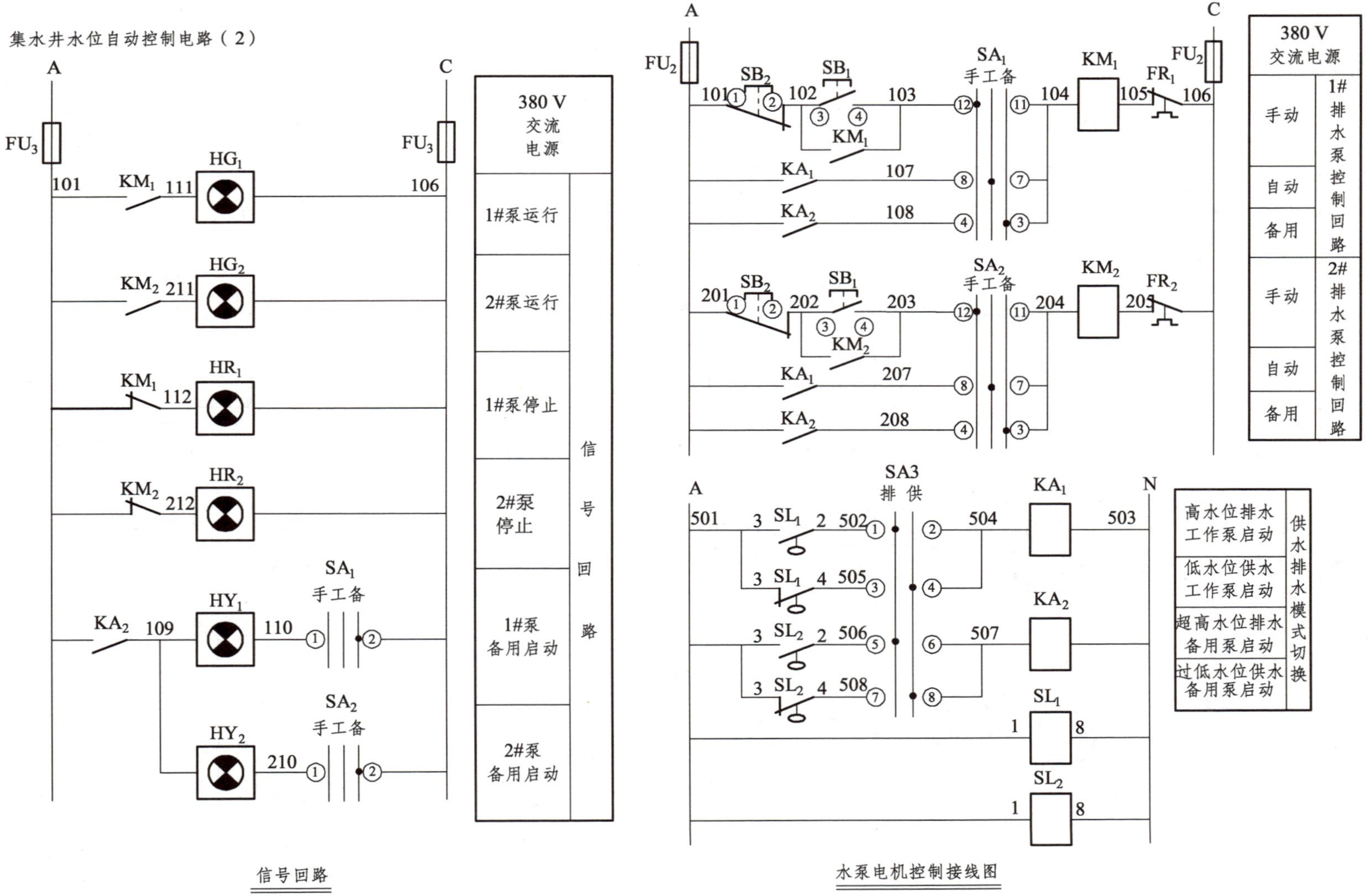

图 11-3　水泵电机控制回路原理图

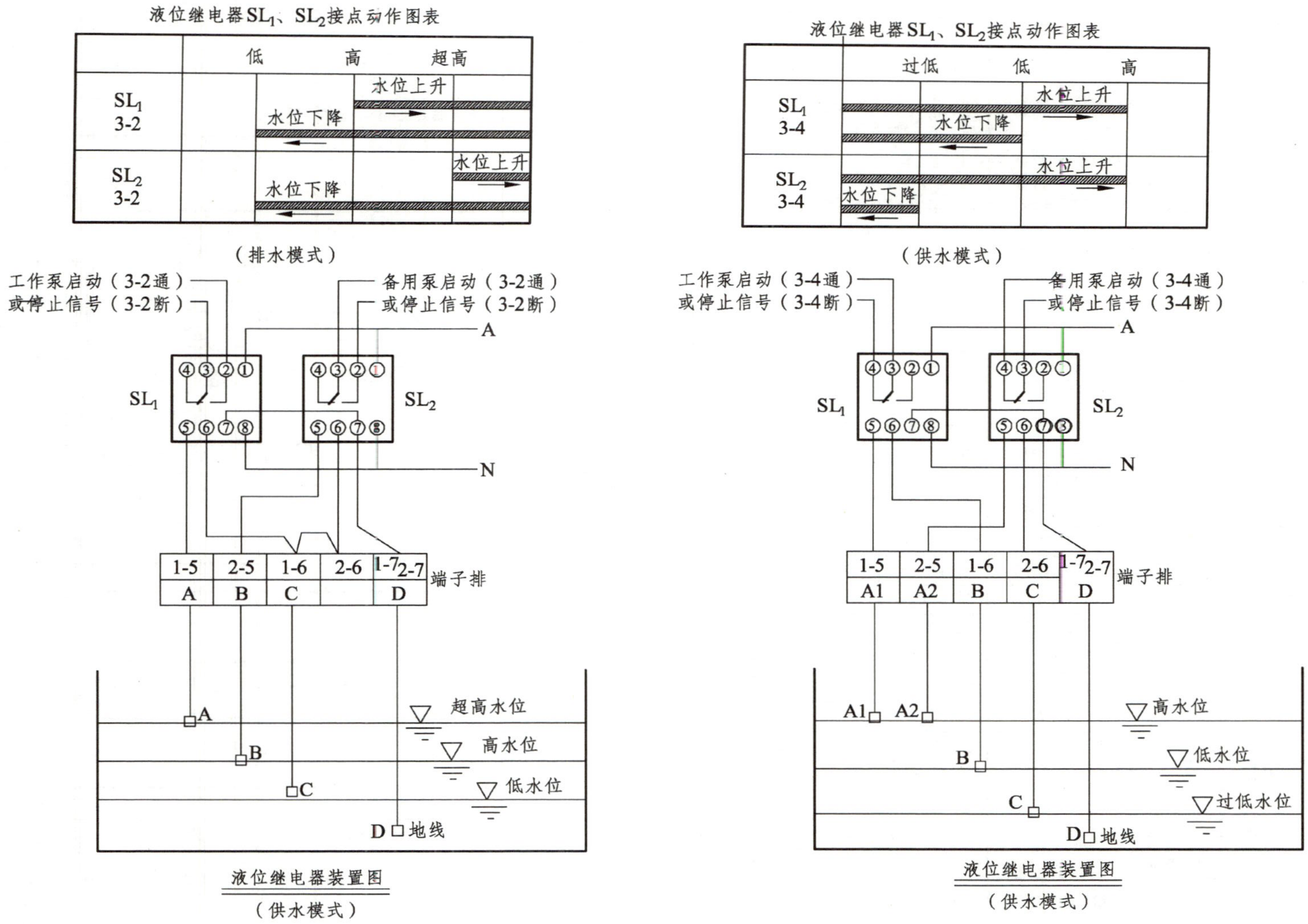

图 11-4　液位继电器装置图

集水井自动控制电路（4）

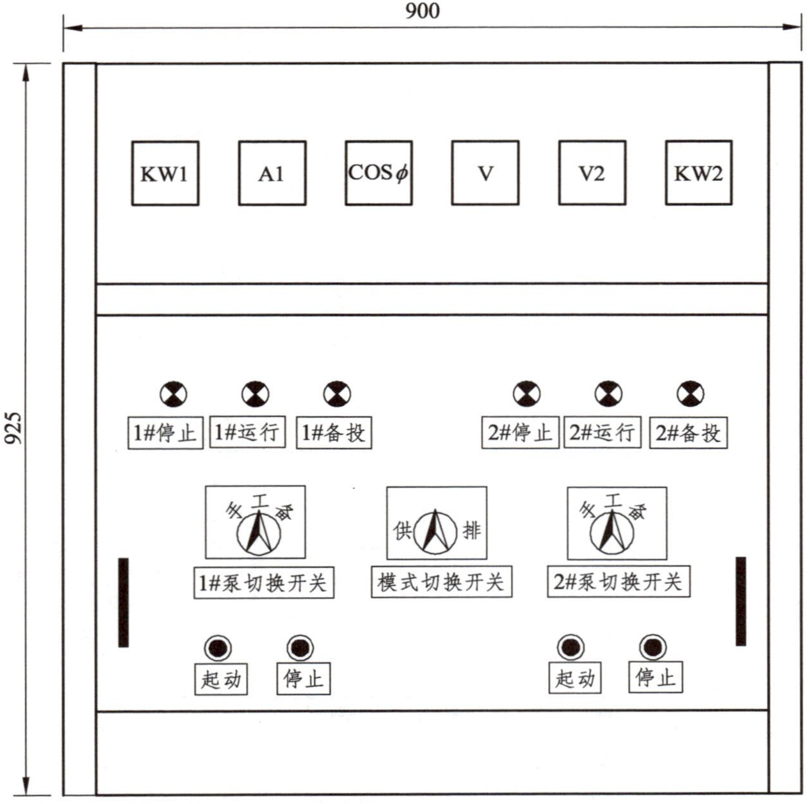

水泵控制台屏面布置图

水泵控制台设备材料表

编号	代号	名　称	型号规格	数量	备　注
1	PV	交流电压表		1	380 V
2	KW	功　率　表		2	380 V
3	PA	交流电流表		2	380 V
4	COSϕ	功率因数表		1	380 V
5	KA	中间继电器	JZ-14	2	线圈接220 V
6	SL	液位信号器	JYB-714	2	供、排水型
7	QF	断　路　器	T1B1-63	2	380 V
8	KM	交流接触器	B16	2	380 V
9	SA	转换开关	LW5D-16	2	手工备切换
10	SA	转换开关	LW5-16	1	供排水切换
11	FR	热继电器	JR29-16	2	380 V
12	FU	熔　断　器	RT14-20	12	额定电流16 A
13	SB1	按　　钮	SK06-101	2	手动停止
14	SB2	按　　钮	SK06-101	2	手动起动
15	HR	红色信号灯	AD11	2	停止指示
16	HG	绿色信号灯	AD11	2	运行指示
17	HY	黄色信号灯	AD11	2	备用指示

操作说明：

（1）排水/供水模式的切换：本控制台具备对两台水泵的自动工作模式在供水与排水模式之间切换的功能，可由模式切换开关实现，但注意切换选择工作模式后，要对液位继电器的装置方式按照液位继电器装置图做相应调整。

（2）对1#、2#泵的工作方式的切换：每台水泵具备手动、工作、备用三种工作状态若选择手动，利用启动按钮（绿色）操作，相应工作状态灯（绿灯）显示。若选择工作则由液位继电器自动控制水泵的启停。

（3）对备用的选择：将切换开关切指备用状态，由液位继电器自动控制备用泵的启动，当备用泵启动时，信号灯（黄灯）显示。

图 11-5　水泵控制屏布置图及材料清单

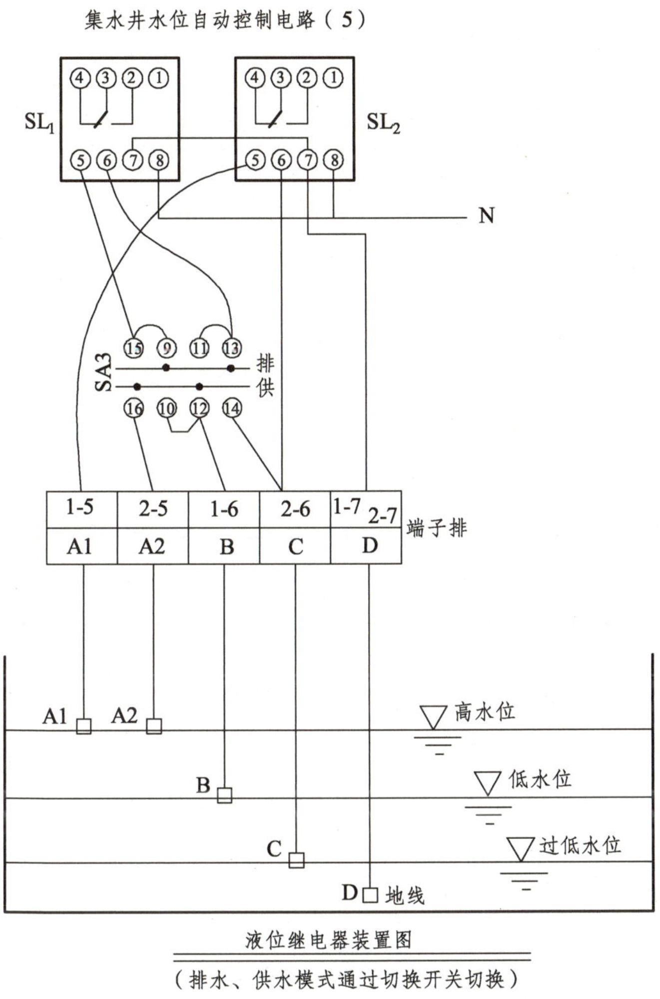

图 11-6　液位继电器供排水模式切换接线图

项目实施

完成液位继电器控制的两台水泵供水系统的设计、安装和通电调试

（一）项目所需元器件清单

序号	代号	名　称	型　号	规　格	数量	备　注
1						
2						
3						
4						
5						
6						

（二）完成项目设计原理图和安装图

（三）记录项目实施步骤

项目实施步骤	实施内容	计划时间（min）	备注
1. 查看元器件			
2. 固定元器件			
3. 安装主电路			
4. 安装控制电路			
5. 接线检查			
6. 控制电路测试			

（五）评分标准

考核项目	考核内容	分值	考核要求及评分标准	得分
电器的安装	元器件的安装	10 分	元器件按照到位	
布线	主电路的连接 控制电路的连接	20 分	电动机的连接、主电路的连接正确 10 分； 控制电路的连接 10 分。	
通电试验	电路的安装 电路的运行 电路运行结果分析	40 分	能说明电路安装原理 10 分 电路调试运行正确 10 分 能分析运行结果 10 分 按规定时间完成每超 5 分钟扣 5 分 按实验室 6S 管理进行整理、整顿 10 分	
实训报告	完成情况	30 分	实训报告完整、正确 30 分	

能力测试

1. 简答题

（1）电气控制包括哪些方面的问题？各有什么要求？

（2）电气控制要考虑哪些方面的保护？这些保护具体内容是什么？

（3）电气设计线路常用电气元件的选择需要考虑哪些因数？

2. 选择题

（1）电力拖动方案中的内容不包括（　　）。

A. 电动机的类型　　B. 电动机的数量

C. 传动方式　　D. 电气控制原理

（2）对于结构简单的控制电路，其电源可（　　）。

A. 直接由电网引入　　B. 由控制变压器引入

C. 采用直流稳压电源　　D. 以上都不对

（3）缺相保护属于（　　）。

A. 电流型保护　　B. 电压型保护

C. 位置保护　　D. 其他保护

（4）若调速范围为 2 ~ 3，调速级数为 2 ~ 4，则一般采用（　　）。

A. 直流电动机　　B. 带滑差离合器的异步电动机

C. 绕线式异步电动机　　D. 双鼠笼异步电动机

3. 判断题

（1）在满足电气控制要求的前提下，设计方案的技术指标越高越好。（　　）

（2）设计任务书仅作为整个电气控制系统设计的依据，不可作为设备竣工验收的依据。（　　）

（3）设计电气控制电路图的一般工作顺序为：主电路→控制电路→互锁与保护电路→总体检查与验收。（　　）

（4）电气控制板、控制面板、机床电气进出线一般采用标准插件。（　　）

（5）部件进出线除大截面导线外，都应经过接线板，不得直接进出。（　　）

参考文献

[1] 何国荣，郭东平．电气控制与 PLC 应用[M]．郑州：黄河水利出版社，2013.
[2] 闫雪锋．数控机床电气电气控制技术[M]．北京：国防大学出版社，2016.
[3] 杨建林．电气控制系统与 PLC[M]．北京：电子工业出版社，2007.
[4] 苏家健，姚琳娜．电气控制技术与职业技能实训[M]．北京：电子工业出版社，2015.
[5] 周文俊．电气设备实用手册[M]．北京：中国水利水电出版社，2000.
[6] 刘冲，兰希园，苑葵．电气控制技术[M]．北京：航空工业出版社，2020.
[7] 陈斗，刘志东．设备电气控制与检修[M]．北京：电子工业出版社，2015.
[8] 王俊豪．电机与电气控制技术[M]．西安：西安交通大学出版社，2016.
[9] 王振臣，齐占庆．机床电气控制技术[M]．北京：机械工业出版社，2015.